ポアンカレ予想

世紀の謎を掛けた数学者、解き明かした数学者

ジョージ・G・スピーロ
永瀬輝男・志摩亜希子監修
鍛原多恵子・坂井星之・塩原通緒・松井信彦訳

早川書房
6855

POINCARÉ'S PRIZE

The Hundred-Year Quest to Solve
One of Math's Greatest Puzzles

by

George G. Szpiro

Japanese edition supervised by
Teruo Nagase, Akiko Shima
Translated by
Taeko Kajihara,Seiji Sakai,Michio Siobara and Nobuhiko Matsui
Published 2011 in Japan by
HAYAKAWA PUBLISHING, INC.
This book is published in Japan by
arrangement with
DUTTON
a member of PENGUIN GROUP (USA) INC.
through TUTTLE-MORI AGENCY, INC., TOKYO.

本文イラスト：いずもり・よう

希有な才能と謙虚さを兼ね備えたグリーシャ・ペレルマンに捧ぐ。
その数学への専心ぶりと栄誉に流されまいとする姿勢に
敬意を禁じ得ない。

目次

1章　王にふさわしい偉業　11
当代随一の難問を解いたグリゴーリー・ペレルマン、思いがけなくもフィールズ賞を辞退する。甲斐なく待ち受けるスペイン王。

2章　ハエにわかってアリにわからないこと　21
クリストファー・コロンブスとハエにとって、次元はどれほど重要なものであったのか。

3章　技師は真実を究明する　31
悲劇的な炭鉱事故の真相を解き明かすアンリ・ポアンカレ。

4章　ポアンカレへの褒賞(ほうしょう)　55
太陽系の安定度にかんする理論で賞を——そしてスキャンダルをも——手にするポアンカレ。

5章　ユークリッド抜きの幾何学　83
トポロジーという数学分野は、オイラー以来いかに発展を遂げたか？

6章　ハンブルクからコペンハーゲンへ、
そしてノースカロライナ州ブラックマウンテンへ　116
世紀の「予想」に対する、ポアンカレ第一の挑戦は失敗に終わる
――この失敗から彼は何を得たか。

7章　あの予想の意図　145
想像さえ不可能なものを、どう想像するか。

8章　袋小路と謎の病気　169
三次元球面の謎、世界を悩ませる。

9章　高次元への旅　219
数学界を驚倒させた鉱物コレクターにして反逆者、スメール。

10章　ウエストコースト風の異端審問　267
大望を抱きし者たちは、いかなる醜態を世にさらしたか。

11章　消える特異点、消えない特異点　288
リッチ・フローをたずさえ颯爽と登場したリチャード・ハミルトン――しかしこの伊達男も袋小路に行き当たってしまう。

12章　葉巻の手術　318

証明、ネットに投下さる。ポアンカレを、サーストンを、ハミルトンを尻目に、いま歴史が作られる。

13章　四人組プラス2　351
世紀の予想の証明を吟味する数学教授は、いかにして弟子たちに脚光を浴びせようとしたか。

14章　もうひとつの賞　385
一〇〇万ドルの賞金も些事。金は数学者を動かすことができるのか？

謝　辞　409
監修者あとがき　413
参考文献　423
原　注　437
事項索引　447
人名索引　454

ポアンカレ予想

――世紀の謎を掛けた数学者、解き明かした数学者

翻訳分担

献辞、1章〜7章、14章（本文と原注）：松井信彦
8、9章（本文と原注）：塩原通緒
10、11章（本文と原注）：鍛原多惠子
12、13章（本文と原注）：坂井星之

1章　王にふさわしい偉業

スペインを訪れるのならば、八月は最良の時期ではない。南ヨーロッパでは、夏も後半になると気温が急に上がり、近くの中世都市まで観光に出かけてちょっと散歩するだけでも難儀(なんぎ)な思いをする。だが、二〇〇六年八月二二日のマドリードに世界中から数千人の男女が集まったのは、観光目当てではなかった。彼らが南極を除くすべての大陸の一四三カ国からスペインまでやってきたのは、第二五回国際数学者会議（ＩＣＭ）のためである。ＩＣＭは四年に一度の大イベントだ。前回は北京で、その前はベルリンで開催された。今回も、権威ある大学や研究機関の著名な教授をはじめ、世界中から四〇〇〇人もの数学者がスペインにつどい、二〇の会議や一〇〇〇を超える招待講演や発表やポスターセッションに参加した。一〇日間の会期中には、専門的な会議の合間にコンサートや展覧会や文化的な催し物も行なわれた。今回のＩＣＭの目玉は開会式で、そこで栄(は)えあるフィールズ賞をスペイン国王ファン・カルロス一世が四人の数学者に授与することになっていた。

　スペインの首都の北東部にあるマドリード市会議場の現代的な建物を、公式開会時刻である一〇時の二時間も前から、長蛇(ちょうだ)の列が取り巻いていた。国王が臨席するとあってセキュリティが厳しく、入場者は各会場へ向かう前にひとりずつ検査を受けなければならなかった。何千人という参加者たちは、列の長さにうんざりしながらも、フィールズ賞をだれが取るかという話題に花を咲かせていた。フィールズ賞は、数学のノーベル賞と見なされている。およそ数学に携(たずさ)わる者が望みうる最高の栄誉だ。賞金額はずっと少ないものの、ノーベル賞より狭き門と言ってよく、四年に一度、多くて四人にしか与えられない。だれに贈られるかは発表の瞬間までまったくの秘密にされる。また、才能ある若手の奨励という趣旨から、受賞者はＩＣＭ開催年の一月一日に四〇歳以下でなければならないという規定もある。

　ＩＣＭに先立つ何カ月ものあいだ、世界最高の数学者九人による秘密の委員会が、何十人という優秀な候補者の業績を検討した。そして五月末、その中からとりわけ優れている四人をついに選び出した。結果を知る者はかたく口止めされた。受賞者本人には夏に入ってから知らせがあったが、この来(きた)るべき栄誉のことは、配偶者にはともかく、絶対に口外してはいけなかった。また、ほかの受賞者がだれかは知らされなかった。

　数学界では、サンクトペテルブルクの謎のロシア人、グリゴーリー・ペレルマンがだれよりもふさわしいと思われていた。彼は会議場の外の行列でも一番人気だった。というのも、しかるべき条件をすべて満たしていたからだ。まず、専門誌に未発表のものも含めて、これまで発表された素晴らしい論文の数々が、彼が受賞に値することを十分に物語っていた。また、誕生日は六月一三日で、四〇歳になってまだ二カ月ほどしかたっていなかった。そして、これが最も重要なことだが、彼は長年の未解決問題のひとつ、世に示されて一〇二年になるポアンカレ予想を解決した人物だった。ポアンカレ予想とは数学者たちが本質的に重要であると見なしている問題で、フィールズ賞受賞者のスティーヴ・スメールは一九九八年のこと、次の世紀に向けて最重要と思われる数学の問題は何かと問われて、ポアンカレ予想を最上位近くに位置するものとして挙げているし、ボストンのクレイ数学研究所も、考えうるかぎり最大の難度を誇る七大未解決問題のひとつに数えている。

だが、八月二二日にペレルマンの姿は見あたらなかった。この記念すべき日に、サンクトペテルブルク近郊の田舎町で、母親と暮らすつつましい共同住宅に引きこもっていたのだ。ペレルマンはフィールズ賞に少しも興味を持っていなかった。カルロス国王が接見を心待ちにされていたとしても、期待はずれだったわけである。

本書では、ポアンカレ予想とその解決までの道のりを、この予想が世に示される前から始めて、〝グリーシャ〟・ペレルマンが定理として確定させるまでを語っていく。

＊

ＩＣＭは国際数学連合の主催で開催される。初回は一八九七年にスイスのチューリッヒで、二回めは一九〇〇年にパリで行なわれた。以来、二度の大戦中などを除き、四年に一度開かれている。分野を限った数学会議なら毎年何百と開催されるが、なんでもありのＩＣＭはあらゆる数学分野の専門家が交わる貴重な機会だ。ＩＣＭがなければ会うことも互いの業績を知ることもなさそうな数学者どうしが、親交を深めるチャンスなのである。当初はつつましいものだったが――一九世紀末に開かれたチューリッヒでの会議に参加したのは男性二〇四人と女性四人だった――今では大会議である。

フィールズ賞が設けられたのは比較的最近だ。この賞は、ほかにこれといった業績もなく一九三二年に故人となったカナダ人数学者、ジョン・チャールズ・フィールズの発案によるもので、一九三六年にフィンランドのラース・アールフォルスとアメリカのジェシー・ダグラスのふたりに授与されたのが最初である。それから一四年間は第二次大戦の影響で途絶えたが、一九五〇年に復活された。以降、四年に一度、二～四人に授与されている。今回、マドリードでの受賞も含めて、これまで四四人の男性――女性はまだいない――が、この数学に携わる者として最高の栄誉に浴している。過去に辞退者はいなかった。

二〇〇六年、国際数学連合の総裁でオックスフォード大学教授のイギリス人、サー・ジョン・ボールがICMを取り仕切ることになった。ボールはフィールズ賞委員会の議長でもあり、受賞者がだれかを知っていた。それは、子どものころから神童と呼ばれていた三一歳の中国系オーストラリア人テレンス・タオ、プリンストン大学で教鞭を執るロシア人アンドレイ・オクニコフ、ドイツ生まれのフランス人、パリ第一一大学のウェンドリン・ウェルナー、そしてもちろんグリゴーリー・ペレルマン、所属機関は……だれも知らなかった。実は、サンクトペテルブルクにあるロシア科学アカデミーのステクロフ数学研究所を数カ月前に辞職してから、どこにも属していなかった。

その三年前、ペレルマンはアメリカを短期間訪れ、MIT（マサチューセッツ工科大学）、プリンストン大学、ニューヨーク州立大学、コロンビア大学でみずからの証明にかんする講義を行なっている。彼は飾らず、謙虚で、頭脳明晰だった。講義を聴いただれもがいたく感心し、待遇のいいポストの申し出がいくつも舞い込んだ。だがペレルマンは興味を示さず、最後の講義が終わるとすぐにサンクトペテルブルクへと帰っていった。そのあとしばらく、数学者からの証明にかんする問い合わせのメールには答えていたが、自分の証明が理解されたと感じてからは返信をやめた。

ペレルマンの独特の性格をよく承知していたボールは、マドリードでの授賞式が計画どおりに運ばないかもしれないと心配して、この謎めいた噂のある男と会うため、六月半ばにサンクトペテルブルクまで出向いた。ボールがみずからに課した任務は、間近に迫った栄誉について知らせること、そしてマドリードでの授賞式への出席を確認することだった。ペレルマンと国際数学連合の総裁が公然と会ったりすれば、秘密が秘密でなくなってしまうので、ふたりは人目を避けたところで話をした。ボールはすぐに懸念が当たっていたことを知った。ペレルマンは二日間にわたり、権威ある連合の慣習に従って賞を受け取るよう説得した。ペレルマンは愛想よく振る舞い、ボールを長い散歩に連れ出して地元の町を案内したが、本題については絶対に譲らなかった。フィールズ賞は要らないというのだ。

説得に行き詰まったボールは、ペレルマンがメディアへの露出を避けたいのだと考え、賞の受諾はマドリードから遠く離れたここでするということにして、賞はあとで送るという別の案を持ち出した。だがペレルマンは頑として受け付けなかった。賞をもらうことにも、世間から認められることにも興味がなく、ポアンカレ予想を解決したこと自体が褒美だという。ボールは困惑と幻滅のうちにロシアをあとにした。だが、結局はペレルマンが賞を辞退する権利を認めた。マドリードに集まった記者にボールはこう語っている。「彼は一風変わった精神構造をしているので、世の中を見る目も違うのです」

だが、ペレルマンの不可思議な行動の理由はほかにもあった。本人もそれを伝えようとはしたようだ。ICMの議長を務めたスペイン科学研究高等会議教授のマヌエル・デ・レオンは、ペレルマンとじかに話をしている。「私が彼から聞いた理由は、自分は数学界で浮いていると感じているので、その数学界の第一人者のひとりだとは思われたくない、というものでした」。ボールも似たようなことをほのめかしている。「数学界に身を置いているあいだに起こったいくつかの個人的な経験がもとで、いまだに距離を置いているようです」。残念ながらそれがどのような経験だったのかを明かせる立場にはない、とボールは言う。今日（こんにち）でも、ボールと、そしておそらくペレルマンのごく近しい親友以外に、それがどのような経験だったのかを知る人はいない。いずれにしても、象牙の塔の内外で権力争いに巻き込まれたり、社会生活に悪影響が及んだりすることを避けようとしているのは確かだろう。

名誉や評価を求めないというのなら、金でペレルマンを動かせないだろうか？　それに足る褒賞（ほうしょう）は提示されていた。実業家のランドン・T・クレイとその妻ラヴィーニア・D・クレイは、「数学にかんする知識の向上と普及」を目的として、一九九八年、ボストンにクレイ数学研究所を設立した。この研究所が、七つの「ミレニアム問題」のどれでも解いた者に一〇〇万ドルの賞金を出そうというのだ。先にも触れたが、ポアンカレ予想もそのひとつである。この賞はペレルマンに差し出されたようなものだったし、それは今でも変わりない。彼が手を伸ばして取りさえすればいいのだ。しかしペレルマンは、その変わり者との評判からはうなずけることながら、彼の証明を権威ある数学誌に発表しようとさえしない——それがミレニアム賞受賞の条件だというのに、だ。三本の画期的な論文をインターネットで発表して、そのままである。一〇〇万ドルが手に入ろうが入るまいが、どうでもいいことのようだ。

ペレルマンの真意をもっとよく知りたいと考えたひとりが、シルヴィア・ナサーだ。彼女はベストセラーとなった著書『ビューティフル・マインド』の中で、妄想性統合失調症を患い、精神病院の入退院を繰り返したのちノーベル経済学賞を受賞した数学者、ジョン・ナッシュを描いている。そのナサーが、この変わった数学者に興味を抱いた。彼女が科学ジャーナリストのデイヴィッド・グルーバーとともに取材したとき、ペレルマンは好意的で率直だった。ナサーとグルーバーによると、ペレルマンは、現実離れしていると思うほど極端に理想主義的だという。

ステクロフ数学研究所で同僚だったある匿名の人物によると、ペレルマンは数学界のモラルの低下にひどく落胆しており、プロの数学者であることに嫌気がさしたらしい。その一端は、ナサーとグルーバーによるインタビューでのこんな発言からも窺える。「異端児と見られているのは、倫理規範を破った者ではなく、私のように浮いている存在のほうなのです」

ペレルマンが二〇〇五年一二月にステクロフ数学研究所を辞めた理由は、今でも謎に包まれている。だが、辞めたあと、みずからを数学界から完全に切り離したわけではなかった。すっぱり縁を切らざるを得なくなったのはフィールズ賞のせいだ。ペレルマンはナサーにこう語っている。「名前が取りざたされる前は、選択肢がありました。何かみっともない振る舞いをするか」――おそらくこれまで目にしてきた数学界のモラルの低下を糾弾するというようなことだろう――「そうでなければ黙っていい子にしているか。しかし、名前が知れ渡ってしまった今、いい子にして口を閉ざしてはいられなくなりました。それが辞めざるを得なかった理由です」。その批判の矛先を逃れる者はいない。「どちらかと言えば誠実な人たちも、そうでない人たちのやることに目をつぶっています」

ペレルマンが数学界との関係を断った理由は、ほかにもあるのかもしれない。科学史は優先権争いの逸話に事欠かなく、数学界もその例外ではない。ペレルマンが自分の証明を正式に発表しようとしないがゆえに、ほかのだれかがペレルマンの成果を利用して栄光を手にするのはたやすいことだ。だが、そういう行動について、ペレルマンは「怒りはしません。もっとひどいことをする人もいますから」と、遺恨を持たないことを言明している。とはいうものの、彼らしいことだが、物議をかもすのを忌み嫌い、避けられない論争に巻き込まれるよりはと、かつての同僚たちときっぱり縁を切ることを選んだようだ。

*

ペレルマンの不在でマドリードは大きな空虚感に包まれたが、ＩＣＭは予定どおり進められた。取りあげる話題を組織委員会が厳選することで有名なある専門会議では、ポアンカレ予想とペレルマンの証明を扱った講演が三つも行なわれた。評価は一致していた。ペレルマンがインターネットに投稿した論文を査読した各チームとも、論文に欠陥はなく、一〇〇年来の難問をあますところなく証明しているという見解だった。それどころか、ペレルマンの証明がポアンカレ予想の証明をはるかに超えていることも明らかにされた。

数学の世界にお墨付きのようなものはない。フランス語の新しい用語はアカデミー・フランセーズが公認するし、冥王星が惑星かどうかは国際天文学連合が決定するが、数学の証明になっているかどうかを吟味する中央機関はない。証明が受け入れられるかどうかは、慣習と伝統に則った、時間のかかるプロセスが決める。それでも、マドリードで表明された見解は、公の宣言に限りなく等しい。二〇〇六年のＩＣＭは、ポアンカレ予想がついに定理となった記念すべき会議として記憶されるだろう。現代数学の七大難問のひとつがようやく解決を見たのだ。

2章　ハエにわかってアリにわからないこと

貨物船を改造したサンタマリア号のブリッジに立つクリストファー・コロンブスは、窮地に陥っていた。乗組員がいまにも反乱を起こしそうなのだ。時は一四九二年一〇月九日、サンタマリア号にニーニャ号とピンタ号を加えて三隻のカラベル船から成る小船団は、大西洋上に船出して二カ月以上たっていた。一〇〇人近くの乗組員――高級船員、下級船員、甲板員、司厨員、営繕係――は落ち着きを失っていた。こんなに航海が長引いたのでは、船が世界の端に近づきすぎて、そこから落ちてしまうと怯えていたわけである。彼らにとって世界は平らで、その端の向こうの様子はだれにもわからないことだった。

一方、同じ時代に祖国にいたおおかたの知識人は、地球が丸いと知っていた。さもなければ、コロンブスの探検に金を用立てはしなかっただろう。インドを目指して東へではなく西へ航海するというのは、地球が球だからこそ可能になる（実は円筒という可能性もあるが）。地球が球であることは、古代ギリシャ人にはすでに知られていた。港に着く船をよく見ていると、マストの高さが一〇メートルの船は、一五キロメートルほど離れたところでは水平線の向こうにすっかり隠れて見えないが、近づくにつれて、まずマストの先端が見え、続いてその下にある部分が少しずつ見えてくる。観察眼鋭いギリシャの思想家たちは、これを地球が球だからこその現象だと考えていた。

球であることを根拠に、地球の外周の長さを計算した者さえいる。「素数のふるい」で有名な哲学者エラトステネス（紀元前二七六～一九四）は、アスワンとアレクサンドリアで地面に棒を垂直に立ててその影の長さを測り、地球の外周を二五万スタディオンと推定した。さて、一スタディオンの長さは？　現代の学者たちは一五七～一六六メートルと推定している。これをもとにエラトステネスの測定値を換算すると、三万九二五〇～四万一五〇〇キロメートルとなる。今日(こんにち)、人工衛星による測定で地球の外周は四万八〇キロメートルとされており、彼の推定値の誤差はなんとわずか二～四パーセントということになる。

その一七世紀のちのコロンブスの誤差はいかほどだったか？　コロンブスが見積もった地球の外周は、実際の三分の二しかなかった。ただ、そう言ってしまってはエラトステネスを持ち上げすぎになる。実は、エラトステネスの測定方法もそれほど精密ではなかった。アレクサンドリアからアスワンまでの距離が正確に知られていたわけではないし、アスワンはアレクサンドリアの真南にはないし、一スタディオンの長さは推定の域を出ないし、二カ所での測定時刻を正確に合わせることは不可能だった。どうやら、多くの誤差がうまく相殺（そうさい）されたようである。

三隻の船の乗組員は中世の通念や迷信に染まっており、教養はなかった。航海での体験も、地球が平らだという考え方と矛盾していなかった。そうでない可能性など、とうてい受け入れられたはずはない。さいわい、三日後の一四九二年一〇月一二日に陸地が認められた。反乱は避けられ、コロンブスはアメリカを発見した——そうとは知らずに。当の本人は、地球を半周してインドに着いたと思っていた。

とはいえ、サンタマリア号とニーニャ号とピンタ号の不憫（ふびん）な乗組員をかばい立てしすぎるのも問題だ。確かに、中世やルネサンス期に地球が球体だと認めるには、かなりの思い切りが必要だったろう。しかし、ルネサンス期ならともかく、今日でも地球が平らな円板だと信じている時代遅れの堅物（かたぶつ）が存在するのだ。〈平らな地球協会（フラット・アース・ソサエティ）〉の会員は、北極点がその円板の中心で、円板の縁（へり）にはぐるりと、高さ五〇メートルの越えがたい氷山が連なっていると信じている。彼らの主張はこうだ。地球が丸いという話は世界的な陰謀の一部であって、月着陸はハリウッドのでっち上げ、スペースシャトルは手の込んだ茶番で、どれも地球が球体だという、いずれ消え去る神話を擁護するためのものだ。右を見ても、左を見ても、どこもかしこも平らではないか。世界に真裏（まうら）の場所が実際に存在するとしても、人間はそこから落ちるはずだ。重力が——そう、彼らは重力を受け入れる気はある——つ

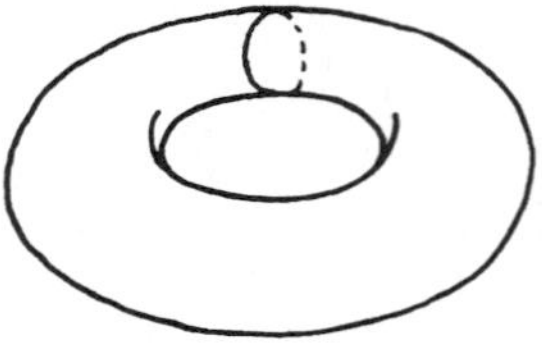
ベーグル

ねに下向きに引っ張っているのだから……。

さて、あなたはこれを論破できるだろうか？

　われわれにとって、バスケットボールは見るからに丸い球だ。だが、ボールの表面を這いまわるハエやアリにしてみれば、その表面は真っ平らに見えることだろう。アリストテレス（紀元前三八四～三二二）のような数学に明るい古代ギリシャ人なら、自分がその上を歩いているものが平らなのか、それとも丸みを帯びているのかを理詰めで明らかにしたかもしれない。たとえば、彼はこんなやり方をしたことだろう。ひもの一端を棒の先で地面に固定し、そこを中心にもう一端で円を描き、その円周の長さを測る。長さがひもの2π倍より短かったら、表面は丸みを帯びていると考えられ、まさにこの推測は正しいのだ。だが、這いまわる虫には、アリストテレスのように巧妙な測定方法を使う機会もなく、コロンブスのように物体全体を巡ることもできず、自分が這いまわっている「空間」の本当の形はわからずじまいになる。

　実際、その上に立って自分の近くを見回したとして、あたりが真っ平らに見えるような形のものはいくらでもある。地球が真ん中を貫く穴の空(あ)いた、いわばベーグルのような形をしていたとしても、アリストテレスやエラトステネスでさえそれに気づかなかったかもしれない。注意深く測定しながら、この物体の表面をくまなく動きまわらないかぎり、虫はベーグルとバスケットボールと円板のどの表面上にいても、違いに気づかないはずだ(1)。三つ穴の空いた形をしたプレッツェルさえ同じに見えるだろう。ただし、ハエはアリより有利だ。三つめの次元へと飛び出して、遠くから表面を眺めればいい。そうすれば、さっきまで自分が上を這いまわっていたものがバスケットボールだったのか、あるいは自動車のタイヤのチューブだったのかがわかる。

プレッツェル

　このように、平らな板とボールとベーグルとプレッツェルのうち、自分がどの上を這いまわっているかを確かめるには、虫は一歩下がって――宙に飛び上がって――離れたところから見る必要がある。だが、これはハエだからできることだ。当たり前だと思うかもしれないが、当たり前のことも厳密に議論するのが数学者である。アリよりハエのほうが広い視野を持てるというのは、もっと掘り下げて言うとどういうことか？　すなわち、飛べる動物は自分が這いまわっていた物体から飛んで離れて、三次元空間を動けるが、飛べない動物は動きが二次元に制限される、ということだ。この違いに実はきわめて重要な意味がある。

でも、バスケットボールは三次元の物体ではないか。アリがなぜ二次元に閉じ込められたことになる？　確かにバスケットボールは三次元の物体だが、その上にいるアリはどこへでも行けるわけではない。動けるのはボールの表面上に限られる。そして、三次元物体の表面は二次元だ。ボールやベーグルの表面は二次元の物体であり、三次元なのはその物全体――表面と中身――である。(2)

地球のような球体の表面が二次元だというのは、コロンブスが大西洋上の船の位置を緯度と経度というふたつの座標だけで表せることからもわかる。地球上の場所はどこでも座標がふたつあれば示せる。ニューヨークの街を二次元で示す地図の上では、「西四五番街七番地」という住所で位置が正確に決まる。ただし、ニューヨークは平らではないので、住所だけでは足りないこともある。商談の相手は上階のオフィスで待っているかもしれないのだ。その場合、「西四五番街七番地の一七階」というように、座標は三つ要る。これで、商談の場所は三次元空間内で過不足なく定義される。このように、表面またはそれより高いところを示す必要がある場合は、海抜など三つめの座標値を加えなければならない。(3)

三次元物体の表面は二次元だという理解が得られたところで、次はボールとベーグルとプレッツェルを数学的に区別するのは何かについて考えてみよう。こうした問題を扱うのがトポロジー（位相幾何学）という分野だ。トポロジーは、数学には珍しく物事を複雑に扱うようなことはせず、一見あたりまえなことを別な言い方で表現する。たとえば、「ボールとベーグルとプレッツェルは、それぞれ空いている穴の数が違う」というのはあたりまえだ。ならば、どんな言い方をしたら目新しくなるか？　こんなのはどうだろう。トポロジーでは、空いている穴の数が同じ表面どうしは同じ形だと考える。

トポロジーを専門とする数学者が相手にしているのは、こんな問題だ。すなわち、引っぱったり、縮めたり、ねじったり、回したりしてもいいが、破いたり貼り合わせたりしてはならないという条件で、どのような物体どうしなら、片方を変形していってもう片方に作り替えられるか？　トポロジー的に言うと、球と卵と箱は、穴がないので同じだと見なされる。卵が粘土でできていたとしたら、ちょっとこねれば箱に作り替えられる。[4]ベーグルとタイヤとコーヒーカップは穴がひとつの物体なので、これらも同じものと見なされる。一方、メロンパンは真ん中に穴をひとつ空けないとベーグルと同じ形にならないので、メロンパンとベーグルは同じとは見なされない。ベーグルとプレッツェルも同じではない。それは、片方がシナモン味でもう片方が塩味だからではなく、プレッツェルには穴が三つあるからだ。そしてプレッツェルは、トポロジー的には、取っ手が三つあるティーカップと同じだ。どちらも穴が三つあるからである。

もっとも、研究の対象が一、二、三次元の物体に限られていたら、トポロジーはぱっとしない学問だっただろう。面白いことがもっと高い次元で起こるかもしれないからこそ、数学者は話を一般化して、任意の次元の空間で成り立つことを証明しようとする。三次元より高い次元を思い描ける人はめったにいないが、三次元空間から四次元空間へと話を広げるには、三に一を足す以上に頭をひねらずにすむこともままある。四つめの次元は、たとえば時間でもいい。「西四五番街七番地の一七階に午前一〇時」というビジネス上のアポイントは、四次元の時空連続体の中で行なわれる商談の場所を誤解の余地なく示しているし、「西一四番街四〇三番地の下のほうのラウンジに午後一〇時」というデートの待ち合わせ連絡もしかりだ。

　数学で次元とは一般的な概念であり、住所と時間で表せるかどうかが重要なのではない。ここで頭に刻みつけてほしいのは、物体の表面の次元は物体そのものの次元よりひとつ小さい、ということである。地球（三次元）の表面が二次元であることは前に触れた。同じように、円板（二次元）の表面はその縁（へり）である一次元の円で、線分（一次元）の表面はゼロ次元の端点だと言える。そして——ここが想像力の働かせどころだ——四次元のボールの表面は三次元の球面だ。

　一般に数学の定理は、次元が低い空間での場合から先に証明されることが多い。突破口が開けると、往々にして、定理を高い次元に拡張するのに、低次元の場合の証明を下地にできる。平屋（ひらや）の家に二階を作るようなものだ。土台がしっかりしていれば、うまくいく可能性がある。だが、簡単にいくとは限らない。ボールを最も密に積み重ねる方法にかんする問題、「ケプラー予想」を例にあげよう。答えは明らかで、一次元では、ボールは線分に相当する。マッチ棒をイメージしてみよう。二本の両端がそれぞれ揃うようにして、ぴったり並べればいい。二次元では、ボールはコインのような円形のものになる。テーブルの上にコインをできるだけたくさん並べるには六角形に置いていけばいいということは、試してみれば簡単にわかるだろう。ところが、これこそ二次元のボールを最も密に並べる方法だという数学的に厳密な証明は、一九四〇年にやっともたらされた。三次元のボールとは、われわれがふつうに使う意味でのボールである。これを最も密に並べる方法は、八百屋がリンゴやオレンジを積み上げる方法、すなわちピラミッド形だとずっと考えられていた。ドイツ人天文学者ヨハネス・ケプラーも一六一一年に同じことを考えており、それがこの予想の名前の由来になっている。だが、それが正しいと証明されたのはようやく一九九八年のことだ。そして、四次元以上のボールについては、証明どころか答えさえ知られていない(5)。

この、低次元から高次元へという順序が逆になる場合もある。高次元空間での証明は比較的簡単なのに、低次元空間でなかなか解決されないことがあるのだ。こんなことが起こりうるのは、高次元には場所の「ゆとり」があるからにほかならない。家財を収納するのに、平屋より二階建てのほうがずっと簡単なのと同じことである。本書で見ていくように、ポアンカレ予想がまさにこのケースだった。

だが、先を焦らないようにしよう。さしあたり、三次元物体とは四次元物体の表面だということを覚えておいてほしい。ボールとベーグルの違いは、表面を詳しく調べれば必ずわかるだろうか？　三次元なら――アリには無理でも、われわれやハエには――簡単だ。だが、四次元のボールの上を歩いているわれわれに、それが四次元のボールだと知る方法はあるのだろうか？

ここで、アンリ・ポアンカレ氏の登場となる。

3章　技師は真実を究明する

「パリ大学の数理天文学教授であり、アカデミー・フランセーズと科学アカデミーの会員でもあるアンリ・ポアンカレ氏が、心塞栓のため今朝急逝した。享年五八という早すぎる死により、世界は傑出した数学者・思索家をまたひとり失った」。《ロンドン・タイムズ》紙の特派員による、一九一二年七月一七日水曜日付パリ発の記事はこのように伝えている。

その二日後、盛大な葬儀について同紙は次のように書いている。「宗教上の儀式は、サン・ジャック・デュ・オー・パ教会で執り行なわれた。クロード・ベルナール通りのポアンカレ氏の自宅から運び込まれた棺は、フランスの要人や科学界の関係者などの豪華な顔ぶれによる葬列につきそわれていた」。亡骸はモンパルナス墓地にある一族の納体堂に収められた。墓地には当時の政界と科学界の名士が勢揃いした。ポアンカレのいとこだった、

H.ポアンカレ

時のフランス首相がいたのは当然のことだろう。ほかにも、上院議長や内閣の閣僚、モナコ王子やチュニジア長官も列席していた。共和国大統領は私的な代理人を送り、科学アカデミーとソルボンヌ大学を代表して列席した人々もいた。パリ地理学協会長も、イギリスからは王立協会と王立天文台の事務局長も参列した。弔辞（ちょうじ）の中で、教育省の大臣はポアンカレを「『無限の詩人』にして科学の語り部」と呼び、アカデミー・フランセーズの会員のひとりはポアンカレが祖国にもたらした栄光をしのんだ。《タイムズ》紙の記者が伝えるところによると、ポアンカレは、その早すぎる死のわずか数週間前に、ロンドン大学で高等数学にかんする一連の講義を行なって、高い評価を受けていた[1]。

これほど惜しみなく賛辞が贈られたポアンカレとは、いったいどんな人物だったのか？ジュール・アンリ・ポアンカレは、フランス北東部の都市ナンシーで一八五四年四月二九日に生まれた。父親のレオンは医者で、ナンシー大学の医学教授でもあった。おじのアントナンは政府の土木局の技術系職員の最高位である監督官だったほか、気象学の権威としても知られていた。ふたりとも真の知識人で、職務を熱心にこなすだけでなく、科学アカデミーが刊行する学術論文を執筆することもあった。

父方の家系をさかのぼると、ジャン＝ジョゼフ・ポアンカレなる人物にたどり着く。ジャン＝ジョゼフはヌシャトーという町の司法関係の役人で、一七五〇年に亡くなっている。記録に残る親族がさらにふたり――ひとりはエーメ＝フランソワ・ポアンカレという人物で、フランス革命中の戦闘で大活躍した兵士だった。もうひとりは大おじのニコラ＝シジスベール・ポアンカレで、ナポレオンの配下でスペイン戦争を戦った指揮官のひとりだが、フランス軍がロシアから撤退したときに消息を絶っている。実は、大おじのほうは姓をポンカレに変えている。アンリも、自分の姓がポンカレだったらよかったと思っていたかもしれない。

アンリは彼なりの、無理もない理由があって自分の姓を嫌っていた。「ポアンカレ」は、「四角い点」という意味のフランス語と音が同じなのであるが、点とは本来無限小の大きさを持つもので、四角いはずのないことは、古代ギリシャの昔から知られている。自分の名前が数学的な誤りを含んでいることに、未来の数学者はいたく不満を覚えていたのだ。

「ポンカレ」ならば、こちらは「四角い橋」と音が同じなので、理にかなっていただろう。

しかし、「ポアンカレ」という姓には、もっと古い言われが隠されている。一五世紀の初め、パリ大学にペトルス・プグニクアドラティという学生がいた。「プグニクアドラティ」は「四角い戦い」というような意味で、教養のある若者にとって誇らしい姓ではなかっただろう。だが、少なくとも数学的な意味の矛盾はない。また、さかのぼって一四世紀の後半には、ジュアン・ポアンカレという人物がシャルル六世の王妃イザボーに大臣として仕えている。この人物の「ポアンカレ」のつづりは「四角い拳」という意味になり、権力のある男を連想させる。ポアンカレ家の姓のもとはおそらくこれだろう。

アンリの母親は、見目麗しく活発で知的だったとされている。これは一九世紀の女性が望みうる最高のほめ言葉だ。母親はアンリとその妹アリヌ・カトリーヌ・ウージェニーの教育に心血を注いだ。アンリは早熟で、ずいぶん小さいうちからしゃべりはじめたが、口が頭の回転に追いつかず、最初はよくつっかえた。五歳のときに重いジフテリアにかかり、快復するまで何カ月もかかった。それ以来、ひ弱で引っ込み思案になり、同い年の男の子たちといっしょにいることを怖がった。ひとりで階段を降りることさえ怖がったほどだった。そして、友だちと遊びまわるかわりに本の世界に逃げ込み、飽きることなく読書にふけった。その写真に撮るような記憶力は語り草になるほどで、文章を引用するときに、どの本の何ページの何行めにあるかまで言えたという。

病気で学校に通えなかった分の遅れを取り戻すため、家族づきあいのあったきわめて優秀な小学校教師が家庭教師に雇われた。この教師は宿題を極力出さず、知りたいことを好きなだけ質問させた。アンリはこの機会を存分に活かしてしっかり勉強したようで、八歳のときにふつうの学校に通うことになった。これまでの成果が目に見える形で残っていなかったので、アンリが実際のところ何をどれほど学んでいたのかはだれも知らなかった。だが、この子は授業についていけるのだろうか、という家族の心配は杞憂だった。アンリが初めて書いた作文に、担任はクラスで一番の評価を与え、ちょっとした名文と称賛している。アンリは、卒業するまであらゆる科目で一番の優等生だった。

彼にとって勉強はあまりに簡単で、なんの努力も要らなかったようだ。子どものころの友人のひとりは、アンリが宿題をやる様子をこう説明している。母親の部屋で、歩きまわりながらいろいろなことをする。そのあいだ、会話を途絶えさせることはない。そして、ときどきテーブルに歩み寄っては、椅子にすわりもせず、ノートに何かを書きつける。アンリは両利きだったので、文字を書くのも右手だったり左手だったりする。書き終わると、その前にやっていたことに戻る。しばらくすると、いつのまにか宿題が終わっていたという。

アンリは実に幸せな子供時代を過ごした。妹をとてもかわいがり、妹やその友だちとおおはしゃぎした。優しくて親切で、勉強ができるからといって威張ることはなかった。夏休みに田舎の祖父母の屋敷で過ごすのが、一年を通じて一番の楽しみだった。広い庭は、散歩するのにも遊ぶのにも格好の舞台で、尽きせぬ発見の場でもあった。一一歳のときには、アンリは山でこだまが響く仕組みや、電気という現象と電報の仕組みを友だちに説明できた。一三歳になると、友だちとシリアスな劇やコメディを演じた。そのなかには自作のものも多かったという。ダンスも好きだった。また、暇さえあればひとり散歩に出かけて気を紛らした。

いずれ大数学者になるという兆しはまだなかった。好きな教科は歴史と地理だったし、教師の目を引いたのは語学と理科の筆記試験の出来だった。まちまちな紙を集めて書きつけて提出されるアンリの文章は、ときに大胆かつ独創的すぎて、教師が授業で紹介するのをためらったこともある。一四歳になって、数学に対する興味がようやく現れだした。古典語学でも相変わらず優秀な成績を収めていたが、頭から数学のことが離れなくなりはじめた。ほどなくして、アンリの数学の才能は教師のあいだでよく知られるところとなった。

十代後半は、一転して暗黒の時代だった。一六歳のとき、普仏戦争が勃発した。それなりの年齢に達していたということで、アンリは野戦病院を回診する父親についてまわった。そのとき、治療の雑用を手伝いながら、戦争の恐ろしさの一面を垣間見た。母親とともに田舎の祖父母の家へ向かう道中、焼け落ち、荒らされ、人っ子一人いない村々を通ったことがある。子どものころ夏休みによく遊んだ屋敷に着くと、そこも略奪されたあとだと知って愕然とした。金目のものは残らずプロイセン人に持っていかれていた。食糧も乏しく、地下の蔵も、台所の棚も、鶏小屋も、すっかり空にされていた。敵が去った日、親切な近所の人がスープを持ってきてくれなかったら、祖父母は腹を空かしたまま寝るしかなかったという（この逸話からポアンカレの家族が経験した苦労のほどが推し量れる。腹を空かしたまま寝ることなど、恐ろしい戦争体験からはほど遠い）。破壊された祖父母の屋敷の光景と、十代後半に経験した故郷ナンシーの占領によって、アンリの心に熱い愛国心が育まれ、生涯消えることはなかった。ただ、この占領状態にもアンリのためになることがひとつあった。それは唯一手に入る新聞を読もうとドイツ語を勉強したことだった。

一八七一年八月、アンリ・ポアンカレは、フランスの大学入試資格試験「バカロレア」の文学の試験を受けた。試験はどの科目もよくできたが、ラテン語とフランス語の成績がとくによかった。その三カ月後、数学のバカロレア試験が行なわれたのだが、なんとポアンカレは筆記試験にあやうく落ちそうになった。試験問題だった等比級数の和を求める公式の証明が難しかったからではない。遅刻したのだ。息が上がって動揺したのか、問題を勘違いして大失敗をした。幸い、教授たちはポアンカレのかねてからの評判を聞き及んでおり、規則を少し曲げることにした。筆記試験の合格者を発表する場で、主任試験官はポアンカレの名前を呼ぶにあたり、「この内容ではほかの生徒なら不合格だった」と述べた。もちろん口頭試問は抜群の成績で合格し、失敗をすぐに取り返した。

フランスでは、並外れた数学の才能のある男子生徒は今も昔も、高校を卒業すると厳しい数学の準備学級で二年間学び、〝グランゼコール〟の名が冠されるほどの権威ある工科大学への入学に備える（今日では女子も入学できる）。この準備学級に通うあいだも、ポアンカレは才能の違いを見せつけた。一年めの終わりに、フランス全土の生徒が参加する競争試験(コンクール)で一位を取ったのだった。

二年めになると、才能あふれる生徒と単なる秀才の差が歴然とするようになる。マト・スペ、すなわち「専門数学」と呼ばれる授業では、今日の大学の専門課程で教えられる内容が扱われていた。だが、ポアンカレは平然としていた。ノートはほとんど取らず、何かを書きつけるときは、だれかの死亡告知をはがしてきたのだと明らかにわかる、一枚の黒枠付きの紙切れに書いていた。ほかの生徒——ひとりの例外もなく優秀である——は、最初のうち、ポアンカレがノートを忘れたのだろうと思っていた。だが、その後何日たっても彼の振る舞いが変わらないのを見て、好奇心を抱(いだ)きはじめた。この新顔は真面目に授業を聴いてるように見えない。でも、コンクールで一位を取ったのだ。どっちがやつの〝地(じ)〟なのだろう？　そこで試すことにした。あるとても難しい内容の講義のあと、またもノートをほとんど取らなかったポアンカレのところへ、ある生徒が歩み寄り、とくにわかりにくかった部分を説明してくれと頼んだ。ポアンカレはすぐさまそれについて簡単な講義をした。怪しんでいた生徒たちは、あまりの実力差に開いた口がふさがらなかった。それ以降、ポアンカレが真面目に授業を聴いているかどうかを疑う者はいなくなった。

準備学級二年めの終わりに、ポアンカレは全国規模のコンクールでまたも一位を取った。試験終了直後、当の本人は、解答を一ページほどしか書かなかったので、自分は成績優秀者にさえ名を連ねそこねたのではないかと心配した。だが、試験官のひとりはのちに、ポアンカレの解答があまりに見事だったので、計算間違いや部分的に不完全な箇所があったとしても、示されていた解法だけでポアンカレを一位に推すつもりだったと語っている。

「この生徒は大物になる」と、その数学教授は思ったそうだ。

　ポアンカレの次なる試練は、フランス最高の工科大学の入試を勝ち抜くことだった。数あるグランゼコールの頂点に立つのは、今も昔もパリの高等理工科学校（エコール・ポリテクニーク）だ。略して「X（イクス）」——この略称は同校の徽章（きしょう）である交差する二門の大砲に由来する——とも呼ばれるこのグランゼコールは、フランス革命直後の一七九四年に開校された。創設者は数学者のラザール・カルノーとガスパール・モンジュで、創立時の名前はエコール・サントラル・デ・トラヴォー・ピュブリック（公共事業中央学校）だったが、一年後に名前をポリテクニークに変えてから、高等教育の最高学府としての評判を急速に高めた。一七九八年には、ナポレオンが高等理工科学校（エコール・ポリテクニーク）から四二人の学生と教授を呼んでエジプト探検に同行させている。創立から一一年後、ナポレオンはこの学校を軍の士官学校に変えた。交差する大砲が制定されたのはこのときである。また、ナポレオンは科学を、軍隊らしく愛国心と結びつけて、「祖国と科学と栄光のために」という標語を掲げた。それから二世紀がたった一九七〇年、高等理工科学校（エコール・ポリテクニーク）の位置付けは文民学校に変わった。それでも所轄は国防省のままで、力強い標語もそのまま使われている。その二年後に、女子学生がひとり、初めて受け入れられた。彼女は、神聖なる同校に入学を許可されただけでなく、新入生の主席だったこともあり、男尊女卑の男たちの多くの度肝を抜いた。

現在では、フランス内外から毎年五〇〇人の学生が入学を許可されているが、それには数週間にわたるきわめて厳しい選抜試験をくぐり抜けなければならない。だが、それだけの甲斐はある。卒業生には、フランスの科学、工業、政治、経済のエリートとしての地位が保証される。ここ二〇〇年にここに在籍した学生や教授のなかには、数学の基本法則や物理の基本概念に名を残す優れた科学者が少なくない。そのなかでも抜きんでたひとりがアンリ・ポアンカレだ。

ポアンカレが口頭試問に臨んだとき、彼の評判はすでにかなり高く、退屈な試問などだれも聴きにこないのが常の講堂が人で一杯になった。問題を聞いたポアンカレは、ときどき目を閉じたりしてじっくり考えながら、ゆっくりと答えていった。その場で数学の証明を創りあげながら言葉を繰り出すかのようなポアンカレの様子に、試験官は驚くほかなかった。幾何学の担当だった次の試験官は、試験を四五分間中断して、きわめて難解な問題を用意した。問題が与えられると、ポアンカレは黒板の前をひとしきり行ったり来たりしたあと、こう言い切った。「これはABとCDが等しいことの証明に帰着できます」。試験官はこう返した。「たいへんよろしい。だが、私が求めているのはもっと基本的な解法だ」。これに対し、ポアンカレは試験官の机の前で歩みをとめ、だしぬけに、三角法による解法を口頭で説明した。試験官はそれにも注文を付けた。「よろしい。それを、簡単な幾何学の範囲で説明してほしい」。その言葉を聞くやいなや、ポアンカレは別な証明を説明した。これにケチの付けようはなく、試験官はお祝いの言葉を述べ、ポアンカレが最高点を取ったことを宣言した。

ポアンカレが優秀な受験生なのは明らかだったが、思わぬ障害もあった。ひとつは体育が——今日でも高等理工科学校（エコール・ポリテクニーク）の受験に必要な科目である——苦手だったことだ。だが、もっと深刻だったのはデッサンだ。ポアンカレは絵がどうにも下手で、成績は零点だった。そのような成績が一科目でもある受験生にグランゼコールへの入学を認めるわけにはいかず、ある試験官はパリの同僚宛てにこう書いている。「ナンシーにまれに見るほど優秀な受験者がいる。だが、われわれは困っている。入学を許されるとしたら、首席になるだろう。だが、そもそも入学を許されるだろうか」。学校側の英断によって、デッサンの成績の問題はよろしく対処され、ポアンカレは首席で入学を認められた。一八七三年の秋、ポアンカレはパリに引っ越し、高等理工科学校（エコール・ポリテクニーク）に通うこととなった。

予想にたがわず、ポアンカレはほぼすべての教科で素晴らしい成績をあげた。相変わらず講義中はノートをほとんど取らず、校内の廊下を行ったり来たりしながら考え事をした。だが、絵が下手なことが二年後の卒業時に再び問題になった。フランス人はなんでも成績順に並べるのが好きで、入学するグランゼコールや選抜試験の成績で順位付けの洗礼を受けた若者たちには、課程の修了時にも当然のように順位が付けられる。ポアンカレは履修したほぼすべての教科でまわりのはるか上をいっていたが、フリーハンドの作図が必要な教科だけはだめだった。直線をうまく引けないうえ、自分に明らかな細かい説明を証明から省く(はぶ)癖が出たのか、幾何学では試験官を怒らせてしまい、並みの成績しか取れなかった。そのせいで、卒業時は次席だった（その年の首席はマルセル・ボヌフォアという学生だった。彼は二七歳で無念の死を遂げる。シャンパーニャの炭鉱で作業員一人が死亡する事故が発生し、彼は技師として調査を担当したのだが、彼が炭坑に入ってほどなくガス爆発が起こり、彼とふたりの坑員が即死した。ほかにもふたりの技師がそのときの怪我がもとで二日後に亡くなっている）。

ポアンカレは卒業後、グランゼコールのひとつである高等鉱業学校(エコール・デ・ミーヌ)で三年間勉強を続けた。高等鉱業学校(エコール・デ・ミーヌ)の創立は高等理工科学校(エコール・ポリテクニーク)よりも古く、一七八三年だ。一八世紀と一九世紀は産業革命の全盛期で、原料の採掘は最先端技術とされていた。同校創設の趣旨は、国の公僕としての上級技師を育成することだった。カリキュラムは、鉱物学、地質学、鉄道建設、鉱業法規、農学など、鉱山運営に欠かせない科目で構成されていた。必修の一般教養科目もあり、英語またはドイツ語、体育、そして……デッサンも含まれていた。[2] 入学するには、今も昔も、お察しのとおり、選抜試験を受けなければならない。科学の基礎を学び終えているポリテクニーク出の学生(ポリテクニシャン)[3]は、卒業時の席次によっては、この学校の鉱山局(コー・デ・ミーヌ)

課程と呼ばれるエリート養成課程への進学がただちに許される。これは公共団体や民間企業の未来の管理職を育成する課程で、学生は国家のために国と企業のあいだに立って活躍するのに必要な技術的、経済的、社会的な術（すべ）を教授される。今日、鉱山局（コー・デ・ミーヌ）課程には毎年一五人ほどが入学するが、その三分の二がポリテクニーク出（ポリテクニシャン）だ。

ポアンカレは、先ほどのボヌフォアと、プティディディエという名のポリテクニーク出（ポリテクニシャン）とともに、高等鉱業学校（エコール・デ・ミーヌ）に入学した。未来の技師兼管理職として教育訓練を受けながら、興味はますます数学へ向いていった。だが、そのための時間を全然取れなかった。高等理工科学校（エコール・ポリテクニーク）で教えていたことがある教授が、ポアンカレが数学の勉強にもっと時間を割（さ）けるよう、いくつかの科目を免除しようとしたが、認められず、ポアンカレには全科目の履修が求められた。高等鉱業学校（エコール・デ・ミーヌ）にもグランゼコールとしての自覚があり、ほかから非難されかねないことはできなかった。

フランスの学校や大学では、学生の成績を〇～二〇点で評価する。合格ラインは一二点だ。これはフランスの成績システムを理解するための必須知識であるが、一八～二〇点は並みの人間が手の届くレベルではなく、一六～一八点で教師レベル、一三点以上はたいへん優れていると見なされる。高い点は事実上ないも同然である一方、低いほうは工学系の学校らしく小数点第二位まで計算される。さらに、その相対的な重要度に応じて科目間のバランスを取り、さらに各年の成績を考慮した複雑な計算が行なわれて、最終的な成績が決められる。

　これをふまえて、ポアンカレの高等鉱業学校（エコール・デ・ミーヌ）での成績を見ていこう。同校で最重要視されていた鉱山開発と機械にかんする科目で、ポアンカレの成績は一七・一七だった。また、古生物学は一七・三二、鉱物学は一七・四〇だった。とくに鉱物学の成績は注目に値する。なにしろ、担当教授のフランソワ＝エルネ・マラールは、きわめて優秀な新入生を無雑作に落第させた人物だったのだから（ポアンカレと同期のふたりのポリテクニーク出（ポリテクニシャン）は落第し、一年後に再試験を受けなければならなかった）。ほかの科目も良や優に相当する成績だったが、英語とデッサンはだめで、どちらも落第した。二年次の成績は、ほかの科目が同じようによかったうえ、英語も一五・四一という立派な成績で合格した。デッサンの成績もいくぶんだが向上し、不合格といっても一一・九九というわずか一〇〇分の一点足りないだけだった。高等鉱業学校（エコール・デ・ミーヌ）では四捨五入をしない。精緻（せいち）に事を進めることをもって任じる学校なのだ。ともあれ、一五・一〇、あるいは通知表のいう「一二をゆうに超える」平均成績により、ポアンカレは最終学年への進級が認められた。

　幸いにもデッサンが必修でなくなり、ポアンカレはほっとしたことだろう。一方、この学年ではフィールドトリップがあった。初回は地質学がテーマのノルマンディー地方行きで、ポアンカレは故郷の家族に宛てて興奮冷めやらない気持ちを書きつづっている。ところが、高等鉱業学校（エコール・デ・ミーヌ）は課外活動の場をフランス国内に限っておらず、まだ外国旅行が困難でまれだった時代に、学生に国際経験を積ませていた。ポアンカレは学校の課題の一環としてフランス国境を二度越えている。行き先はハンガリーと北欧だった。ハンガリーからの帰国後には、オーストリア国鉄の所有地にあった炭鉱についてのレポートと、ハンガリーのバナト地方における錫の冶金技術についてのレポートを書き、北欧からの帰国後には、北欧の鉱山開発について二通のレポートを書いている。

　この四通は、残念ながら高等鉱業学校の文書保管所に見あたらないのだが、指導教授たちは出来に満足していたようだ。一八七八年六月一三日に開かれた評議会で、ポアンカレは高等鉱業学校からの卒業を認められた[4]。二四歳で晴れて鉱山局課程を修了し、新人技師として職務に就く準備ができたのだった。

　高等鉱業学校の卒業は、鉱山技師としてのキャリアの出発点に過ぎない。フランス共和国は、一八五一年一二月二四日付けの法令で、鉱山局における技師の昇進序列を制定している。階位は「普通技師」、「技師長」、「監督官」の順に高くなり、各階位はふたつか三つの階級に分かれていた。階級・階位をひとつ上がることは、現在の階級・階位を二年以上経験して初めて可能になり、最高位である一級監督官になるには一五から二〇年の勤続が必要だった。さらに、その数は三人に制限されており、空きができないとなれなかった。

　給与も序列に従って差がつけられていた。三級普通技師の年俸は一八〇〇フラン、一級監督官には年俸一万二〇〇〇フランに加えてオフィスと交通費が支給された。当時、大学教授の年俸は一五〇〇〜二〇〇〇フラン――三級普通技師とあまり変わらない――で、船長は二七〇〇フラン、士官学校の教官は三〇〇〇フランだった。また、公務員の例にもれず、雇用の保障が何より優先された。技師の解雇は共和国大統領がじきじきに宣言する必要があった。ただ、技師が辞めたいときも、大統領の同意が必要だった。

一八七九年三月二八日、ポアンカレは普通技師に任ぜられて、鉱業行政での注目すべきキャリアをスタートし、その一週間後、炭鉱の監督技師として、ドイツやスイスとの国境に近いフランス西部の都市ヴズールに配属された。ヴズールは故郷のナンシーに近く、ポアンカレはこの配属を喜んだ。

それから八カ月のあいだに、駆け出し技師のポアンカレは担当地域の炭鉱を五回も訪れている。一八七九年六月には、サン＝シャルルへ出かけた。涸れかけたサン＝シャルルの炭鉱の異常に少ない生産量を、ポアンカレは正確に記録した。九月にはマニへ赴いて、ある惨事の現場を調査した。そのわずか数週間後には、サン＝ポーリーヌの炭鉱を訪れ、換気とガスの噴出と水漏れを中心に見てまわっている。一〇月には、サン＝ジョゼフの炭鉱で、縦坑の壁面を覆う鋳鉄を検査した。最後に、一一月中に再びマニを訪れている。とりわけ、二度のマニへの訪問は、危険と隣りあわせだったことといい、その仕事ぶりや報告内容といい、特筆に値し、感動的でさえある。

マニの炭坑で未明に大きな爆発が起きたという知らせが、所轄の監督技師であるポアンカレの事務所に届いたのが九月一日のことだった。この事故で一六人が死んだ。ポアンカレはその知らせを聞くやいなや事故現場へ急行した。一刻も早く現場をその目で確かめたかったからだ。そして、命の危険も顧(かえり)みず——爆発の原因は特定されておらず、二次爆発がいつ起こるかわからなかった——採炭場へと降り、事故原因を探った。

それから三週間でポアンカレが作成した詳細な報告書は、技術的にも、事故原因究明という点でも、お手本のような内容だった。フランスのベストセラーである、ジョルジュ・シムノンの探偵小説の主人公メグレ警視も、さぞ鼻が高いことだろう。報告書からは、手がかりを結びつけ、証拠を確かめ、憶測を排し、結論を導く、というポアンカレの仕事の進め方が窺(うかが)える。また、彼一流の分析的な思考も、ここですでに見てとれる。この頭脳が二五年後に、その後一〇〇年間解けない一見単純な問題を生み出すことになる。

事件当時、マニの炭坑は操業を始めたばかりで、石炭は地下六五〇メートルのところで採掘されていた。八月三一日の午後六時——日曜日で、昼間は作業は行なわれていなかった——二二人の男たちが坑道へ入った。班の構成は、坑員が一一人と作業員が七人に石工と道路作業員がひとりずつだった。現場監督はふたりいた。いつもはひとりなのだが、この日は一方が翌日にマニを離れることになっており、もう一度顔を出して後任に現場を説明することにしていたのである。

翌午前四時、大きな爆発が起こった。ランプはすべて消えた。フェリシアンとアマーブルのミェラン兄弟は、作業員を運ぶ昇降台に乗って地上へ向かう途中、激しく揺さぶられた。ふたりは予備のランプを持ってすぐに降り、ふたりの軽傷者を含む四人の生存者を助けて地上へ運び出した。

報告書に〝ユダヤ人(ジュイフ)〟とだけ記されている坑員長は、炭坑の出入口のすぐ近くに住んでいた。非番だった彼は爆発で目を覚まし、駆けつけてすぐさま炭坑へ降りると、ミェラン兄弟とともに事故現場へと向かった。狭い坑道を進むうち、彼らは爆発で火がついた衣類の束に出くわした。坑員長はそれを急いで消し止めた。放っておいたら、また爆発が起こっていたかもしれない。消し止めると、ウージェーヌ・ジャンロワという一六歳の作業員が大怪我をして叫んでいるのが聞こえてきた。ジャンロワは地上に運び出され、そのまま病院へ運ばれたが、爆発による怪我がもとで命を落とした。

爆発から三〇分と経たないうちに、ふたりの技師が、坑員長と数人の作業員を連れて事故現場に着いた。彼らはまず換気機構を修理して、救助員がさらに先へ進めるようにした。最初に回収された遺体の状態から判断すると、ほかの男たちの運命はほぼ明らかで、生存者はとても見つかりそうになかった。遺体は次々と地上に運び出され、最後の遺体も事故からわずか二日後に回収された。ユダヤ系の坑員長は坑内を駆けずりまわった。技師たちから制止されるほどの、度を越した熱心さだった。六〇歳のこの坑員長は坑内に一八時間連続でとどまった。

昼過ぎにマニに着いたポアンカレは、調査のためにさっそく炭坑に降りた。救助員が疲れた身体にむち打ってあわただしく行き交い、二次爆発の危険も残るなか、ポアンカレは爆発の現場をその目で確かめた。それが済むと、報告書の作成に取りかかった。

ポアンカレは、炭坑とその操業体制のあらゆる面を分析した。鉱山の危険因子といえばまず換気不良だが、作業員のランプもそうである。坑内にしばしば漂う可燃性ガスが引火するかもしれないからだ。ランプによる危険性はあまりに大きく、炭鉱の経営側は安全確保に神経を尖(とが)らせていた。ランプの扱いにかんする厳しい規則を守らなかった坑員は罰せられた。ポアンカレが調べたところ、過去にランプを落としたり、ランプのガラスに穴を空(あ)けたり、ランプの留め金を曲げたりして一三人の坑員に三～五フランの罰金が科されていた。なかには、作業中にランプのふたを開けてクビになった坑員や、ふたが閉まっていないランプを現場に届けて一〇フランの罰金を科された調達係もいた。

医師による検死報告書によると、一六人の死因はすべてやけどだった。一般的に、爆発現場の奥にいる作業員は窒息死し、坑内の導気口と爆発現場とのあいだにいる作業員はやけどで死ぬ。これが、全員がやけどだったという事実と併(あわ)せて、爆発の場所を特定するためのヒントになった。また、検死報告書によると、作業員たちの足の裏には損傷がなかった。ポアンカレはこのことから、彼らは立っているときに事故に遭(あ)って即死したと結論づけた。じわじわと死ぬ苦しみは味わわずに済んだのだ。

こうした証拠から、爆発の場所がふたつに絞られた。どちらなのかを探るため、ポアンカレは坑内で見つかったランプに注目した。ランプにはすべて番号が振られており、持っていった作業員の名前が細かく記録されていた。ポアンカレは四七六番のランプに注目した。このランプは、エミール・ペロという一七歳の作業員の焼けただれた遺体のそば、地面から一五センチメートルほどの高さにぶら下げられていた。ガラスはすっかりなくなっており、金属部分には裂け目がふたつあった。片方は大きくて幅も広く、ランプ内部の圧力が原因のようだった。問題はもう片方で、金属部分が小さな正方形のような形で内側に凹(へこ)んでいた。これは、その原因となった衝撃がランプに外側から加えられたことを示している。つるはしで叩かれたような一撃だったのである。

ガスに火をつけたのがこのランプである可能性が高くなったが、爆発性ガスであるメタンはどこから出たのだろうか？　換気機構を調べ、新鮮な空気が毎秒どの程度送り込まれていたのかを計算したところ、通気は十分で、炭坑に少しずつガスが漏れ出ていたとしても、換気によって外へ吐き出されていたはずだった。また、事故発生のわずか数時間前、ポアンカレが爆発地点と考えていた場所に作業員がいたが、生き残ったその男によるとガス臭はなかったという。ポアンカレは報告書の中でさまざまな仮説を立てては退(しりぞ)けていった。ガスが少しずつ漏れたくらいでは、今回のような不幸な事故は起こらなかったはずだった。換気機構が働いているのにガスが溜まるとしたら、まず坑道の天井付近に集まる。

だとしたら、ガスがランプの高さ――地面からわずか一五センチメートル――に達して爆発するずっと前に、ペロは窒息死していたはずだ。だが、医師の報告によれば死因はやけどだ。したがって、爆発の原因は、坑道の壁の低い位置から少量のガスがとつぜん噴出してきたとしか考えられない。だとすると、炭坑自体の損傷が比較的少なかったことも説明できる。

ただ、ひとつ問題が残っていた。四七六番のランプが割り当てられていた作業員は、ペロではなくオーギュスト・ポトだった。だが、ランプの残骸はペロの遺体のそばで見つかっている。また、ペロは炭車に石炭を積むのが仕事で、つるはしは持っていない。さらに、ペロのランプは一六番で、坑内のまったく別の場所で見つかっている。

だがこれで、ポアンカレにとっては、事故の発生までを順序立てて再現するだけの手がかりが揃っていた。三三歳の坑員ポトは、ランプを坑内の持ち場で、どこかに吊り下げていたらしい。そして、作業中に自分のつるはしでランプに穴を空けてしまったにちがいない。だが、穴の空いた場所がランプの底に近く、よく見えなかったため、ポトはそれに気づかなかった。ポトの持ち場にガスはなかったので、この出来事は当面、事故につながらなかった。だが、何かの理由で、ポトがペロの持ち場へ行った。そしてポトはペロのランプの隣に自分のランプを吊し、しばらくして持ち場へ戻るときに、間違えてペロのランプを持って帰ったのだ。穴の空いたポトのランプは、いつガス漏れが起こるかわからない場所のすぐそばに残された。この危険な状態は、だれにも気づかれずに終わっていたかもしれないのだが、運悪く、穴の空いたランプが吊り下げられていたまさにそのとき、その場所で、壁の低い部分からとつぜんガスが噴出した。そして、ランプによってガスが引火し、爆発が起こったのである。

ポアンカレは報告書を締めくくるにあたり、この惨事の原因は、ポトの一瞬の不注意——それを自分の命と引き換えることになってしまった——であると結論づけた。ポトは不真面目ではなく、悪い評判が立ったこともなかった。だが、優れた坑員もときとしてこのような軽率なことをする。この事故で二人の現場監督を含む、一六人の命が奪われた。

この検証の行き届いた詳細な報告書は、監督技師という立場で淡々と書かれているが、内容からはポアンカレの思いやりが明らかに感じ取れる。事故原因となる不注意を犯したあわれなポトを過度に非難していないし、稼ぎ手を失った九人の未亡人と三五人の遺児、そして二人の年老いた親を見舞う悲劇についても言及している。さらに、みずからの命を極度の危険にさらしてまで救助活動を率いたユダヤ系の坑員長の勇気を強調してもいる。そして、一家族あたり四〇フランの緊急援助を支出し、未亡人に毎月二五フランと遺児に毎月八フランの年金を給付しても、この人災の傷跡を癒すことはできないだろうと述べて報告書を終えている。ポアンカレ自身がみずからの身の安全を顧みなかったことだけが、中で触れられていない。ポアンカレが最初に坑内に入ったときは、事故発生から一二時間ほどしか経ってなく、いつまた爆発が起きるかわからない状態だった。その二年後、同期だったボヌフォアの命を奪うことになったのが、まさにこの二次爆発だ。だが、事故原因を明確にするためには直後の調査が欠かせず、それがまさにポアンカレの仕事だった。彼は躊躇（ちゅうちょ）することなくみずからの義務を全うしたのだ。

二カ月後の一一月二九日、復旧作業の様子をその目で確かめるべく、ポアンカレはもう一度マニを訪れている。驚いたのは、そもそも不備のなかった換気機構が改良されていたことだった。〝事故以来、問題になりそうな量のメタンは検出されていなかった〟と、ポアンカレは満足そうに報告書に記（しる）している。万一少量のガスが検出されても、一日かそこらで排出できるようになっていた。

その二日後の一八七九年一二月一日、三級普通技師に任命されて八カ月足らずで、ポアンカレは最後の報告書を書いた。数学界ですでに評判が高かったポアンカレは――このことについては次の章で語っていく――カーン大学の教授に任ぜられたのだ。こうして鉱山技師としてのキャリアは本格的に始まる前に終わりとなった。彼はこの成り行きをおおげさに喜ぶようなことはしなかった。大学で教えるかたわら技師の仕事を続けられたらそうしていたかもしれない。だがそれはできない相談で、公共事業大臣からは無期限の休職許可が与えられた。にもかかわらず、当時を知る者たちから〝きわめて有能だが臆病とも思えるほど謙虚〟と評されていたポアンカレは、鉱業行政の一員でありつづけた。給与や手当はもちろんつかないが、階位は上がりつづけ、一八九三年には技師長に、一九一〇年には監督官に任命されている。

鉱山技師として現場から離れて何十年もたったあとも、ポアンカレの頭からは鉱山や操業の保安のことが離れなかった。三〇年以上も前に調査した事故のことを忘れておらず、最晩年に書いたある文章の中で、採掘法とそれに伴う危険性について触れている。「空気と坑内ガスから成る混合気体は火花ひとつで引火する。そのあと起こる惨事は筆舌(ひつぜつ)に尽くしがたい」。鉱業の世界からすっかり遠ざかって学問に浸っていても、ポアンカレはその慈悲深さと同僚への気遣いを忘れていなかった。

ポアンカレは優れた技師だった――その仕事ぶりは英雄的でさえあった。だが、天職はほかにあった。

4章　ポアンカレへの褒賞

ポアンカレは傑出した技師には違いなかったが、最愛の対象は変わらず数学だった。高等理工科学校のカリキュラムには数学や物理があり、ポアンカレの好みを満たしていたが、高等鉱業学校のカリキュラムは工学系科目が中心で、学生は来るべき管理業務に備えることが求められた。だが、「科学の女王」［訳注：ガウスが数学を指して言った言葉］にポアンカレが抱いた興味は衰えなかった。学生時代に自分を全国一位に導いた教科をどうして忘れられようか？

高等鉱業学校で鉱物学や鉱業などの実学を学びながら、ポアンカレは独力で高等数学の問題にも取り組んでいた。高等鉱業学校の一年めの終わりごろには偏微分方程式にかんする論文を書きあげており、のちに《高等理工科学校紀要》に発表している。ソルボンヌ大学の世界的に有名な数学者シャルル・エルミートは、それを読んでいたく感心したが、手放しでは褒めていない。ポアンカレの論文は、内容の深さは驚嘆に値する一方、書き方が不親切だったり詳細が省(はぶ)かれたりで、アイデアを明快に提示できていない、というのだ。子どものころに口が頭に追いつかなかったように、この論文でもアイデアが矢継ぎ早に湧いてきたのか、詳細をきちんとたどらない部分があった。ソルボンヌ大学の教授ジャン・ガストン・ダルブー――のちに科学アカデミーの終身書記になり、ポアンカレの葬儀で弔(ちょう)辞(じ)を読むことになる――は、ポアンカレの微分方程式にかんする別の論文を読み、その内容を絶賛しつつも、厳密さに欠けると強く批判している。ポアンカレは問題とされた箇所をしかるべく加筆し、それを学位論文としてパリ大学に提出した。彼は高等鉱業学校(エコール・デ・ミーヌ)を卒業した時点で、学者への道を歩む運命にあったようだ。

一八七九年一二月、マニの炭鉱での惨事の調査を終えてわずか数週間後、ポアンカレは公共事業省によって技師の職を解かれ、高等教育の世界に戻った。当時すでに数学界に名を馳(は)せていたポアンカレは、フランス北西部にあるカーン大学で数学を教えることになった。彼の講義は系統だっておらず、必ずしもすべての学生が理解したわけではなかったが、同僚や、とくにかつての指導教官、エルミートからは絶賛された。二年後にソルボンヌ大学助教授となり（のちに教授に昇格、数理物理学や確率論等を担当）、同じころ母校高等(エコール)理工科学校(・ポリテクニーク)の講師の職も得た。また、この年にルイーズ・プラン・ダンデシーと結婚している。ふたりは一男三女をもうけた(1)。やがて、ポアンカレの名をヨーロッパ中にとどろかせることになる懸賞が告知される。だが、事はすんなりとは運ばなかった。

ヨハネス・ケプラーが天体の軌道を計算し、アイザック・ニュートンが万有引力を発見してからは、地球や火星や金星がある日とつぜん太陽の周回軌道から外れて、全然違う進路をたどりはじめるのではないか、と心配する者はいなくなった。今日（こんにち）のわれわれも、太陽系が今の姿を維持しつづけるのはあたりまえだと思っている。だが、心配したほうがいいのではないだろうか？　いつの日か、彗星がすぐ脇を通った影響で太陽系の秩序が乱れたりしないだろうか？

ケプラーは、火星の楕円軌道を計算したとき、火星が太陽の周りを回りながら描く軌道が厳密な楕円ではないことに気づかなかった。ケプラーがプラハで、前任の宮廷数学者ティコ・ブラーエから受け継いだ――盗んだという説もある――観測記録は、当時得られる最も正確なデータだったが、なおわずかな誤差が含まれていた。(2) 実は火星の軌道は、ほぼ周期的としか言えないものだ――あるいは数学者流に言えば「準周期的」なものである。完全な楕円にならないのは、惑星の軌道が、太陽の重力からだけではなく、太陽系に存在するその他すべての天体の重力からも影響を受けるからだ。そこで、果敢な科学者たち――数学者と天文学者と物理学者――が、重力を同時に及ぼしあう三つ以上の天体の軌道計算を試みた。ふたつの場合はニュートンによって解かれていたので、三つならたいしたことはなかろうと、まず三体問題、すなわち天体三つの場合に手を付けた。系にいくつか式を足してそれを解けば終わりだと彼らは思っていたようだが、すぐにそれほど簡単な話ではないことが判明した。だれも「三体問題」を厳密に解くことができなかったのである。

科学をおおいに奨励していたスウェーデンおよびノルウェー王オスカル二世は五五歳のとき、一八八九年一月二一日に迎える六〇歳の誕生日をどう祝おうかと思案していた。イェスタ・ミッタク＝レフラー——母国にとどまるためにベルリン大学の教授職という願ってもない申し出を断ったスウェーデン人数学者で、当時スウェーデンの科学界で精力的に活動していた——にはアイデアがあった。オスカル二世は、まだ王子だったころに大学で教育を受けており、数学の成績が非常によかった。王はのちに数学誌《アクタ・マテマティカ》を創刊したのだが、その編集長を務めていたのがミッタク＝レフラーである。彼はn体問題（nは3以上の任意の整数）に懸賞をかけて論文を募集するのが王の還暦を祝うのにふさわしいと提案した。実はこれで、ミッタク＝レフラーは一石三鳥を狙っていた。王の科学好きを内外に示せるし、北欧が世界に注目されるうえに、この懸賞が話題になってみずからの数学界における顔役としての印象が強まるというわけだ。

オスカル二世はこのアイデアを気に入った。数学の大理論や物理の基本法則に自分の名が残らなくても、オスカル（オスカー）の名が付く賞をだれかの業績に授けられるのだ。王は懸賞の細事をミッタク＝レフラーに任（まか）せた。こうしてミッタク＝レフラーは、要項を決め、審査員を選び、懸賞を告知し、受賞者を選ぶことになった。

のちにどれほど頭の痛い事態が起こるか知るよしもなく、彼はこの仕事に勢い込んで取りかかった。出だしは順調だった。ふたりのヨーロッパ最高の数学者——ともに恩師であるパリのシャルル・エルミートとベルリンのカール・ワイエルシュトラス——に、審査員になってもらえたのだ。ところが、すぐさま問題が起こった。ワイエルシュトラスを選んだことが、ベルリン大学におけるこの数学者の永遠のライバル、短気なレオポルト・クロネッカーの感情をいたく害したのだった。ワイエルシュトラスは年長だから選ばれただけだとミッタク＝レフラーから言われて、クロネッカーは一度は怒りを収めたものの、その後も懸賞期間中から一八九一年にこの世を去るまでミッタク＝レフラーを困らせつづけた。もうひとつの問題は、エルミートとワイエルシュトラスが、ふたりともドイツ語にもフランス語にも堪能（たんのう）なのに、手紙のやりとりをそれぞれの母語で行なうと主張したことだった。ミッタク＝レフラーは仲介の労を取らざるをえなくなり、やりとりを翻訳しては転送した。だが、遠からずどちらの問題もたいした悩みではないと思い知ることになる。

競争の間口を拡げるため、審査員団は問題を四問用意した。なかでも興味をそそるのはもちろんn体問題だ。ワイエルシュトラスが示した問題を若干整理してまとめると、次のようになる。「重力の法則に従って引きあうn個の物体から成る系において、どの二つも衝突しないと仮定した場合に、過去または未来の任意の時点における各物体の座標を、各項が既知の関数であるような一様収束する級数として示せ」

懸賞の問題と要項は、一八八五年に《アクタ・マテマティカ》や《ネイチャー》などの専門誌で正式に告知された。応募は一八八八年六月一日までに《アクタ・マテマティカ》の編集部に匿名で届けることとされた。クロネッカーはこの機会をとらえてすぐさま次々と問題に嚙みついた。だが、彼の酷評はまたいつものひがみだとして取り合われなかった。こうして、ヨーロッパ中の数学者が取り組みはじめた。

三年後の締め切りまでに一二件の応募があった[3]。要項に従ってどれも匿名で提出されており、目印は封筒の表に記された銘文だけだった。また、著者名と住所を同封して、その同じ銘文を表書きした封筒も提出されることになっていて、こちらは授賞式まで開封しないことになっていた。身元がわかっている応募者は四人だけで、ほかは匿名のままだった。三体問題を扱った論文は五通あり、どれも解を示してはいなかったが、「星々の限界を越えるものなし」という銘文が記された封筒に入っていた一五〇ページの論文は、運動する物体の力学にかんする研究を大きく発展させるものだった。そこで、審査員団はこの論文の著者を受賞者に選んだ。

王の誕生日の前日、受賞者がストックホルム城で発表された。張り詰めた空気の中、固唾を呑んで見守る招待客の前で、名前の入った封筒が開かれた。「栄えある〝オスカル賞〟の受賞者は……『三体問題について[4]』のアンリ・ポアンカレです」。今日ハリウッドで行なわれるアカデミー賞の授賞式とは違って、受賞者が歓声をあげたり、涙にくれたり、

声を詰まらせながら「ママ、ありがとう」と叫んだりはしない――おだやかな拍手の中、王が書類に署名するだけだった。(5)

ポアンカレはこの問題に取り組むにあたり、まず条件に制限を加えた。系の構成要素を大きな天体（たとえば太陽）と小さな天体（たとえば地球）と非常に小さな天体（太陽系における月のような存在）と想定したのだ。以来「制限三体問題」と呼ばれるようになったこの問題さえ、とてつもなく難しかった。ポアンカレも、三つの天体の軌道を級数の和として近似的に記述するのがやっとだった。ワイエルシュトラスが述べたように、これだけで受賞資格は十分だったが、ポアンカレはそれ以上のことを成し遂げていた。任意の時点について三体の位置を記述する解析解（言ってみればエレガントな式）が存在しないことを厳密に証明したのだ。驚いたことに、太陽系の天体の位置は正確には予測できないというのである。

このような「良からぬ知らせ」をもたらしたにもかかわらず、一八八九年三月二三日、パリ駐在のスウェーデン大使レーヴェンハウプト伯爵から、王の肖像入りの金メダルと二五〇〇クローナの賞金がポアンカレに手渡された（比較のために記せば、ミッタク＝レフラーのストックホルムでの教授職に対する年俸が七〇〇〇クローナという額である）。エルミートには、審査員としての功績から、複製の銀メダルが授与された。後年、エルミートが語ったところによると、それを科学アカデミーの会合で回して見せたところ、だれもがその美しさにうっとりしたという。

ポアンカレが王への表敬方法について問い合わせたところ、ミッタク＝レフラーは、ここはみずからの地位を底上げするチャンスだと考え、王には自分が献上するつもりで、ポアンカレに礼状を書かせた。その際、《アクタ・マテマティカ》の科学界に対する貢献と発行姿勢を評価する内容が含まれていれば王が喜ぶであろうということを強く示唆した。ポアンカレは言われたとおりにした。だが、あわてて封筒に入れ忘れ、数日後に送り直した。

ポアンカレの受賞はヨーロッパ中で話題になり、フランス科学界の有力者たちは大いに鼻を高くした。ポアンカレがオスカル王の賞を受賞しただけでなく、ソルボンヌ大学力学教授のフランス人、ポール・アペルが選外佳作に選ばれて――そして金メダルが与えられて――いたのだ。普仏戦争に敗れて以来の、フランスの大勝利だ！　ソルボンヌ大学理学部の学部長は、大学の理事会宛てにこの偉業にかんする報告書を書き、審査員団がふたりのフランス人の受賞を決めたことは、「学外の傑出した数学者が本学の業績を検証し、高い評価を改めて証明したものである」と締めくくった。ふたりには政府からすみやかにナイト爵のレジオン・ドヌール勲章が授けられた。ミッタク＝レフラーにも同じ栄誉が授けられた。

物語がこれで終わって、かかわった者が皆それぞれの生活に戻れたらよかったのだが、ごたごたはまさにこれから起ころうとしていた。スウェーデンの科学アカデミーの会合で、今回の授賞に納得のいかない天文学者のフーゴー・ギルデン〔訳注：スウェーデン語の原音に近く表記すれば「イュルデーン」〕が、ポアンカレが懸賞論文で示した結論は、自分が二年前に発表したものと同じだと主張した。ストックホルムの数学者アンデシュ・リンドステットも、同じようなことを主張して一枚嚙んできた。これを聞いた王は、「説明を求める」とのたまった。ミッタク＝レフラーとしては、ポアンカレの論文にかんする報告書をワイエルシュトラスからそのときまでに手に入れるつもりだった。それがあれば論文の弁護にずいぶん役立つはずだったが、ワイエルシュトラスは年老いて病気がちで、作業が遅れていた（ミッタク＝レフラーが私信で告白しているように、別な意味では幸いだったかもしれない。「おぞましい」クロネッカーがその報告書にケチを付けようと手ぐすね引いて待っていたのだから）。困ったミッタク＝レフラーは、この異議申し立てに対する回答をポアンカレに求めた。ポアンカレはすぐさま答えをまとめて返信した。

ポアンカレはその中で、ギルデンの論文を高く評価していることを述べたうえで、相違は級数の収束の定義にあると説明した。級数とは、1＋2＋3＋… のような、有限ないし無限個の項をもつ数列のすべての項の和をとったものである。無限級数の各項の和が有限になることを「収束する」と言う。たとえば、1＋1/2＋1/4＋1/8＋… ＝ 2.0 なので、この級数は収束する。項の数が増えるにつれてその和が無限大に近づく場合、その級数は

「発散する」と言う。

その「収束」のとらえ方が数学者と天文学者で違っていた。天文学者は、各項の値が急速に小さくなるような数列は――実用的な意味で――和が有限になると主張した。だが、数学者としては、このような主張はとても認めるわけにはいかなかった。たとえば、$1 + 1/2 + 1/3 + 1/4 + 1/5 + \dots$ のような、調和級数と呼ばれる級数の各項の値は急速に小さくなる。ところが、この和が発散することは証明されているのだ。発散の速さはきわめて遅く、和が20に達するまでに一億七八〇〇万項を足し算する必要はあるのだが、どんな値を取っても、これらの項の和はいずれそれより大きくなる。つまり、調和級数は発散するのだ。したがって、数学者の考えでは、数列の各項の値が急速に小さくなるといっても、気が遠くなるほど長期間――何百万年とか何十億年――について計算する、惑星の軌道計算というものにおいては小数点以下数桁まで計算する可能性があるわけで、級数の項が無限個ならなおのこと、級数が収束することを数学的に証明しなくてはならない。

ギルデンとリンドステットはその論文の中で、互いの周りを回る物体の軌道を近似するのに級数を使っていた。三体以上の天体から成る系が――われらが太陽系のように――安定するには、近似に使った級数が収束するかどうかの判断が重要になる。発散するなら、その系は崩壊する可能性がある。(6) ギルデンは、級数が発散する場合があると認めてはいたが、そんなことは変数の無限小に等しい数の組み合わせでしか起こらないので、各惑星がそれぞれの楕円軌道からはずれることはまずあり得ないとした。一方、ポアンカレは、系の崩壊へと導く変数の組み合わせは、その数が少なくても無視できないと主張した。つまり、彗星の到来などによるわずかな揺らぎさえすべてを狂わせてしまい、地球は太陽の周回軌道から弾き出され、深宇宙をさまよいつづけるか、宇宙のどこかのブラックホールに呑み込まれるかもしれない、というのだ。

恐ろしい話ではあるが、ミッタク＝レフラーは胸をなでおろした。太陽系が未来永劫安定だという保証はなくなるが、少なくともこの線に沿ってポアンカレ論文を弁護できることはわかったのだから。だが、この話も次に起こることに比べればたいしたことはなかった。

懸賞の要項に明記されていたように、受賞論文は《アクタ・マテマティカ》誌上で発表されることになっていた。ミッタク＝レフラーは助手のエドヴァド・フラグメーンに論文の刊行準備にかかるよう命じた。フラグメーンは真面目な若者で、きわめて熱心に事にあたった。彼はすべての式をチェックし、すべての計算を検算した。賞の授与から半年が過ぎた一八八九年七月、フラグメーンはよくわからない部分に出くわし、そのことをミッタク＝レフラーに報告し、ポアンカレに手紙を書いて説明を求めた。

次は、コートに打ち込まれたボールをポアンカレが打ち返す番だった。初め、彼はさして心配せず、編集者の要求に応える準備にとりかかった。ポアンカレが数学者に求められる厳密なルールに必ずしも従わないことは、学界ではすでに知られていた。子どものころ、口に出すより速くアイデアが浮かんで、言っていることがよく意味不明になったが、数学の論文でも同じように、細部まで詰める時間を十分に取らないことがあった。証明でいくつかの段階を省いて、読者を慌てさせることもあった。

フラグメーンを満足させるため、ポアンカレは論文の最後に付け加える注釈を用意し、それぞれ注A、注B、注Cのように、アルファベット順に記号を振りながら書いていった。記号はすぐにIにまで達した。だがそんなことより、ポアンカレは長い注釈を書きながら、はるかにまずい事態に徐々に気づきはじめた。あいまいな点を明確にしようとするうち、恐ろしいことに、論文に別の間違いが含まれていることに気がついたのだ――それもちょっとした見落としどころではなく、深刻な欠陥だった。ポアンカレはこの論文で、互いに重力で引きあってひとつの系を成す三体は、平衡状態、周期的な軌道、準周期的な軌道のどれかに向かうと主張していた。だが、今で言う「カオス軌道」というもうひとつの可能性を見落としていたのである。

ポアンカレは呆然とした。オスカル王の賞を獲得したのも、レジオン・ドヌール勲章を授かったのも、科学界の寵児でいられるのも、すべて欠陥論文のおかげだというのか。盛り込まれている大きな成果は、この欠陥があっても揺るがないとはいえ、論文は永久に葬られ、編み出した新しい手法は無視される。同じ時代やその後の科学者の記憶に残るのは、犯した間違いだけになるだろう。

ポアンカレは論文の見直しにかかった。数カ月間、欠陥を取り除く方法を一心不乱に探したが、だめだった。逆に欠陥の全容が次第に明らかになり、ついに疑いの余地がなくなった。一八八九年一二月一日、ポアンカレは人生でなにより辛かったであろう決断を下す。フラグメーン宛てに電報を打ち、印刷作業を中止するよう要請したのだ。彼は同じ日にミッタク＝レフラーにも手紙を書き、この抜き差しならない状況を打ち明けている。「これに気づいて湧き上がった失望の念を隠し立てするつもりはありません」

だが遅すぎた。ポアンカレが手紙を投函した三日後の一二月四日、ミッタク＝レフラーは返事の中で、欠陥論文が掲載された見本刷りはもう、少数の関係者に送ってしまったと伝えた。手紙の冒頭では、少しでも元気づけようと、数週間前に生まれたばかりのポアンカレの娘、イヴォンヌの誕生を祝っている。だが、すぐ本題に入り、今回の件はポアンカレにとっても自分にとってもたいへん残念なことだと述べた。実際、この懸賞が話題をさらったことでミッタク＝レフラーには敵が増えており、彼らはこの顚末をこれ幸いとばかりに突いてくると思われた。それでも、彼は本心とはうらはらに、「議論の弱点を見抜けなかった責任はすべて私にあります」と続けた。

だが責めを本気で負うつもりはなかった。それどころか、いやに謙虚なこの一文のこころは正反対だった。ミッタク＝レフラーは、あのように目の留まりづらい詳細を見逃した責任を自分が問われるはずがないと思っていた。それでも、さすがにこの一文は極端すぎると思い直し、今度は、ポアンカレのような才能の持ち主が犯した間違いを自分は恥ずべきものとは思っていないし、ポアンカレがいずれこの難問を解決できると確信している、と書いた。こんな優しい返事を書いたのは、深刻に考えすぎないようにするためかもしれないし、ポアンカレを励まして書き直しを続けさせるためかもしれない。だが一方、《アクタ・マテマティカ》にとってとりわけ重要なある寄稿者には、なだめすかす必要を感じなかったようで、ずっと率直になった。二日後に書いたエルミート宛ての手紙では、にべもない様子でこう書いている。「ポアンカレの犯した間違いは論文全体にゆゆしき影響を及ぼします。この、欠陥のあるくだりに基づいていないページはほとんどありません」

ポアンカレ宛ての手紙を出すと、ミッタク＝レフラーは善後策におおわらわとなった。自分の威信に傷がつくだけでは済まない。エルミートとワイエルシュトラスもこのミスを見逃しているのだから。それが知れたら、ふたりの威信も地に落ちる。ギルデンなどは——彼も見本刷りを持っていた——嬉々として欠陥を触れまわるだろう。クロネッカーもそんな機会を虎視眈々（こしたんたん）と窺（うかが）っている。王はどうなる？　笑いものにされては、怒りは収まるまい。《アクタ・マテマティカ》の存続も危うい。論文はポアンカレがなんとかしてくれるという淡い期待を抱きつつ、ミッタク＝レフラーは欠陥の痕跡を残らずもみ消すべく奔走した。

まず、ベルリンとパリにただちに電報を打ち、《アクタ・マテマティカ》を購読者に絶対に配らないよう指示した。次に、すでに配られた見本刷りの回収方法について思案を巡らせた。出回っている数はそれほど多くない。当然のことながら、エルミートとワイエルシュトラスに一部ずつ。パリの数学者カミーユ・ジョルダンに一部。それから、権威ある《数学年報（マテマティッシェ・アナーレン）》誌の編集長と、ノルウェーの数学者ソフス・リー、ニューヨークの天文学者ジョージ・ヒル、イタリアのふたりの数学者、そしてストックホルムの何人かの同僚。いちばん厄介だったのがギルデンとリンドステットだった。

ミッタク＝レフラーはポアンカレに、見本刷りを回収する方法の大筋を説明した。作戦は慎重を要した。事態を把握しているエルミートを除くだれにも、印刷された論文に若干の誤りが含まれていた、という情報以外は知られてはならなかった。「幸い、ミッタク＝レフラーはポアンカレにやや安心したような、こんな手紙を書いている。「幸い、クロネッカーの手には渡っていませんでした。ギルデンとリンドステットに送られたものについては、不審をもたれないよう細心の注意を払いながらなんとか取り戻すつもりです」。そして、こんな忠告で文面を結んでいる。「論文の改訂版が発表されるまで、この件の一切については内輪にとどめておかなければならないと思っています。この件はよしなに扱われることになるでしょうから、科学も貴兄も何も失わずに済みます」。だが、ミッタク＝レフラーと意見を同じくしない者もいた。

受け取っていた者は皆ふたつ返事で見本刷りを返し、とくに何も疑わなかったようだ。だがワイエルシュトラスは違った。この恥ずべき事態にかんしてかやの外に置かれていたのだから。ミッタク＝レフラーが知らせなかったのは、この老数学者の健康を本気で心配してのことかもしれない。だが、噂はベルリンに届いた。ギルデンがベルリンを訪れており、耳を傾けてくれる相手ならだれにでも、喜んで自分の疑念を聞かせた。そして、クロネッカーは喜んで耳を傾けた。しばらくして、同僚からポアンカレの受賞論文には欠陥があるのかと聞かれて、ワイエルシュトラスは自分が実に愉快ならざる立場に立たされていることに気づいた。何も知らないと言い張っても、だれにも信じてもらえまい。ワイエルシュトラスは、論文に欠陥が潜んでおり、査読をした自分がそれを見抜けなかったことにいらだちを覚えただけでなく、自分が騙されていたことをはっきり知った。見本刷りの返本を求める電報では、若干の誤りがあったので、修正するために発行予定が遅れる見込みということだった。だが、知らされていたより事態が一段と深刻であることを悟ったのだった。

無理もないことだが、ワイエルシュトラスは腹を立て、ミッタク＝レフラーに憤りの手紙を書いた。印刷にまわる論文に受賞後の変更が盛り込まれると聞いて、実直なゲルマン魂が怒りに震えていたところへ、注釈が追加されるどころの話ではなく、誤りを直すためにまったく新しい論文の準備が進められているというのだ。ミッタク＝レフラーは彼をなだめようとして、次のような返事を書いた。欠陥はギルデンが騒いでいるほど深刻ではありません。彼は話を大げさにしたほうが自分に都合がいいと思っているのでしょう。それより、ポアンカレは論文を書き直して理解しやすくするでしょうし、それは論文にとってもおおいに好ましい。発行後にあの論文を評価しないのは、発散する級数がお気に入りのギルデンと、自分の考え出したものでなければ何も受け入れないクロネッカーくらいのものでしょう。

　ワイエルシュトラスの怒りは収まらなかった。彼はミッタク＝レフラーやエルミートやポアンカレのように事を穏便（おんびん）に扱うつもりはなく、次のような長い抗議の手紙をストックホルムに宛てた。ドイツでは、受賞が決まったあとに論文を改変するなどもってのほかである。あとから読む者にも、審査員団に提出されたのと同じ論文を示して、意見できるようにするべきだ。本人も、欠陥に気づかなかったうえ、事態の収拾に深くかかわり、はなはだ苦痛であろう。――ここでワイエルシュトラスは、当時自分が健康を損ねていたことを明かしたくなかったが、今となってはしかたがないとして、そのことに手紙で触れている。――それはそれとして、これほど長い論文の一文一文の正しさを保証することを査読者に求められても困る。多くの計算が実際にはなされておらず、ほのめかされているだけならなおさらだ。ポアンカレには、自分が当たり前だと思っていることの証明をまるごと省く悪い癖があって、今回のことはそのしっぺ返しだ。また、読む側（がわ）が著者の数学の才能を信じたということについても、非難される筋合いはない。とにかく、誤りであったとはいえ、導かれていた結論が素晴らしく、自分の目は狂わされてしまったのだ。それよりも、わずらわしいのは王への報告書を取り下げなければいけないことだ。うんぬん、うんぬん、うんぬん……

ミッタク＝レフラーに偏屈な老人の相手をしている時間はなかった。もっと大事な「見本回収作戦」が佳境を迎えていたからだ。ちょっとした誤りがゲラ刷りで見逃されていてポアンカレが直したがっている、というミッタク＝レフラーの説明を、ここまでのところはだれもが信じていた。だが、ミッタク＝レフラーはギルデン送られた分が心配になった。そこで、意を決してみずから直接出向いた。そして回収に成功したが、エルミート宛ての手紙では、次のようにいらだちを遠慮なくあらわにしている。欠陥は深刻で、ポアンカレには少々の改変どころでは済まないたいへんな作業をしてもらわなければなりません。だが、いい教訓になるでしょう。自分で確かめてもいない証明に基づいて結果を発表するという、人の神経を逆なでする癖を彼もやっと改めるかもしれません。この話が世間に知れたら、ポアンカレのこれまでの論文がより批判的に検証し直される可能性もあります。ポアンカレは間違いなく天才です。しかし、今回はかかわった者すべてにたいへんな迷惑をかけました。彼はまだ若いから――当時は三二歳だった――変わるでしょう。そうなれば数学はもっと発展します。……こうミッタク＝レフラーは結んでいる。

極秘作戦はミッタク＝レフラーの期待以上の成果をあげた。欠陥論文が掲載された見本刷りはすべて回収され、《アクタ・マテマティカ》第一三巻の刷了分はすべて処分された。そして、見本刷りのうちの数部だけ、ストックホルム郊外のユースホルムにあるミッタク＝レフラー研究所にしまい込まれた。

これであとはポアンカレ次第となった。論文には若干の修正どころではない作業が必要だった。うまくいく保証もないまま、ポアンカレは必要となる道具や手法を新たに考え出す作業に取りかかった。そして、数カ月間必死に取り組んだ末、ついに再提出にこぎ着けた。新しい論文はまったくもって先駆的だった。そこには一世紀後に広く知られるところとなるカオス理論が初めてその姿を見せている。欠陥があった元の論文で見落とされていたものこそほかならぬ、物体がカオス的な運動を示す可能性だったのである。ポアンカレの論文はこれで、未来を先取りした先駆的な名論文として生まれ変わった。たとえばこの論文は、ごく些細な原因がもとで大きな結果の違いをもたらす、いわゆる「バタフライ効果」の理論的基盤ともなっている。「テキサスで蝶が羽ばたけば、オーストラリアが嵐になる」という、あれである。

新しい論文にはさらに、ポアンカレの有名な「再帰定理」も盛り込まれている。この再帰定理によると、複数の物体から成るエネルギー保存系は、そのままほうっておくと、いずれまた初期配置（またはその近くのどこか）へと戻ってくる。つまり——人類をたいそう安心させる話だが——太陽系の惑星は、互いにきわめて遠く離れたところを巡るようになったとしても、とほうもなく長い時間がかかるかもしれないが、いつかは最初の位置に戻ってくることになる。(7) 一八九〇年一月、ポアンカレは新しい論文をミッタク＝レフラーに送った。元の論文より一〇〇ページも長くなっていた。

ミッタク＝レフラーの強い求めに応じて、ポアンカレは修正された欠陥については簡単に触れるだけにとどめた。ポアンカレは論文の冒頭で、エドヴァド・フラグメーンが微妙な点について注意を喚起してくれたおかげで、重要な欠陥を見つけて正すことができたと謝意を述べている。それだけだった。論文の読者はひとりとして、裏で何かが行なわれていたとは思わなかっただろう。内情を知っている者は、破滅まであと一歩だったという真相について、固く口を閉ざした。ポアンカレは請われるままに、第一三巻の刷り直し費用を持った。一八九〇年六月一日、ポアンカレは三五八五クローナ六五エーレをミッタク＝レフラーに送金している。賞金より一〇八五クローナ六五エーレ多い額だが、ポアンカレは喜んで支払った。

物事はおおむねミッタク＝レフラーの思惑（おもわく）どおりになった。一八九〇年四月に《アクタ・マテマティカ》第一三巻が予定より一年遅れて発行されたとき、ポアンカレの元の論文に誤りが含まれていたという噂はすっかり忘れられており、名匠の手になる論文だけが残った。何十年かのちに、科学史家がミッタク＝レフラー研究所の書庫を調査し、元の論文と出版された論文を比べて初めて、事態の真の深刻さが明らかになったのだった。

これでミッタク＝レフラーは、ようやく一息つけるようになった。当初は懸賞論文の募集を四年に一度告知する計画だったが、当然のごとく、この失態ののちに数学界の〝オスカル賞〟が授与されることは二度となかった。この騒動のそもそもの始まりとなった発見をしたフラグメーンは、ミッタク＝レフラーとポアンカレの強力な後押しを得て、ストックホルム大学の教授に任命された。彼はのちに保険数学に携わり、保険会社の重役になったほか、スウェーデン保険数理士協会の理事長を一〇年務めた。一方のポアンカレは、その後も太陽系の安定性の詳細を明らかにする研究を続け、その成果は一二〇〇ページに及ぶ三巻構成の大著『天体力学の新しい方法』〔第三巻の邦訳に『常微分方程式——天体力学の新しい方法』（福原満洲雄訳、共立出版）がある〕として、それぞれ一八九二年、一八九三年、一八九九年に出版された。一九六七年には、この金字塔の英訳がアメリカ航空宇宙局（NASA）から出版され、パリで第一巻が刊行された一〇〇周年である一九九二年には、アメリカ物理学協会がこの英訳を復刻している。

さて、いつまでも懸賞とそれにまつわる騒ぎばかりに目を奪われていないで、ここらで太陽系の行く末のことも思い出そう。太陽系がバラバラになるのでは、というのは杞憂なのだろうか？　ポアンカレの懸賞論文は、新旧どちらも、*n*体から成る系が破綻するかどうかという究極の問いには答えていない。ポアンカレが発見したのはただひとつ、系に加えられるごく些細な擾乱(じょうらん)が大きな影響を及ぼす可能性があるという、件(くだん)のバタフライ効果である。その考え方に従えば、宇宙船のような小さな物体によって引き起こされる軌道の乱れ（摂動(せつどう)）によって、惑星どうしが離ればなれになることも考えられる。太陽系が永遠に安定かという問いの答えはまだ出ていなかったのだ。

一九一二年、フィンランドのカール・スンドマンという数学者が、一つの系を成す複数の物体の軌道を記述する、きわめてゆっくりだが収束する無限級数を発見した。一九五四年には、ロシアの数学者、アンドレイ・ニコラエヴィッチ・コルモゴロフが、アムステルダムで開かれた国際数学連合の会議で、***n***体問題にかんして招待講演を行なった。テーマは、物体の周期的な軌道が小規模の摂動によってどうなるか、というやっかいな問題だった。彼の答えは、乱された軌道の多くは準周期的になる可能性があるが、ばらばらにはならない、というものだった。つまり、少々ふらつくかもしれないが、太陽系の安定性は保たれるのだ。それなら心配は要らない。枕を高くして眠れる。

だが本当にそうだろうか？　実は、そうはまだ問屋が卸(おろ)さない。ニューヨークのクーラント研究所でフルブライト招聘(しょうへい)講師を務めるドイツ人数学者のユルゲン・モーザーが、《マセマティカル・レビュー》誌の編集者に請われて、コルモゴロフの論文について論評を書くことになった。そして、六五年前のフラグメーンのように、モーザーは不明確な部分に出くわしてひっかかりを感じた。そこで詳しく検討したところ、コルモゴロフの核心となる主張が完全には証明されていないように思えた。そこで、証明にあるギャップを埋める仕事に取りかかった。それから六年もかかったが、コルモゴロフの証明に含まれていたギャップは完全に埋まった。モーザーは、問題となった級数の各項の分子が分母より速く小さくなること、そしてそれによって級数が収束することを示し、ポアンカレも悩んだ「小分母」の問題［訳注：準周期解を無限級数として表現する摂動解法に必ず伴う、小さな除数の問題で、このために無限級数が収束することの証明が困難になっている］を解決したのである。ちなみに、モーザーの仕事が本当に必要だったかどうかについては、今なお議論が続いており、一部の数学者はコルモゴロフの証明はそもそも何も欠けていないと主張している。

　モーザーがパズルの欠けたピースを探していたころ、コルモゴロフの教え子のひとりウラジーミル・イーゴレヴィッチ・アーノルド［訳註：ロシア語表記では「アルノーリト」］が、***n***体問題に別の切り口から挑んでいた。モーザーが軌道に対して十分滑らかな摂動を仮定するやり方をとったのに対し、アーノルドは級数として表すことができる摂動を仮定するやり方をとった。そして、モーザーと同じ結論に達した。こうして、太陽系の安定性に対する答えがついに得られた。われわれや子どもや孫の代までなら心配は要らない。惑星は少なくとも当面は軌道からずれない。この新しい理論は、三人の数学者——コルモゴロフとアーノルドとモーザー——にちなみ、頭文字をとってＫＡＭ理論と呼ばれている。ただ、確固たる結論は得られたが、すっきりした気分にはなれない。太陽系を構成している惑星は三つではなく八つであり、太陽系の安定性が科学によって保証されたとはとても言えないのだ。

懸賞論文の受賞という栄誉を得たポアンカレはスポットライトのあたるところから一歩退（しりぞ）いて、教育と研究に専念した。彼の仕事量たるや膨大だった。たかだか三五年のあいだに発表された論文や研究報告や著作は五〇〇点にものぼった（だれの話でも、ポアンカレは多作な書き手でありながら、親思いのよい息子だった。パリでの学生時代には、母親宛てに三〇〇通を超える手紙を書き送っている）。だが、一生を通じてなされた研究は、量が膨大だっただけではなく、分野も幅広かった。ポアンカレは、既存の数学分野をすべて完全に理解していた最後の数学者のひとりだった。もうひとりは、ゲッティンゲンのダーフィト・ヒルベルトである。このふたり亡（な）きあと、数学は二〇世紀前半のうちに分野の枝分かれが急速に進み、ひとりの数学者が自分の専門外について理解することは望めなくなった。

一九世紀から二〇世紀への変わり目では、ポアンカレのような才能の持ち主であればの話だが、まだ万能の天才になるチャンスがあったのである。彼の先駆的な著作の対象は、数学や物理や科学哲学といった分野にまたがる、幅広いテーマに及んでいた。アイデアは直観的にひらめいた。コーヒーをブラックで何杯も飲んで眠れなくなった夜や、廊下を行ったり来たりしているときや、バスに乗り込もうとしているときに、考えあぐねていた問題の解が突然ひらめくこともあった。そして、頭の中でおおよそうまくいくと、それを論文にした。そのため、議論の展開に厳密さを欠くことがたびたびあり、しっかり証明されているとは限らない示唆やアイデアのオンパレードということもしょっちゅうだった。彼は論文を書き終えるたび、そんな内容や議論の展開をすぐに後悔した。

ポアンカレによる数学関連の著作は、一覧表を作ることを躊躇（ちゅうちょ）するほど多いが、なかでも数学への影響が最も大きかったのは、位置解析――今日ではトポロジー（位相幾何学）と呼ばれている――にかんする六本の論文だ。代数方程式の解の記述・分類に幾何学的なアプローチを採用することで、ポアンカレは数や式の操作から離れて、曲線や流れ（フロー）の視覚化へと導かれた。こうして彼が切り開いた分野がやがて代数的トポロジー（代数的位相幾何学）になる。これが本書でこのあと話を進めていく分野だ。

物理学では、天体力学、流体力学、光学、電気学、毛管現象、弾性、熱力学、光と電磁波にかんする理論、量子論、そして特殊相対性理論に取り組んでいる。特に興味深いのが、最後に挙げた、ポアンカレによる特殊相対論にかんする研究だ。三級特許審査官だったアルベルト・アインシュタインがスイスのベルンで特殊相対論に取り組んでいたころ、ポアンカレもこの理論にあと少しのところまで迫っていた。ありがちなことだが、当時――それは今も変わらない――この理論をフランスに取り戻そうとするナショナリスト的な動きがある。だが、ポアンカレは一歩及ばなかったということでおおかたの意見は一致している。必要な数学の道具が手元にありながら、それをアインシュタインのように革新的な方法で使うところまで大胆になれなかったのだった。

ポアンカレの講義スタイルは万人受けするものではなかった。たいがいの場合、頭の回転が速すぎて学生がついていけないか、講義が準備不足だったりいい加減だったりするかのどちらかだった。一度教えた科目には飽きたようだが、だからといって講義内容が良くなるわけでもなかった。同じ科目を再び講じることもなく、振り返ろうともしなかったので、整理する機会もなかったのである。そんなことだから、学生たちがポアンカレの講義を書きとめたノートを編集し、それを印刷して教科書を作る、ということをやらざるを得なかった。そうしてできた教科書はたいへん評判がよかったという。驚くことに、ポアンカレが指導した博士課程の学生はたったひとり、ルイ・ジャン＝バティスト・バシュリエしかいないが、彼の論文「投機の理論」は現代金融理論の重要論文に数えられている。

ポアンカレは一九一二年七月一七日にこの世を去った。健康状態の悪化を示す最初の兆候は、一九〇八年にローマで開かれた国際数学者会議のときに現れていた。「数学の未来」というテーマで講演をする直前に、とつぜん前立腺の異常に見舞われたのだ。講演は同僚が肩代わりし、ポアンカレは地元の病院で治療を受け、ローマに駆け付けた妻に付き添われて帰国した。パリに戻ると、すぐに以前のようなスケジュールで働きはじめ、それから四年は何事もなかったが、一九一二年七月九日に手術を受けることになった。順調に快復しているように見えたが、八日後に、血栓で突然の死を迎えた。享年五八、という若さだった。

生前、ポアンカレは数々の栄誉に浴している。一八八七年には、最初はあの〝オスカル王の賞〟で、二番めはレジオン・ドヌールの受勲だ。一九〇六年には、フランス科学アカデミーの会員に選ばれ、一九〇六年には会長に就任している。二年後の一九〇八年には、フランスでもひときわ有名な作家や詩人による団体、アカデミー・フランセーズの会員になった。この権威ある協会の会員になったことについては小さな疑問符が付くかもしれない。ポアンカレが科学へ貢献したことに疑いの余地はないが、ラシーヌやヴォルテールと肩を並べる文豪かといえばどうだろう。有名な三冊の哲学書、『科学と仮説』（一九〇一年）、『科学の価値』（一九〇五年）、『科学と方法』（一九〇八年）〔三冊とも岩波書店などから邦訳が出ている〕は確かに人気はあった――秘書などの女性に読まれたと言われている――が、同アカデミーがポアンカレを選ぶ口実の役割も果たしたのかもしれない。

会員に選ばれた別の理由がある、という噂もある。いとこであり、フランス共和国の大統領を一度、首相を何度か務めたレーモン・ポアンカレも会員の候補だったが、政敵のだれかが、レーモンが会員となるのを阻止しようとした。彼らはアカデミー・フランセーズの内規によって、同一家系からふたりの会員は選ばないと思い込んで、アンリに投票した。彼らは間違っていた。そんな内規はなく、レーモンは翌年、いとこに続いてなんなく選ばれた。また別の噂によると、アカデミー・フランセーズの名高い辞書委員会が、物理や数学の新しい用語を整理できる人材を必要としていたらしい。同じ家系ということでは、アンリの義弟で哲学者のエミール・ブートルーもアカデミー・フランセーズの会員に選ばれた。ただ、それはアンリが亡くなった三カ月後のことである(8)。

　生前に授けられた数多くの栄誉やメダルや賞のほかにも、ポアンカレゆかりのものがフランス国内に多数あり、また宇宙にさえある。たとえば、故郷のナンシーでは、大学のひとつと、地元でも指折りの高校(リセ)にアンリ・ポアンカレの名が冠されている。パリでは、流行の最先端を行く二〇区にあるアンリ・ポアンカレ通りがこの偉大な数学者を讃えているし――いとこのレーモンの名が付いた、その四倍も長い並木の大通りがあるのだが、それはまあ大統領だったからということで――月面の今はまだ流行と縁のない場所にはポアンカレ・クレーターがある（大統領だったいとこにちなんだクレーターはない）。ついでながら、大学の事務方(かた)の要職に就(つ)いていた別のいとこリュシアンにちなんだポアンカレ大学区長(レクテュール・ポアンカレ)大通りというのがある。また、パリ一三区には、義弟エミール・ブートルーの名が付けられた大通りがある。

5章　ユークリッド抜きの幾何学

三人の数学者が立方体を見せられ、これは何かと尋ねられた。すると、幾何学者は「立方体です」と答え、グラフ理論学者は「一二の辺で結ばれた、八つの点です」と述べ、位相幾何学者（トポロジスト）は「球です」と答えた。このジョークは、それぞれの分野に携（たずさ）わる数学者の世界観を端的に表している。三人とも物事の見たい側面だけが見えており、ほかのことは眼中にない。トポロジストには、興味の対象となる物体の角度も距離も、形状の細かな特徴も目に入らない——というか、存在しないのである。

小学生でも知っているように、ユークリッド幾何学では、幾何学的な物体の角度や長さを測ること——少なくとも比べること——が求められる。だが一八世紀に革命が起き、測る必要性から幾何学を解放した。やがてトポロジー（位相幾何学）と呼ばれるようになるこの新しい分野は、幾何学的な物体の性質を測定に頼らずに記述する。この革命は、スイ

L.オイラー

スの数学者レオンハルト・オイラーの仕事から始まった。

歴史上最も重要な数学者のひとりであるオイラーは、一七〇七年にスイスのバーゼルで生まれた。彼は、これまた偉大な数学者であるヨハン・ベルヌーイの教え子だった。一七二六年、ヨハンはオイラーをロシアのサンクトペテルブルクへ送り出し、こちらも有名なスイス人数学者でヨハンの息子でもあるダニエル・ベルヌーイの同僚にした。ベルヌーイ家はまだほかにも特筆すべき科学者を何人も輩出している名門の家系である。サンクトペテルブルクの椅子が空いたのは、前任者であるダニエルの兄ニコラウス・ベルヌーイが亡くなったからだった。

オイラーは多産だった――それは子どもと知的成果の両方に言えることだった。ふたりの妻とのあいだに一三人の子どもをもうけ、数学のあらゆる分野にわたって八〇〇点を超える書物や論文を書いた。これ――子作りではなく執筆のほう――がなんといっても超人的である。というのは、オイラーは生涯のかなりの時期を盲目で過ごしたからだ。仕事の大半が、目が見えないうえに子どもが走りまわる中でなされたことを考えると、オイラー

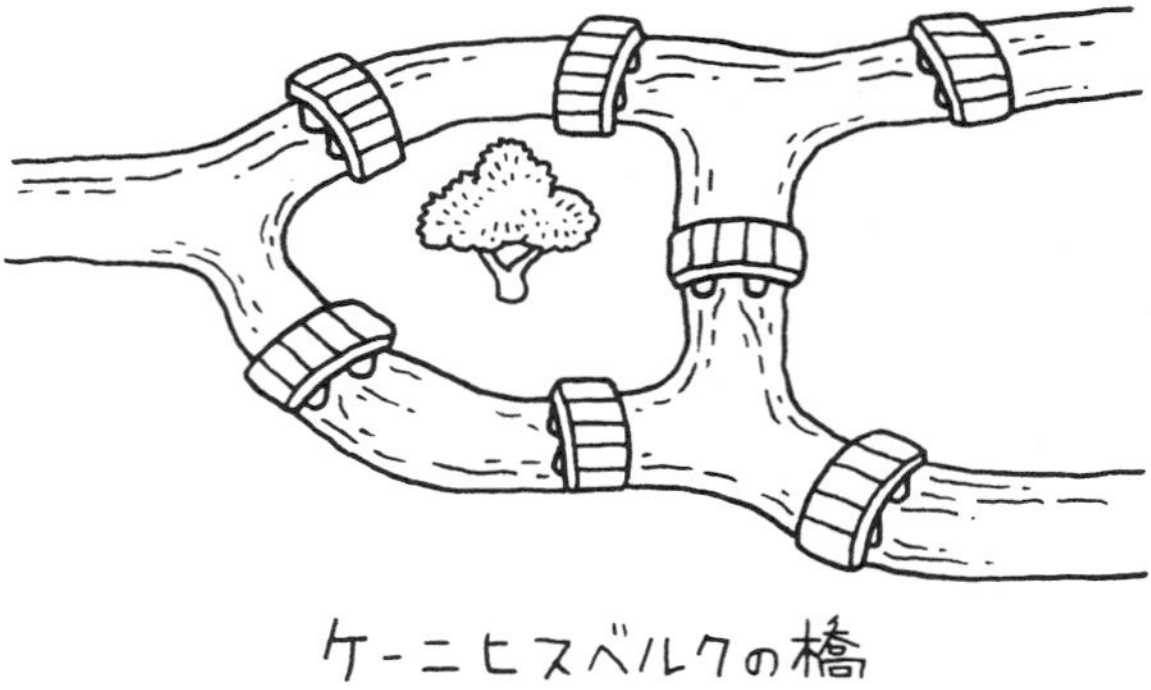

は驚異的な集中力の持ち主だったに違いない。後年自ら語ったところによると、最高の部類に入る仕事のいくつかは、片腕に赤ちゃんを抱き、ほかの子たちが足もとではしゃいでいるときになされたという。

サンクトペテルブルクの科学アカデミーにいたとき、オイラーは変わった内容の手紙を受け取った。それはプロイセンのケーニヒスベルク（現在のロシアのカリーニングラード）という美しい街からのものだった。ケーニヒスベルクは、その中心部が枝分かれして流れるプレーゲル川によって四つの区画に分かれており、全部で七本の橋で結ばれた街である。近くのダンツィヒという街の市長を務めたことがあるカール・レオンハルト・ゴットリープ・エーラーは、ケーニヒスベルクを訪れた人々がこの七つの橋をあまさず渡るようなスペシャル散歩ツアーを企画していた。[1] 歩く距離については心配していなかったが——長いこと歩きまわるのがいやだったら、家にいればいいのだ——飽きないようにしたかった。そこで、「どの橋も一度だけ渡る」ということにした。だが、いくら考えてもそのような順路が見つからず、ほどなくあきらめた。そして、だれかに助けを求めるにあたり、そうした順路を見つけられる人物がいるとしたら、それはサンクトペテルブルクにいる有名な数学者だと思うに至った。そこで、オイラーに手紙を書いた。「ケーニヒスベルクの七本の橋の問題に対する解を証明とともにお送りいただければ大変ありがたく思います」

オイラーは最初は気乗りがしなかった。どうして自分がこんな細事にかまけて時間を浪費しなければならないのだ？ これは数学者のかかずらう問題ではなく、旅行業者か都市計画担当者かツアーガイドにまかせるべき問題ではないか。オイラーは憤りの入り混じった返事を書き、この問題は「数学とほとんど関係がなく、もっぱら常識の問題であり、［解を］ほかでもない数学者に期待している理由を計りかねます」と述べた。そして、うわべだけの謙遜と言えなくもないが、こう続けている。「数学とはほとんど関係がない問題を数学者のほうが速く解けるとどうしてお考えなのでしょうか」。こうして、〝所詮は頭のできが違うのさ〟という無言の答えだけが、気まずく残された。

オイラーが初めのうちは数学者の出る幕ではないと思ったのにも一理ある。この問題に取り組むための道具が、数学のどの分野にもなかったのだ。それまでの幾何学は長さと角度を扱うもので、ケーニヒスベルクの橋の問題には役立たなかった。ドイツの哲学者ゴットフリート・ヴィルヘルム・ライプニッツ（一六四六～一七一六）とその教え子クリスティアン・ヴォルフ（一六七九～一七五四）が「位置解析」という新しい数学分野を提案していて、それが少しは役立ったかもしれないのだが、そのころは名前さえあまり知られていなかった。

だが、興味を持ちさえすれば、道具がないくらいのことで大オイラーは止められなかった。どうやらエーラーにうまく乗せられたらしい。手紙を受け取ってわずか四日後に、ウィーンの皇帝レオポルト二世の宮廷天文学者だったイタリア人数学者、ジョバンニ・マリノーニに手紙を書いている。その中でオイラーは、問題を説明したあとでこう記（しる）している。

「これまで、そのような順路を見つけることが可能だと示した者も不可能だと示した者もいないそうです。問題自体に独創的なところは何もないのですが、幾何学も代数学も計算法もこの問題の解決には役立たないという点に注目する価値があると思われます。その意味で、ひところライプニッツが熱心に取り組んでいた位置の幾何学に属する問題ではないかと考えております」

この手紙でオイラーの歯切れはいまひとつだ。というのも、ライプニッツの位置の幾何学が道具として適していると先に思いついたのが、オイラーではなくエーラーだからだ。エーラーは手紙の中で、ケーニヒスベルクの問題は「貴殿のような天才が取り組むに値する、位置解析の優れた例でありましょう」と指摘している。これに対してオイラーは、「この新しい分野がどのようなものかも、ライプニッツとヴォルフが彼らの方法でどのような問題を表現できると考えていたのかも、存じあげておりません」と返答している。自分のアイデアではなかったが、オイラーはとにかく調べてみた。

するとすぐに、エーラーがふたつの点で正しいことがわかった。まず、エーラーがうすうす感じていたとおり、ケーニヒスベルクで一筆書き散歩ツアーはそもそも不可能だった。そして、ライプニッツの位置の幾何学はまさにこの問題を解くための道具だった。オイラーは、この悩ましい問題の可否をはっきりさせる以上のことを成し遂げた。各区画が橋で結ばれているような街を一筆書きで回れるかどうかの条件を厳密に規定したのだ。マリノーニ宛ての手紙には次のように書かれている。「しばらく考えているうち、単純ですが必ず成り立つ規則が得られました。それに従えば、この手の問題なら、橋がどのような配置で何本架かっていようと、このような周回旅行が可能かどうか、すぐに答えがわかります」。オイラーは、一筆書きの順路が存在するかどうかが、奇数本の橋が架かっている区画の数で決まると見抜き、それを証明した。奇数本の橋が架かっている区画がゼロまたはふたつの場合には一筆書きの順路が存在し、ひとつまたは三つ以上の場合には存在しないのである。

一七三六年にサンクトペテルブルクの帝国科学アカデミーから発表されたオイラーの論文「位置の幾何学に関する一問題の解法」に、グラフ理論とトポロジーというふたつの新しい数学分野の先駆けと言える。それまでは、あたりまえの話だが、歩行者は最短距離を考え、大工はきちんと直角ができているかどうかを気にし、画家は立体のデッサン力向上に努めてきた。だが、この論文では、道筋の長さも、街の四つの区画の厳密な形も重要ではなく、各区画が橋でどうつながっているかだけが問題とされた。

一四年後の一七五〇年、オイラーに再びひらめきが訪れた。もちろんそれまでにもたくさん仕事をしているのだが、ここではトポロジーに関連することだけを取りあげよう。同僚のクリスティアン・ゴルトバッハ[2]（一六九〇～一七六四）に宛てた手紙で、注目すべき事実が説明されている。オイラーは、多面体について研究しているうち、辺が直線である多面体の頂点と辺と面の数が、ある簡単な式を必ず満たすことに気がついた。多面体の形がどうであれ、頂点の数から辺の数を引いて面の数を足すと必ず2になるのだ[3]。たとえば、立方体には頂点（角(かど)）が八、辺が一二、面が六ある。四角錐(すい)では頂点が五、辺が八、面が五で、三角錐では頂点が四、辺が六、面が四だ。二十面体には頂点が一二、辺が三〇、面が二〇ある。どれをとっても、そして数限りなく存在するその他の多面体についても、オイラーの式の答えは2になる。立方体の頂点をひとつ切り去ったものや全部切り去ったもの、あるいは底面が三角形でも四角形でもなく二十角形の角錐についても確認してみるといい。驚くこと請け合いである。

初めのうち、オイラーはどうしてこうなるのかがわからず、一七五二年に発表した論文では、この発見を事実として伝えるにとどめている。とはいえ、間を置かず同じ年に発表された別の論文の中では、立体を分割していくことによってこの、オイラー標数(ひょうすう)の式を証明している。

だが、この式には問題があった。まず、この式を最初に見つけたのはオイラーではない。フランスの数学者にして哲学者であるルネ・デカルトが、同じ定理を一三〇年も前に見つけている。もっとも、それにかんするオリジナルの手稿は失われており、デカルトによる発見は、ライプニッツが死後に残した論文に混じってこの手稿の写しが見つかることで、初めて明るみに出たのだった。

もうひとつ、もっと重要なことだが、この式が成り立たない場合がある。この式の不備に最初に気づいたのは、フランス人数学者アドリアン＝マリー・ルジャンドルで、一七九四年のことだった。何がまずかったのかを理解するには、凸(とつ)多面体の概念を説明しておく必要がある。多面体の任意の二点を結ぶ直線が多面体自身の外部に出ない場合、その多面体は凸であると言う。たとえば、立方体の任意のふたつの頂点について考えてみよう。ふたつの頂点を結ぶ直線はどこをとっても外部を通らないので、立方体は凸である。ここで、立方体にベーグルのような穴を開ける。すると、立方体内部の任意の二点を結んだ線の中には穴を横切るものがでてくる。つまり、このような線の一部がこの立体の外側に存在することになる。したがって穴の空いた立方体は凸ではない。

実は、オイラーは凸多面体しか検討しておらず、物体にはくぼみや穴や空洞がありうることを考慮していなかった。また、そうした凸ではない多面体の一部——全部ではない——について、オイラーの式は正しくない。たとえば、扉を閉めた状態の納骨堂など、内部に立方体のような形の空洞がある立方体について考えてみる。これは凸ではない。なぜなら、内部を貫く直線の中に空洞を通るものがあるからだ。頂点の数は一六、辺の数は二四、面の数は一二だ。すると、この場合は2ではなく4になる。(4) 確かにまずいところがある。オイラーが的(まと)の中心を外していたのは明らかだ。

最後の〝詰め〟を行なったのもスイス人で、ジュネーヴのシモン・アントワーヌ・ジャン・リュイリエ（一七五〇〜一八四〇）だった。彼は数学のよくできる生徒ではあったが、長じて同郷の大数学者の域に達することはなかった。年頃になると、聖職の道に進むことを条件に莫大な財産の相続人になるよう、ある裕福な親戚から持ちかけられたが、すでに数学熱に取り憑かれていて、耳を貸さなかった。彼はジュネーヴで数学をオイラーの教え子のひとりのもとで学んだのち、ある裕福な家の子どもたちの家庭教師になった。やがて転機が訪れた。ポーランドの士官学校で使う教科書の執筆者を募集しているという知らせがリュイリエに届いたのだ。彼はその仕事を射止め、数学の教科書の執筆を依頼された。

この、教科書執筆コンペの主催者のひとりが、アダム・カジミェシュ・チャルトリスキ王子だった。イギリスで教育を受けたこの王子は、ポーランドの王位を継ぐことになっていたのに、それを拒んだ。彼はのちに、ヨーロッパで初めて「教育大臣」とでも呼ぶべき役割を務めた人物である。王子はリュイリエの応募内容にすこぶる感心し、ポーランド東部の町プワヴィにある居城に彼を呼び寄せて、息子の家庭教師に任じた。

リュイリエはその職を一一年務めた。教えているときを除けば、数学を研究したり数学の論文を書いたりする時間がたっぷりあっただろうから、楽な仕事だったに違いない。彼はベルリン科学アカデミーが一七八四年に告知した、微分法が主題の懸賞に応募し、無限と極限の概念にかんする論文で大賞を取っている。チュービンゲン大学でしばらく過ごしたあと、一七九五年にジュネーヴ大学の数学教授に任命され、一八二三年に七三歳で退官するまで勤めあげた。また、ジュネーヴ市民としての務めも怠らなかった。地元の政治にかかわり、市議会の議長を一年間務めもした。ジュネーヴ・アカデミーの会長も務めている。

リュイリエは熱心で優秀な数学者ではあったが、オイラーやベルヌーイの域には遠く及ばなかった。にもかかわらず、大オイラーが残したギャップを埋めるという仕事を彼はやってのけたのである。リュイリエは問題の式を見直し、中に潜んだ空洞も考慮した新しい式を見出した[5]。この新しい式では、オイラーの式の右辺の「2」が「2＋空洞の数×2」に置き換えられている。今日(こんにち)では、この値がオイラー標数と呼ばれている。

ここでもう一度、立方体の形をした小さな空洞を内部に含む立方体について考えてみよう。数えてみると、頂点は一六、辺は二四、面は一二ある。したがって、オイラー標数を計算すると4になり、これは「2＋空洞の数×2」に等しい。次に、底面が五角形の角錐の内部に三角錐の空洞が含まれている場合はどうだろう。この多面体には、頂点が一〇、辺が一六、面が一〇あり、この場合もオイラー標数は4だ。好きな多面体を選び、好きな形の空洞を入れてみよう。オイラー標数はつねに4になるはずだ。

立方体を角錐に置き換えても、二十面体を十二面体に変形させても、多面体が垂直に立っていても斜めに立っていても、オイラー標数は変わらない。これがこの式のいちばん興味深い点だ。空洞がなければ、必ず2になる。内部に空洞が隠れていれば、多面体の形にも内部の空洞の形にも関係なく、オイラー標数は4だ。含まれている空洞がふたつなら6である。この場合も、物体が立方体または二十面体で、空洞が八面体ふたつでも八面体と三角錐でも立方体と四面体でも、どんな組み合わせでもいっこうにかまわない。隠れた空洞のほかに、出っ張りやくぼみやトンネルがあると、式にはまた別の調整が必要になるが、ここまでの説明はすべて有効である[6]。

どうやらこの式には、われわれに伝えたいことがあるようだ。中身がきっちり詰まって空洞のない多面体はすべて——形に関係なく——ある意味において互いに同じだが、空洞がひとつあるものとは同じでない。空洞がひとつあるものどうしは、立体としての外見や空洞の形に関係なく互いに同じと見なせるが、空洞がふたつあるものとは同じでない。こうした関係が延々と続く。ならば、リュイリエの式は多面体の分類に使えはしないだろうか？

使えるのだ。この式の助けを借りると、あらゆる多面体を明快なカテゴリに分類できる。多面体を伸ばしても、縮めても、押しつぶしても、ねじっても、オイラー標数は変わらない。だが、空洞やトンネルやくぼみや出っ張りができると、オイラー標数の値は変わる。その空洞やトンネルやくぼみや出っ張りを、まわしたり、ねじったり、たわませたり、傾けたりしても、その値は変わらない。つまりオイラー標数とは、のちに「不変量」と呼ばれるようになるもののひとつなのだ。見かけの形が大きく変えられても、この値は変わらない。このことはある意味、ケーニヒスベルクの問題と似たところがあると言える。あの問題でも、街の区画が大きかろうと小さかろうと、丸くても角ばっていても、横長でも縦長でも、一筆書きの順路の有無には関係なかった。

このような幾何学が数学の一分野としての地位を確立し、名前が必要になった。「位置の計算」や「位置解析」は、いまひとつ語呂がよくなかった。実際のところ、職業を聞かれて「位置の計算者」とか「位置の解析者」と答えるのは、何か違うような気がする。というわけで、名前を考える役目がゲッティンゲン大学のヨハン・ベネディクト・リスティングに回ってきた。

リスティングは、一八〇八年にドイツのフランクフルトに生まれた。貧しい筆職人と小作人の娘のひとり息子で、子どものころから絵が得意だった。一三歳になると、一家のわずかばかりの収入の足しにしようと、絵やカリグラフィーを描いて売った。金銭的に恵まれた家庭ではなかったが、彼はいい学校に通い、ドイツ語や古典語学、数学や自然科学の質の高い教育を受けた。そして、優れた成績で奨学金を獲得し、大学で勉強を続けられることになった。だが、奨学金が受け取れるのは数学や自然科学ではなく、技術系の学科の学生だったので、妥協して建築を専攻した。

リスティングは一八三〇年にゲッティンゲン大学に入学し、幅広い科目を履修した。建築の必須科目や数学の選択科目のほかに、天文学、解剖学、生理学、植物学、鉱物学、地質学、化学の講義に出席した。聡明で勉強熱心なリスティングのことはほどなく、一九世紀数学の押しも押されもしない大御所、カール・フリードリッヒ・ガウス（一七七七～一八五五）の目にとまった。ガウスといえば、その偉大さにおいてオイラーと肩を並べる数少ない数学者のひとりである。リスティングは、博士課程でガウスの指導を受け、幾何学にかんする学位論文を提出した。一八三四年七月、論文を書きあげてひと月と経たないうちに、リスティングは友人の地質学者ヴォルフガング・サルトリウス・フォン・ヴァルタースハウゼンと、シチリア島のエトナ火山の調査旅行に出かけている。彼らは必要な装備を調達すると、南へ向けて旅立った。途中、カールスルーエ、シュトゥットガルト、ミュンヘン、ザルツブルク、インスブルック、ヴェローナ、ミラノ、ヴェネツィア、ローマ、ナポリと寄った。驚くことでもないが、シチリア島に着くまでに一年かかっている。これだけの時間を経てようやく、ヴァルタースハウゼンは調査や測定に着手することができたのだった。これがのちに、エトナ山にかんする彼の主著の基盤となった。

この旅行中、ヴァルタースハウゼンは重い病にかかった。地元の医者が助からないだろうと見なすほどの重症である。だが、リスティングの看病のかいあって快復した。すると、今度はリスティングが病気になり、快復するまでひと月かかった。やっとふたりとも帰郷する準備ができたと思ったら、こんどはまわりの人間が軒並み病に倒れだした。コレラが蔓延していたのであり、これでイタリア本土を通るわけにいかなくなった。そこでふたりは大きく遠回りをした。まず、シチリア産のワインを積んでリオデジャネイロへ向かうデンマークの貨物船に乗る。それをジブラルタルで降り、リスボンへ向かう船に乗り換えた。リスボンでは、リバプールへ向かう船に乗った。その次の乗り継ぎはなかなか見つからず、イギリスに数週間足止めされた。ようやくハノーファーにたどり着いたのは、一八三七年の秋のことだった。

リスティングは、国を出ているあいだにも手紙で、ハノーファーの職業訓練校で応用数学と機械設計と製図を教えないかと誘われていた。初めのうちは乗り気でなかったが、大冒険から帰ってきて、まさにそういうのんびりした仕事に就きたくなっていた。彼は申し出を受け入れ、こんな職も悪くないと考えながら、気楽な教師人生に思いをはせた。

イギリス海峡の対岸で、一見彼とは無関係な出来事が起こらなかったら、リスティングはそのまま一生を終えていたかもしれない。彼が職業訓練校での仕事を始めた年、イングランド王ウィリアム四世が崩御し、世継ぎがいなかったことから、姪のヴィクトリアがイングランド女王になった。この一世紀以上にわたり、イングランド王すなわちハノーファー王ということになっていた（ゲッティンゲンはハノーファーに属していた）。だが、ハノーファー王は男でなくてはならない。そこで、女王のおじであるカンバーランド公エルンスト＝アウグストが代わりにハノーファー王になった。これがゲッティンゲン大学の教授たちに災いをもたらした。新王は自国の公僕に忠誠の誓いを要求したのだが、大学の教授もその対象に含まれていた。保守的なガウスは誓うことをいとわなかったが、同僚で友人でもあった物理学教授ヴィルヘルム・ヴェーバーほか六人が拒んだ。(7) このいわゆる「ゲッティンゲンの七人」はすぐさま解雇された。

ずいぶん長いあいだ、大学でのヴェーバーの職は空席となった。だが二年が経って、権威ある大学の課程を物理なしでは済ませられなくなり、欠員の補充が必要になった。ヴェーバーは一市民としてゲッティンゲンにまだ暮らしていたが——ずっとガウスの物理の実験を手伝っていた――王が復職を認めようとしないので、代わりを見つける必要に迫られた。だがよりにもよって、後任の推薦を依頼されたのはだれあろう、ヴェーバーの親友たるガウスだった。ガウスは三人の名前を挙げた。その三番めが、かつての教え子リスティングだったのである。先に名前を挙げられていたふたりの候補者は大学の要請を断り、物理にかんする論文を一本も書いていないリスティングだけが残った。大学の事務方の責任者だったハノーファーの官房長官は、リスティングを自分の執務室に呼び出し、ヴェーバーの後任に就くように請うた。リスティングは驚いたが、さほどのショックでもなかったのか、すぐに受諾している。かくして、ヴィクトリア女王の即位がもとで、リスティングに大学での職が用意された。高校生を教えるかわりに研究をこととする、生産的なキャリアが始まった。

終身在職権をもつ教授となったリスティングは、研究テーマを自由に選べた。そこで、恩師からその重要性を何度となく指摘されていた問題に取り組むことにした。それが「位置解析」である。当のガウスはこのテーマでは何も書かなかったが、教え子には手頃だった。(8) 一八四七年、リスティングによる『トポロジーに関する予備研究』が刊行された。この本の内容は、ある科学の新分野にかんする予備的な研究という、タイトルどおりのもので、先駆的なところはまるでない。この本の独自性は、トポロジーという名前が初めて活字になったことにある。リスティングは「トポロジーとは、物体の性質にかんする研究のことである」と説明し、物体の性質を「量的側面を無視して」研究する点を強調している。この名前は定着した。「トポロジーの」や「トポロジスト」のほうが、「位置解析」の派生語よりどう考えても語呂がいいではないか。

一八四八年、革命の嵐がハノーファーに吹き荒れ、エルンスト＝アウグスト王はいくつかの自由主義化法案に同意させられた。その一年後、ヴェーバーの復職が認められた。だが、リスティングは一〇年近くも大学に貢献していたのだから、前任者の復職が認められたからといって追い出していたら、不公正の誹り（そしり）は免れ（まぬがれ）なかっただろう。大学側は賢明な決断を下した。実験物理学の教授職を新設してヴェーバーを指名し、リスティングの椅子は取り上げずに、彼を数理物理学の教授に任命した。

これだけの運がありながら、私生活では悩みが絶えなかった。リスティングが妻に迎えたのは、家庭的ではない女性だった。パウリーネ・(旧姓) エルファーズは、リスティングより一五歳年下の美しい女性だった。近くの街の法律家の娘だった彼女は、母親とゲッティンゲンを訪れたときにリスティングと出会った。九カ月の交際を経て、ふたりは一八四六年九月に結婚した。

結婚の三週間後、最初の問題が持ち上がった。パウリーネは一カ月はゆうに持つはずの生活費を使い果たしていたのだ。また、浪費家だっただけでなく、召使いをまともに扱うこともできなかった。度を超した仕打ちが原因で、地元の裁判所で判事の前に立たされたことも何度かあった。大家とのいさかいも絶えず、一家は引っ越しを繰り返した。おしなべて、一家——ヨハンとパウリーネにはふたりの娘がいた——は分不相応な暮らしが常となっていた。妻が望む生活レベルを維持するため、リスティングは金を、ときには高利貸しからも借りる羽目になり、返せなかったときもあった。裁判所への呼び出しがますます増えるなか、一家が破産を免れたのは、ヴァルタースハウゼンの助力のおかげだ。リスティングの旧友である彼は、三〇年前に自分が病気だったときにリスティングがずっと看病してくれたことを思い起こして、ハノーファーの当局から執行猶予を取り付けたのだった。リスティング家の財政問題は、一八五五年にガウスが亡くなり、そのために空いたゲッティンゲン天文台の家賃無料の共同住宅を譲り受けることで、どうにか解消された。そこでテラスを共有した隣人が、ガウスの一番弟子、ベルンハルト・リーマンだった。

　リスティングの科学への貢献は、数学を別にしても少なくなく、地質学、測地学、光学、気象学、磁気学、分光学にまで及ぶ。目の光学的な特徴を研究したことで、近代眼科学のパイオニアのひとりに数えられているし、糖尿病患者の尿に含まれる糖分の量を測定する方法も考案している。本人は社交的で、機知に富み、温厚な性格だったが、腹に据えかねる妻の振る舞いのせいで、同僚から仲間はずれにされていた。そのためか、彼の科学上の業績はそれ相応には認識されていなかったと思われる。それでも、生涯をとおして幅広い分野で活躍したほか、教壇に立ち、論文を書き、学位論文の指導をした。そして一八八二年のクリスマス・イヴに、心臓発作でこの世を去った。

できてまもないこの分野に対して、『トポロジーにかんする予備研究』より一段と重要な貢献をリスティングが行なうこととなったのが、一八六二年に《ゲッティンゲン王立科学協会紀要（アップハンドルンゲン・デア・ケーニッヒリッヒェン・ゲゼルシャフト・デア・ヴィッセンシャフテン・ツー・ゲッティンゲン）》に発表された彼の論文だ。タイトルは「空間図形にかんする調査、あるいは多面体に関するオイラーの定理の一般化」で、八六ページに六四の図版を含む長い論文である。まったく新しい分野を扱っていたリスティングは、新しい用語をいくつも創らざるを得なかった。そこで、論文を読みやすくするために用語集を付け加え、そこで三一の新しい用語を定義している。

この論文は、空間図形にかんする調査にとどまらない成果をはらむものだった。たとえば、三次元空間における曲面の連結性が調べられているが、これはまさに、オイラーがケーニヒスベルクの問題を解いたときに開拓した視点だ。長さと角度は、問題を提起するうえでも解くうえでも、何の役割も果たしていない。注目されたのは、街の各区画に橋がどう架かっていたかだ。リスティングはこの視点を一般化したのだった。

また、この論文は、「アレクサンドロフの一点コンパクト化」や、「同相写像（ホメオモルフィズム）」と「ホモトピー」との違いなど、トポロジーのその後の進展を先取りするものに溢れている。ある数学史家などは先ごろ、数学者がこの論文の図版を精査する手

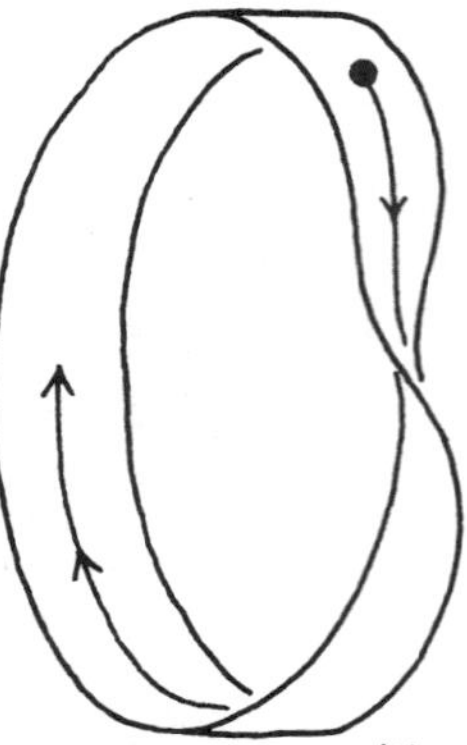

メビウスの帯

間をいとわなかったなら、トポロジーにかんするいくつかの発見は何十年か早くなされていただろうという推測を述べているくらいだ。だがこの論文は、植物学、医学、哲学、歴史など、さまざまな分野の論文に埋もれて気づかれることさえ稀だったのであって、だからこそ、リスティングによる最も有名な発見のひとつについても、今日ではそれが彼によるものであることすら知られていないのである。この論文の図1には、三次元空間に浮かぶ、面がひとつしかない二次元物体が描かれている。言うまでもなく、メビウスの帯のことだ[9]。ところが、リスティングはこの図を論文に載せておきながら、その驚くべき性質には気づかなかった。この帯の性質は面がふたつあるほかの物体と大きく異なる、と脚注で触れただけだった。

　この帯を世に知らしめる役目は、アウグスト・フェルディナント・メビウス（一七九〇～一八六八）に委ねられた。一三歳まで家庭で教育を受けていたメビウス――マルティン・ルターを母方の先祖にもっていた――は、学校に入学すると、数学に大きな興味を示した。にもかかわらず、ライプツィヒ大学に入学したあとは法律の勉強を始めている。しかし、興味の対象はすぐに数学に戻り、物理と天文学にも向けられた。また、ガウスのもとで天文学を学ぶためにゲッティンゲン大学に出向いてもいる。一八一五年、二五歳のとき、学位論文を書きあげた直後にプロイセン軍に徴兵されそうになった。だが、忌(い)み嫌(きら)っていた兵役をなんとか逃れ、代わりに大学教授資格(ハビリタツィオン)を取った。

メビウスは数学のほうがだんぜん好きだったが、与えられたのは天文学の職だった。悲しいかな、彼は講義があまりうまくなかった。収入は学生が支払う授業料で賄(まかな)われていたにもかかわらず、彼は自分の授業は無料だと宣言した。そうしなければだれも聴きに来ないと思ったからだった。

メビウスは母親が生きているあいだは独身を通して一緒に暮らし、母親が死んでから——三〇歳になっていた——妻をめとった。妻は不幸なことにその後しばらくして盲目になったが、それでも娘ひとりと息子ふたりの三人の子どもを大切に育てた。息子ふたりはやがて名の知れた文学者になった。

一八四四年、メビウスはライプツィヒ大学の天文学教授に任命され、その四年後にはライプツィヒ天文台長になった。メビウスは天文学に真剣に取り組んだが、重要な貢献は数学でなされた。彼は几帳面(きちょうめん)な仕事の進め方をするタイプで、論文の発表を焦らなかった。だが、最新の文献をチェックしようとしなかったため、投稿論文に新規性が欠けることもあった。そのため、自分の仕事が先取りされていたと知ってがっかりすることがときに避けられなかった。彼の数学への主たる貢献は、既知の問題に従来より簡単で効率的な解法を考案したことだ。メビウスによる論文の作成プロセスはドイツ人学者のステレオタイプにぴったり当てはまるもので、ある伝記作家はこう描いている。「彼は急がず、人知れず仕事をした。その内容は、すべてがしかるべきところに収まるまで門外不出だった。彼はあわてず、騒がず、偉ぶらず、頭の中で実が熟するのを待った(10)」

一八五八年、メビウスは六八歳にして、フランス科学アカデミーに提出するための論文に着手した。同アカデミーが、多面体の幾何学理論にかんする最優秀論文に懸賞をかけたので、それに応募するためだった。メビウスはその論文で、面がひとつしかない帯について論じた。彼がフランス語に堪能だったら成り行きは変わっていたかもしれないが、実際には仏作文に苦しみ、賞を逃した。したがってその論文は発表されず、彼の死後に発見された。そういうわけで、メビウスに不朽の名声が与えられたのは、ひとえに運がよかったからにすぎない。リスティングは運が悪かったのだ。リスティングの論文は、ゲッティンゲン大学の学術誌に掲載されたにもかかわらず、注目されずに終わったのだから。

リスティングがゲッティンゲンで「位置解析」にかんする研究にいそしみながら一家を財政難から救うべく奔走し、メビウスがライプツィヒで夜空を観察していたころ、エンリコ・ベッチというトスカーナの若い数学者が祖国の独立のために戦っていた。一八四八年、イタリアのいくつかの王国がオーストリア帝国に対して蜂起した。当時二五歳だったベッチに、メビウスが二五歳当時軍隊に対して抱いていたような嫌悪感はなかった。彼は志願して軍に入隊し、かつてピサ大学では数学の指導教官で、いまはトスカーナ大学大隊を率いるオッタヴィアーノ・ファブリッツィオ・モソッティの指揮下に加わった。ベッチはクルタトーネ＝モンタナーラでの戦いで伍長として戦闘に加わったが、反乱は不成功に終わった。軍の解体後、ベッチは数年ほど数学を中学で教えたのち、ゲッティンゲン、ベルリン、パリと渡り歩いて高等代数学の講義を行ない、やがてピサ大学から解析学と幾何学の教授を任ぜられた。

その一年後の一八六一年、トスカーナをはじめとする諸王国が統一されてイタリア王国となった。それ以降、社会意識の強かったベッチは一八九二年に亡くなるまで、研究生活と並行して政治や行政にも携わった。研究のかたわら、国会の議員、ピサ大学の学長、高等師範学校の校長、教育省の次官を務めた。また、数理物理学、天体力学、解析学、幾何学の教授も繰り返し務めた。ベッチは、理論物理学だけでなく、数学でも重要な仕事をした。彼は古典代数学から現代代数学への道筋を切り開いた先駆者でもある。

比較的新しい分野だったトポロジーを発展させたことも、ベッチの業績だ。彼による最も重要な貢献は、表面や物体のつながり方（連結性）を数える手段を考え出したことにある。ポアンカレによってのちに「ベッチ数」と名付けられるこの数は、任意の次元の物体の連結性を示す。ベッチ数は一八七一年にイタリアの《純粋・応用数学年報（アナーリ・

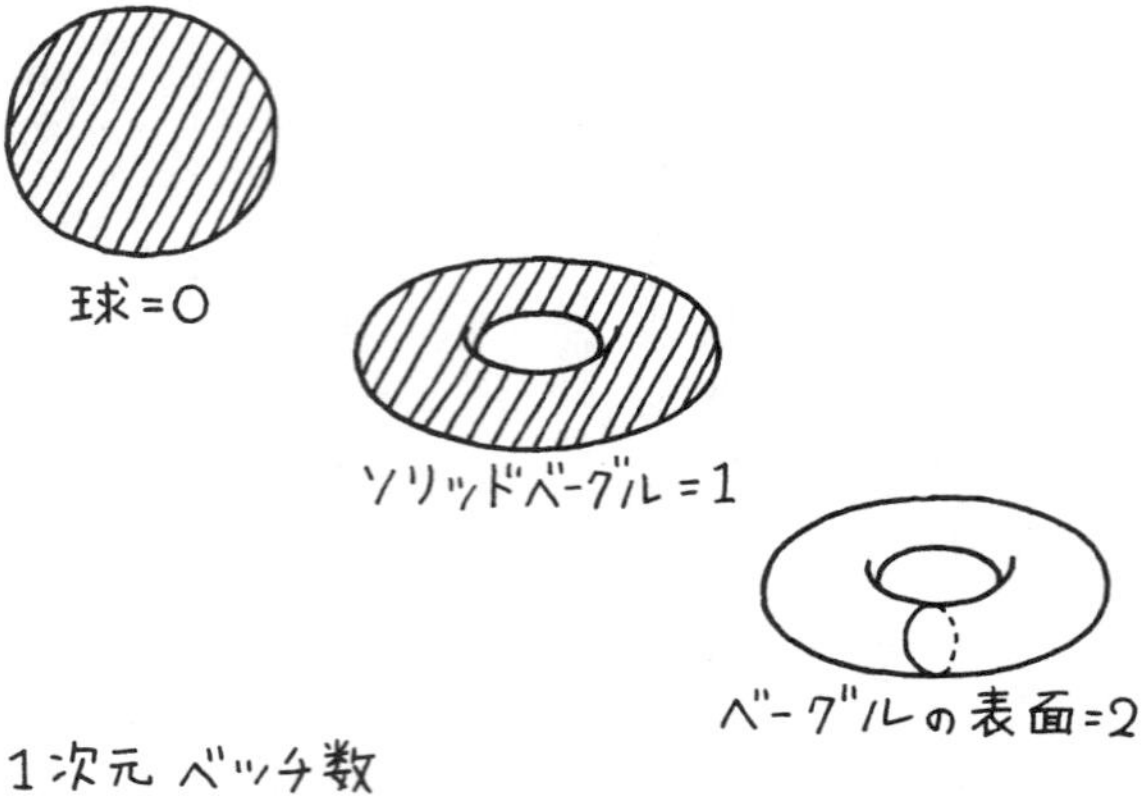

ディ・マテマティカ・プーラ・エ・ダプリカータ)》に発表された論文「任意の次元数の空間について」で初めて導入されている。

物体のベッチ数とは、その物体を構成している部分がいくつあるかとか、その物体に穴やくぼみがいくつあるかというかたちで、物体の性質を記述するものである。物体には、その次元数よりひとつ多い種類のベッチ数が定義される。[11] 円のような一次元の物体にはベッチ数がふたつ定義され、ボールやプレッツエルやベーグルの表面のような二次元の物体には三つ定義される(中身の詰まった(ソリッドな)球やベーグルは三次元物体だということをお忘れなきよう。二次元なのは球やベーグルのあくまで表面である)。直観的に言うと、k次元ベッチ数は、物体のk次元における連結性または穴の数を示す。

数学者はベッチ数を一次元からではなくゼロ次元から考えはじめる。奇妙だと思うかもしれないが、そういうものなのである。ゼロ次元ベッチ数は、物体の構成部分の数を示す。立方体や球や円筒など、ふつうの物体では、ゼロ次元ベッチ数は1だ。接触していないふたつの部分による物体だと、ゼロ次元ベッチ数は2になる。次に、一次元ベッチ数を見ていこう。これは、物体に存在する穴の数を示す。円や、土星の環のような紙の切り抜き[12]には穴がひとつあり、一次元ベッチ数は1となる。球では0で（穴がない）、ソリッド・ベーグルでは1だ（穴がひとつ）。ベーグルの表面の一次元ベッチ数は2だが、それはだれの目にも明らかな穴のほかに、ベーグル内部のトンネルがあるからである。二次元や三次元の物体には二次元ベッチ数も定義される。これは、物体の内部に潜（ひそ）んでいる空洞の数を示す。球面は中が空洞なので二次元ベッチ数は1で、ソリッド・ボールには空洞がないので0である。

ベッチ数の面白いところは、オイラー標数と同じように、変形しても値が変わらないことだ。球面が卵形だったとしても、円筒がコーラの瓶のようでも、ベーグルがややいびつでも、関係ない。物体をねじったりよじったりしても、引き裂きさえしなければ、ベッチ数は変わらない。だが、このことには、半世紀ほどのあいだ、確かな裏付けがなかった。ベッチ数が本当にトポロジーにおける不変量、すなわち位相不変量だということは、一九一五年になってようやく、プリンストン大学のジェイムズ・ウォデル・アレクサンダーによって証明された。

アレクサンダーは名高い一族の末裔（まつえい）である。彼は一八八八年、ニュージャージー州シーブリッジで、有名な画家ジョン・ホワイト・アレクサンダーの息子として生まれた。一族には世に知られたプリンストン大ＯＢがふたりいて、校内の通りと二棟の建物にその名を残している。アレクサンダーはニューヨークとパリで育てられたが、両親はそこで一九世紀末の超一流芸術家と親交があった。クロード・ドビュッシー、オスカー・ワイルド、ヘンリー・ジェイムズ、オーギュスト・ロダンといった面々は、そのごく一部でしかない。

一族のプリンストン大学との結びつきを思えば、アレクサンダーが親戚の卒業校で数学と物理を専攻し、博士号まで取ったのもうなずける。彼はトップクラスの学生としてのみならず、左翼の熱烈なシンパとしても知られていたので、五〇年代前半に全米に吹き荒れたマッカーシー旋風のさなかには大いに目をつけられもした。第一次大戦では陸軍に入隊して中尉に任ぜられ（のちに大尉に昇格）、アバディーン実験場の武器部に技術スタッフとして配属された。その後、ヨーロッパに転属となり、白人のスラブ系移民ナターリャ・レヴィツカヤと出会い、のちに結婚している。

戦争が終わると、アレクサンダーはプリンストンに戻り、数学の助教授、准教授と昇格し、最終的に教授となった。多額の遺産を相続していたことから、彼は大学側と交渉し、給与を半減にするのと引き換えに講義の負担を減らさせた。そしてついに一九三三年、かの有名なプリンストン高等研究所に移り、アルベルト・アインシュタインやジョン・フォン・ノイマンの同僚となった。

彼は生涯を通じてトポロジーの研究に専念した。まず、指導教官だったプリンストン大学のオスカー・ヴェブレン（一八八〇〜一九六〇）とともに、不完全な部分の残るポアンカレの位置解析理論に論理的な裏付けを与えた。一九一五年には、ベッチ数がまさしく位相不変量であることを証明した。その四年後には、ポアンカレによる予想のひとつに反例を見つけている……ただし、次章以降で語っていくあの予想に対する反例ではない。

一九二〇年代、アレクサンダーは、別のアレクサンダーが二〇〇〇年以上前に頭を悩ませた問題に目を向けた。紀元前三三三年、アレクサンダー（アレクサンドロス）大王はゴルディオスの結び目のほどき方に頭を悩ませていた。短気だった大王が、いつまでも悩んだりせず、結び目を剣で両断したのは有名な話である。しかし、みずからの（いただけない）行為の数学的な意味を一顧（いっこ）だにしないのは大王に限ったものではない。ボーイスカウトやガールスカウトも、登山家も漁師も船乗りも、毎日のように結び目を作っているが、その行為に潜む高等数学に思いをはせることはない。だが、ゴルディオスの結び目問題に対するあの強引な解決を快く思わない数学者がいたのか、やがて結び目理論はトポロジーの一分野になった。とくに、有名なスコットランド人物理学者ケルヴィン卿（一八二四〜一九〇七）による誤った理論が、科学者たちの結び目に対する興味を後押しした。

原子は細い管でできており、互いに絡みあった状態でエーテルの中を飛びまわっている――晩年のケルヴィンはそう信じていた。この理論は、誤りであると証明されるまで、二〇年ほど広く受け入れられていた。そのあいだ、この誤った理論に基づき、これもスコットランド人物理学者ピーター・テイト（一八三一～一九〇一）が、考えうるあらゆる結び目を分類した（数学上の結び目は日常の暮らしでお目にかかる兄弟分とは違って、両端がつながっている。言い換えると、結び目理論で扱う結び目は、つねに閉じたループである）。

結び目に存在する交差の数を決め手にすれば分類できるだろう、というのは考えが足りない。この方法では、見た目が異なるふたつの結び目が実は同じというケース、すなわち、片方の結び目をほどいたり目をくぐらせたりすれば、切ったりつなぎ直したりせずにもう片方に変えられるという場合を説明できない。結び目理論がトポロジーの一分野である理由が、これで少しでも理解できてきただろうか？　一見別物である結び目が本当に別物とは限らないのだ。切ってつなぎ直したりしなくても、ある結び目を別の結び目に「変形」できれば、そのふたつは同じものと見なされる。

テイトはこのことをきわめて直観的に見出した。彼は、自分の分類体系で、本当に異なる結び目、言い換えるとそれ以上ほかの構成要素に分解できない「素（そ）な結び目」を明らかにしようとした。ただ、彼の分類に間違いがなかったわけではなく、一九七四年にニューヨークの弁護士、ケネス・パーコーによって指摘されている。パーコーは、リビングルームの床であれこれ試した末、テイトによって異なる結び目として挙げられていた交差数一〇の結び目のうち、あるものを別のものに変形してのけたのだった。

現在では、交差が三個の結び目は一通りしかなく、四個のものも一通りしかなく、五個のものは二通りしかないことがわかっている。交差が一〇個までのものを合わせると二四九通りある。一〇個を超えると可能な数は急激に増加し、一六個までになると一七〇万一九三五通りにもなる。

結び目理論の中心となる問題は、今も昔も、ふたつの結び目が異なるものかどうか、つまり、ひもを切って付け直したりしないで、ある結び目を別の結び目に変形できるかどうかである。このことにかんして、結び目のように見える糸の房が実は「結ばれていない結び目（アンノット）」なのではないかということが問題にされることもある。ひもを切らなくても、いじっているうちにほどけるかもしれないというわけだ。複雑にもつれているように見えるひもをものの見事にほどいてみせる手品をご存じだろう。手品師は涼しい顔でやってのけ、観客は驚いて歓声を上げるが、あれがうまくいくのは、もつれがそもそも結び目になっていないからである。

とにかく、数学者たちは、どんな結び目についても明確に定義できる特徴、今でいう位相不変量を探した。ここでアレクサンダーの登場となる。一九二三年、彼は結び目の分類に適した多項式を見つけた。多項式が違えば、対応する結び目も違うことになるというのだ。そのことをまとめた論文「結び目および絡み目の位相不変量」は一九二八年に《米国数学会報告（トランザクションズ・オブ・ジ・アメリカン・マセマティカル・ソサエティ）》に発表された。あいにく、その逆が成り立たないことがまもなく明らかになる。異なる結び目が同じ多項式を持つことがありうるのだ。以降、ジョーンズ多項式、コンウェイ多項式、ホンフリー多項式[13]など、アレクサンダー多項式のさまざまなバリエーションが提案されている。数学者は現在でも、ほかの分類体系を編み出そうとしたり、与えられた結び目をある形態からほかの同値な形態に変換する別な方法を探ったりしている。

結び目理論は、応用を考える前に確立された数学理論のひとつだが、役に立つ応用対象が現れるのにそれほど時間はかからなかった。たとえば、分子生物学者は、DNA分子という細長いひもがどう折りたたまれて細胞の核に収まっているのかを研究している。また、理論物理学者は、一九七〇年代から八〇年代にかけて、量子力学と重力との矛盾を解消しようと「ひも理論」を提唱した。ひも理論によると、素粒子とはきわめて微小なひもが高次元空間に押し込められたものだ。どちらの場合もひもが絡まるということで、結び目理論の出番があるわけである。

第二次大戦中、アレクサンダーはアメリカ空軍の科学研究開発局に文民として勤務した。その後、次第に引きこもっていく。一九四八年、彼はプリンストン高等研究所の教授の地位を手放し、無給の永久所員になった。オフィスは引き続き持っていたが、同僚との交流をできるだけ避けた。一九五一年、ジョセフ・マッカーシー上院議員が始めた、左翼思想を持つ個人の排斥要求などが一因で、アレクサンダーは退職し、社会から事実上姿を消した。最後の表だった活動のひとつは、一九五四年にJ・ロバート・オッペンハイマーを支援する嘆願書に署名したことだ。有名な物理学者でマンハッタン計画の父でもあったオッペンハイマーが、共産主義のシンパではないかと疑われたときのことだった。

アレクサンダーは、若いころは熱心な登山家で、コロラド州やヨーロッパの山々を二〇〇以上も征服したものだった。コロラド州の高峰ロングズピークには、アレクサンダーズ・チムニーという名の登山道がある。彼と妻は、フランスアルプスを毎夏登山するため、そしてお高いフランス社交界を楽しむために――ちなみに、ふたりは社交界に水を得た魚のように溶け込んだ――フランスの山岳リゾートであるシャモニーの近くに山小屋まで買っている。登山の腕を試すのが休暇期間だけではもったいないとばかり、アレクサンダーはプリンストンで建物も登っている……外壁をである。数学科棟の最上階にある自分のオフィスに窓から入ることもしばしばだった。好ましからざる客がオフィスの前で待っているときなど、同じようにしてオフィスを離れることもあった。

アレクサンダーはスキーがうまく、野球を愛していた。不幸なことに、ポリオの後遺症で、後年スポーツをあきらめざるを得なくなった。そこで、音楽、写真、アマチュア無線といった、動かなくてもできる趣味を追求しはじめた。無線受信機の回路設計に、彼の名が冠されたものがある。また素敵な家を持っていて、アレクサンダー夫妻はそこで友人たちをもてなした。友人の中には、プリンストンの同僚だけでなく、芸術界や実業界の人物も含まれていた。ふたりが催すパーティーは、アレクサンダーがタンゴを踊ったり、ウェイターがトレーをいくつも持って客の合間を縫って歩きまわったりすることで有名だった。妻を亡くした一九六七年を境に、彼は健康状態を急速に悪化させ、一九七一年に肺炎でこの世を去っている。

アレクサンダーは教えることが好きではなく、食べていくために教える必要もなかった。だが、講座を持ったときには、講義の緻密な進め方が絶賛された。学生には親切で、同僚には競争心を少しも見せなかった。

そんなアレクサンダーとは対照的に、プリンストン大学の彼の同僚で不平屋のソロモン・レフシェッツ（一八八四～一九七二）は、アレクサンダーが自分を差し置いてプリンストン高等研究所に引っ張られたことをいつまでも根に持った。レフシェッツはロシア出身の技師だったが、実験室での事故で両手を失ったのちに数学に転向し、一九三〇年に『トポロジー』というモノグラフを書いて、リスティングの造語を英語圏に紹介した。ヴェブレン、アレクサンダー、レフシェッツからなるトポロジートリオは、まだ揺籃期にあったこの分野にかんしてプリンストン大学を世界の中心にまで引き上げた。

大西洋をはさんで反対側の国々のトポロジストのひとりに、チューリッヒの連邦工科大学で教鞭を執っていたドイツ人ハインツ・ホップ（一八九四〜一九七一）がいる。彼の置かれた状況は、あたかも当時繰り広げられていた世界史という舞台の一場面を切り取って見せるかのようだった。一九三〇年代後期に、友人を名乗る人物——祖国の母校の友愛会会長——から受け取った手紙で、父親がユダヤ人であること、そして妻の兄弟が反ナチであることを理由に、同窓会から「残念ながら」除名になったと知らされたとき、ホップは腹をくった。スイスの市民権の取得を申請し、受理されている。

6章　ハンブルクからコペンハーゲンへ、そしてノースカロライナ州ブラックマウンテンへ

トポロジー的な着想や概念は、ポアンカレの初期の仕事のあちこちに見られる。その一例が、微分方程式の解の集合にかんする研究だ。こういった解の集合は曲面や高次元空間の超曲面を形成するのだが、ポアンカレはこれらの曲面がどんな形をしているのかを、代数的トポロジーという新しい道具を使って研究した。その狙いは、さまざまな代数的不変量をトポロジー空間に関連付けることによって、トポロジーの問題を抽象代数学の問題に還元することである。

ポアンカレがトポロジーを具体的に扱った初めての論文は、ついで程度に書かれた短いものだった。だが、一八九五年、母校が発行する権威ある雑誌《高等理工科学校紀要（ジュルナル・ド・レコール・ポリテクニーク）》に長い論文を発表したのをきっかけに、ポアンカレはこの分野に熱心に取り組むようになった。論文のタイトルは「位置解析」〔邦訳は『トポロジー』（齋藤利弥訳、朝倉書店）に所

収」で——溢れ出るアイデアを急いで書きとめたかのような彼の論文の例にもれず——早計で、議論が甘く、不完全だった。自分でもそれに気づき、四年後に「位置解析への補足」〔邦訳は『トポロジー』に所収〕を発表して、いくつかのギャップを埋めている。だが、つけ加えられたのはそれだけではなかった。その後、一九〇〇年から一九〇四年までに、平均すると年に一度に近いペースで、合わせて五本の「補足」が発表されている。

今日、代数的トポロジーの確立はポアンカレの偉業のひとつとされているが、二〇世紀初頭には、この分野は無視されていたも同然だった。彼の死後に寄せられた数々の賛辞では、数学と物理の既存分野に対する貢献が強調されており、その最たる例として挙げられるのが三体問題だった。トポロジーについては、簡単に触れる以上のものはなかなか見つからない。亡くなって数カ月後に発表された、ポアンカレの生涯と業績にかんする四四ページの評伝で、多少は名の知られた二〇世紀初頭の数学者、ロベール・ダデマール子爵は、トポロジーについてはわずか一四行しか割いていない。ダデマールは、トポロジーの研究には「空間に対する研ぎ澄まされた直観」が必要であり、「多大なる知的努力」が求められ、ポアンカレの位置解析にかんする一連の論文はほとんど読まれていないのではないかと思っていた。一方、ポアンカレから高く買われていた同僚のエミール・ピカールは、「位置解析」の関数理論に対する重要性を指摘し、トポロジーにかんするポアンカレの仕事を偉業のひとつに挙げている。ピカール自身も先駆的な仕事を数多くこなしており、ポいない。

アンカレと同時代の数学者の中で、トポロジーの重要性を理解できた数少ない数学者のひとりだった。だが、そのピカールでさえ、この新しい数学分野については一行しか割いていない。

一九五四年に、パリ、フランス、そしてヨーロッパをあげて盛大に行なわれたポアンカレの生誕一〇〇年祭において、著名な数学者ジャック・アダマールは、ソルボンヌ大学で行なった基調演説「アンリ・ポアンカレと数学」で、トポロジーについて触れてもいない。また、こちらも著名な数学者ガストン・ジュリアは、記念講演「アンリ・ポアンカレ、その生涯と業績」で、トポロジーについては原稿にして五行分ばかり触れているだけだ。もうひとつ、ロシア人数学者パーヴェル・アレクサンドロフがオランダのハーグで行なった「ポアンカレとトポロジー」と題する講演については、記念出版物のどこにもその採録記事が載っていない。ほかのどの行事についても微に入り細にわたって記録されているにもかかわらずである。

こうした扱いが変わるのには時間がかかった。「当時、トポロジーの天使と抽象代数学の悪魔が、数学のあらゆる分野の魂をめぐって戦っていた」とは、ドイツ人数学者ヘルマン・ヴァイルの弁だ。一九四〇年代になってようやく、代数的トポロジーの真価が数学界で認められはじめた。ソロモン・レフシェッツは、彼の先駆的なモノグラフ『トポロジー』の中で、「トポロジーほどポアンカレがその足跡をしっかりと残していった数学分野はあるまい」と述べている。このころを境に、論文や書籍の数が急激に増えていった。いま、"algebraic topology"（代数的トポロジー）をGoogle.comで検索すると八〇万近いサイトがヒットするし、Amazon.comでは一二〇冊を超える書籍がリストされる。今日では、代数的トポロジーのない数学は考えられないほどだ。だが、トポロジーが重要なのは数学にとってだけではない。ポアンカレが先駆的な論文を発表して一〇〇年が過ぎた現在、その応用対象は、コンピュータ・グラフィックス、経済学、動的システム工学、物性物理学、生物学、ロボット工学、化学、宇宙論、材料工学、個体群モデリングなど、科学や工学のさまざまな分野に広がっている。

代数的トポロジー時代の始まりは、一八九二年一〇月三一日月曜日だと言っていいだろう。この日、フェリクス・ジョゼフ・アンリ・ド・ラカーズ＝デュティエ――著名な動物学者で、聖書に記述がある紫紺(しこん)の染料の材料である地中海産の貝の発見者でもある――が議長を務め、フランス科学アカデミーの会議が開かれた。会員たちを前に、化学、物理学、天文学、力学、植物学、地質学、生理学にかんするさまざまな論文が発表され、フランス駐在アルメニア大使による月光虹の観測記録が外務大臣から報告された。四時半には秘密の委員会が招集され、ポアンカレのナンシー時代の同期生で、オスカル王の懸賞論文コンクールで選外佳作を取ったポール・エミール・アペルを、幾何学部門の新会員に選出した。そして五時一五分に散会した。

この日の予定のひとつは、ポアンカレによる「位置解析について」と題する講演だった。この講演は短く、のちに《フランス科学アカデミー紀要（コーント・ランデュ・ド・ラカデミー・デ・シアンス）》に追って収録された、講演の元となった論文も三ページほどしかなかった。この講演を行なったとき、ポアンカレは父親の喪に服している最中だった。父親は、五週間前に倒れたときの打ち所が悪かったのか、そのときの後遺症がもとで亡くなっていた。ちなみに、この日はエンリコ・ベッチの命日のちょうど一〇週間後にも当たっている。

講演の出だしに奇をてらったところはなかった。ポアンカレはアカデミーの会員たちを相手に、「曲面の連結の次元が関数理論において重要な役割を果たしていることが知られていますが、この考え方は、位置にかんする幾何学あるいは《位置解析》と呼ばれている、まったく異なる数学分野から借用されたものであります」と切り出した。本人はこの話題の重要性に確信を持っていたはずだが、不安になったのか、まだよく知られていなかったこの分野に自分が肩入れしている理由を正当化する必要を感じたようだ。「三次元以上の空間を扱う幾何学を敬遠しておられる方々は、このような成果を単なる知的ゲームだと思うかもしれません」が、「この研究には幾何学以外にも応用の途（みち）があるゆえに、さらに追究して、その結果を三次元以上の空間に拡張する意義があるのです」と述べたうえ、もうひと押ししようと、エミール・ピカールによるベッチ数を効果的に使った仕事によって、この新分野の道具を理論解析学や一般的な幾何学に用い得ることはすでに裏付けられている、と指摘した。

そして、すぐに核心へと斬り込んだ。「ならば、――位置解析の観点から――閉じた曲面の性質を記述するには、ベッチ数で事足りるでしょうか」。そしてこう続けた。三次元では、ふたつの閉じた曲面のベッチ数が同じなら、連続的な変形により、一方の閉じた曲面をもう一方に変えられる。したがって、三次元空間に浮かぶ二次元曲面は、トポロジー的な観点からは、ベッチ数だけで完全に記述できる。そうなると、高次元でも同じことが成り立つと予想するのが自然だ。さて、実際にそうだろうか？ ポアンカレはここで意外な展開に持ち込んだ。彼は「否定が成り立ちます」と宣言すると、四次元空間における反例を作って、ベッチ数だけでは完全な記述ができないことを証明した[1]。ご存じのように、数学で命題を反証するには反例ひとつで十分である。

論文というより覚え書きとでもいうべきこの小品によって、その後の発展の舞台が整った。だが、位置解析をきわめて重要な分野と考えていたポアンカレ本人の振る舞いは、大した気の入れようには見えなかった。一九〇一年に、スウェーデンの数学者イェスタ・ミッタク＝レフラーから、それまでの自分の業績をまとめるよう依頼されたとき、ポアンカレは位置解析に一〇三ページ中わずか四ページしか割いていない（さらに、この四ページは、一一巻からなるポアンカレ全集に収録されていない）。確かにこのとき「補足」はまだ最初のふたつしか書かれていなかった。それにしても、まだ新しかったこの分野をもっと重んじてもよさそうなものだ。ただ、はたから見て熱意がなさそうだからといって、ポアンカレがトポロジーの威力を軽んじていたわけではない。それどころか、彼はあらゆる研究でその威力を目の当たりにしていた。ポアンカレは自分の業績を振り返って、「これまで通ってきたさまざまな道は、つきつめると位置解析へと続いていた」と述べている。ここでいう「道」に含まれるのは、微分方程式で定義される曲線の研究、三体問題、二変数の多価関数、多重積分、摂動関数、群論といったところだ。「この数学分野にかなり長い論文を献じたのは、こうした理由からである」

確かに長い論文だった。高等理工科学校発行の学術誌《高等理工科学校紀要》は、フランス革命暦三年（一七九五年）の創刊で、ちょうど一〇〇年が経っていた。その新たな一〇〇年へ向けた記念誌にポアンカレが寄せた論文は、巻頭一二一ページを占めていた。本人は、長すぎるのを残念に思いつつも、仕方がなかったと弁解している。「分量を抑えようと試みたところ、かえって難解になった。それならばと、やや饒舌になるほうを選んだ次第である[2]」

ポアンカレはこの長大な論文の冒頭で、数学の研究において幾何学図形がいかに重要かを強調している。二変数関数論においてたいへん有用であり、四変数関数を研究するにあたって幾何学図形が使えないとしたらさぞ困るだろう、と。では、幾何学図形はいったいどう役立つのだろうか？　ポアンカレは、図形を吟味することにより、感覚が研ぎ澄まされて思考の限界が補われると力説する。[3] また、「幾何学とは、下手に描かれた図形を使って上手に推論する技術である」とも述べている。

この「下手に描かれた」をあまり文字どおりに受け取ってはいけない。見る人を混乱させるのが目的でない限り、図形の各要素の相対的な位置関係が入れ替わっていてはならない。だが、各要素の大きさの比はまったく違っていてもかまわない。ここに、伸ばしたり縮めたりはいいが、破いたり貼り合わせたりはだめ、というトポロジーの基本となる定義が窺(うかが)える。また、代数的トポロジーに対するポアンカレのアプローチが直観的なものだったということも読み取れる。

直観に頼る者は往々にして厳密さを欠く、というのはあいにくなことだ。今日では、厳密でなければ数学ではないとして、隙(すき)のない証明でなければ受け入れられない。とはいえ、扱うのが幾何学的な物体だと、少し手を抜きたくなる。そういったものが空間に浮かんでいる様子なら、だれでも思い浮かべられるのだから。だが、たとえそれが一八九〇年代という草創期であり、その成すコミュニティもいまだごく狭いとはいえ、トポロジストたちはもっと思慮深く振る舞ってしかるべきだった――なぜなら、彼らにはすでに警鐘が鳴らされていたのだから。その何年も前に、数学者なら直観に欺(あざむ)かれることなどなさそうな二次元物体を扱う研究で、何人かの高名な数学者によるいくつかの論文に間違いが見つかっていたのだった。

それでも、数学界はポアンカレをその才気に免じて大目に見ていた。幾何学、数論、代数学、微積分法はすでに確立された分野であり、数学者としての自覚がある者は厳密でない証明を認めたりはしなかった。だが、この新しい分野では、おおっぴらにとは言わないまでも、直観が黙認されていた。有無を言わさぬ厳密さがトポロジーにも求められるようになるのは、それから二〇年あまりのちのことだ。

ポアンカレの萌芽的な重要性をはらんだ論文には、厳密な証明どころか、厳密な定義さえ記されていないのが常である。読者が前後関係から意味を推し量らなければならないことも多い。この「位置解析」も、あれほどいろいろ書いてありながら、今後の研究の概要説明のような内容だ。だが、欠点に目をつぶって読み進めた者は必ずや、新しい発見がひしめいていることにたちまち気づかされた。高名なフランス人数学者ジャン・デュドネは、「どの項目をとっても独創的なアイデアがあるのです」と一〇〇年近く経つ現在でも嘆賞を惜しまない。ポアンカレの並々ならぬ直観と想像力が自身を誤った方向へ導くことはまずなかった。

この論文は、「空間」と「部分空間」と「多様体」の定義で始まっている。このうち多様体は、たとえば空飛ぶ絨毯としてイメージできる（本書では、「物体」、「空間」［訳注：「無限に広がる場」の意味ではない場合］、「多様体」という用語は互いに置き替え可能と考えていただいてかまわない)。空飛ぶ絨毯を専門用語で表現すると、「三次元空間に埋め込まれた、境界のある二次元多様体」となる。二次元多様体は平らな物体を重ね合わせても得られるので、空飛ぶキルトも二次元多様体である。メビウスの帯は、平らな紙片を一度ひねって端を貼り合わせて作ることができ、これも多様体だ。貼り合わせて作れるということでは、円筒もそうだし、球面もそうである。球面が貼り合わせでできていると言われてもピンとこないかもしれないが、トポロジーでは角(かど)を無視することを思い出そう。その意味で、六つの正方形でできている立方体も球面だし、四つの三角形でできている四面体も球面である。

ポアンカレはまた、「同相写像(ホメオモルフィズム)」の概念についても説明している。ふたつの形が「同相(ホメオモルフィック、位相同型)」である、すなわちトポロジー的に同値であるとは、片方を引き伸ばしたり縮めたりして、しかし破いたり貼り合わせたりはしないで、もう片方に変形できることを指す。絨毯はキルトと同相だが、ポンチョとは同相ではない。

ポアンカレはこの論文で、ホモロジー、単側(たんそく)多様体(メビウスの帯とその高次元の仲間)、基本群、単体、複体、単連結複体などのさまざまな概念を導入している。本書では、こうした概念を必要に応じて紹介しながら説明していく。ここではあとふたつ、ベッチ数と、いわゆる「双対定理(そうついていり)」を挙げるにとどめよう。

ポアンカレは、数学者はこれまで双対定理を証明なしに既知のものとして使ってきたと主張する。「この定理が示されたことはこれまでなかったように思われる。しかしながら、大勢に知られており、応用もされている」。そして、その「大勢」がだれなのかは残念ながら明かさず、この定理の証明と彼が考えていたものを説明している。前の章でも見たように、ベッチ数は多様体がどんな形であるかを示すものである。k次元ベッチ数はn次元物体のk次元での連結性を示すのである。[4]

双対定理によると、閉多様体では、k次元ベッチ数と$n-k$次元ベッチ数が同じになる。これは、円（ベッチ数は〔1, 1〕）や球面（1, 0, 1）やベーグルの表面（1, 2, 1）、あるいは四次元空間に浮かぶ三次元ベーグル（1, 3, 3, 1）などで確かめられる。[5] さまざまな次元の多様体の各次元での連結性を示す値が、思いがけなくも、互いに独立ではなく、一定のルールに従っているというのである。

「位置解析」は代数学トポロジーの〝バイブル〟になった。だが、聖書の場合とは違い、数学の論文に求められるのは証明であって、預言や寓話ではない。一九八〇年代後期、デュドネは「位置解析」のすべての項目の内容について、踏み込んだ概要説明と分析を発表している。彼は、批判の必要を感じたときには遠回しな言葉を選んでいない。そのため、彼の注釈には〝示そうともしない〟、〝系統立っていない仮定〟、〝まったく説得力を欠く〟、〝非常にあいまい〟、〝おおざっぱな主張〟、〝根拠なく〟、〝不完全〟といった表現が並ぶ。にもかかわらず、驚くなかれ、デュドネの心は尊敬と賞賛の念で満ちていた。彼は詳細にわたる注釈を次のように締めくくっている。「読む者を引きつけてやまないと同時にいらだたせてもやまない論文はこうして終わっている。あれだけの欠点がありながら、この論文にはその後三〇年間に見られる［代数的トポロジーの］発展の多くの萌芽が含まれている」

だが、当時は「位置解析」を違う目で見ていた者もいた。数学科の博士課程に在籍していたひとりのデンマーク人学生が、発表されてまもないこの論文を詳しく検討した。ポウル・ヘーガード（一八七一～一九四八）は一八九三年、ポアンカレの論文が発表されて数カ月ほどのちに、コペンハーゲン大学から理学修士号を与えられた。子どものころのヘーガードは、数学の道へ進む運命にあるようには見えなかった。高校に入るまで、7＋8は17だと思い込んでいたし、足し算をするのに両手の指を使っていた。それが、徐々にではあるが、抽象数学で飛び抜けた才能を発揮しはじめた。抽象数学にそれほど熱意を抱いていなかったものの、彼は高校を卒業するとコペンハーゲン大学で勉強を続けた。

学部卒業を前にして、外国を回るための奨学金が与えられた。ヘーガードは最初にパリに立ち寄った。だが、フランス人はよそよそしいと感じた。また、あまり数学の勉強にもならなかった。[6] 彼はデンマークにいる指導教授による紹介状を手に、ソルボンヌ大学の理学部長でもあったガストン・ダルブー教授をあいさつに訪れた。二〇年後にポアンカレの長い弔辞を書くことになるこのダルブーは、よそよそしいどころではなかった。ヘーガードは、控えの間で四五分も待たされたあげく、秘書から、先生が紹介状をゴミ箱に捨てたから今日は帰ったほうがいいと言われている。

聴講生として出席したいくつかの講座でも、たいしていい経験はできなかった。ヘーガードは、エミール・ピカールの講義を茶番と評している。雑用係が小走りに入ってきて、一杯の水といくつかの角砂糖を演壇に置いていったあと、ピカールが学生の礼儀正しい拍手に迎えられて講堂に入ってくる。だが、入場に比べて講義はさえないもので、自分の著書『解析学講義』を棒読みするだけだった。コレージュ・ド・フランスで聴いたカミーユ・ジョルダンの講義も大差なかった。「自分が書いた『解析学教本』の校正刷りを棒読みし、ときおり中断して鉛筆で訂正を入れていた」。唯一、本当に会う価値があり、その講義を聴講だけでもしておくべきだった数学者との接触を、ヘーガードは持たずじまいにしてしまった。ヘーガードは後年こう記している。「ポアンカレの講義は難解だから出ないほうがいいという忠告に従ったことをずっと後悔している。彼の非常に直観的な解説は、書物という形で出会って以来、私にとってたいへん貴重なものである」

ヘーガードがトポロジーに興味を抱きはじめたのは、おそらくこの半年にわたるパリ滞在のあいだだろう。とはいえ、数学の勉強に打ち込んだ形跡は残っていない。それどころか、常々夢見ていた中国語の勉強にもっぱら励んでいる。この美しい都市を訪ねる目的としてはなかなか思いつかないことだ。それはともかく、彼はパリで勉強しそこねた分を卒業前の第二学期に、ドイツのゲッティンゲンで取り返すことになった。

ゲッティンゲンでの歓迎は、パリよりずっと温かかった。彼は数学科の大御所フェリックス・クラインの世話になった。クラインのはからいで、ヘーガードはドイツの数学協会の会合で特別講演を一度と講義を二度行なった。ヘーガードの目に、ゲッティンゲン大学は刺激に満ちた研究向きの場所に映った。悲しいかな、ドイツ人数学者に対する敬意が、のちに見当違いな転じ方をして、全体主義のナチ政権を支持するようになる。

コペンハーゲンに戻ると、いくつかの高校で教師として働きはじめた。こうして仕事をかけもちして稼ぎを増やしたことで、彼は学生時代からつきあっていたマウダリーナとの結婚にこぎ着けた。一方、博士論文のテーマについても考えはじめ、このころようやく分野をトポロジーに決めた。ここであいにく、彼は双対性にかんするポアンカレの最新論文を読まないうちに、同じような趣（おもむき）の問題について検討にとりかかった。すると、「善意の」同僚の何人かが喜びいさんでそのことを指摘した。古参の教授のひとりは、「ポアンカレが君の問題を解いたと知って、さぞかし不愉快だろう」と悪意もあらわに告げたという。実は、ヘーガードが「位置解析」という論文のことを耳にしたのはこのときが初めてだった。だが、読もうにも、《高等理工科学校紀要（ジュルナル・ド・レコール・ポリテクニーク）》の掲載号は、教授たちのあいだで回覧中で、図書館になかった。ヘーガードは何週間も待たざるを得ないとわかっていたものの、気になってしかたがなくなり、書店へ行って自費で注文した。そして待ちに待った論文が届き、ページを繰るのももどかしく読み進むうち、突然気がついた。ポアンカレは致命的な間違いを犯していた。双対定理の証明だとされていたものに欠陥があったのである。

これはヘーガードにとって朗報だった。なにしろ論文のテーマが見つかったのだ。ときは晩秋で、クリスマス休暇も目の前だから、そこで取り組む時間を確保できそうだった。彼はポアンカレの双対定理の証明に関する批判論文の準備を始めた。この身の程知らずの若者――修士号しか持っていない一介の高校教師――が、ヨーロッパ数学界の名だたる巨人を畏れ多くも攻撃しようというのだ（ゲッティンゲン大学のダーフィト・ヒルベルトならともかく）。生涯で一度きりの、熱に浮かされたような仕事ぶりだった。彼は数週間足らずで双対定理の反例を見つけた。

双対定理によると、k次元ベッチ数は$n-k$次元ベッチ数と等しくなるはずだ。そこへ、ヘーガードはベッチ数が（1, 1, 2, 1）となる三次元多様体の例――ある種の錐面が筒と交差したような形――を作りあげた。これは双対定理と矛盾する。定理に反例が見つかったということは、反例が間違っているか、定理の証明が間違っているか、あるいはすべてが誤解に基づいているかだ。このケースでは、これから見ていくように、すべてが誤解に基づいていた。

一八九八年一月、ヘーガードは「代数曲面の連結性にかんする位相理論の研究」と題する学位論文を提出した。これは受理され、ヘーガードは博士号を手に入れた。そしてすぐさま論文の写しをポアンカレに送った。ポアンカレは驚いた。真正直な科学者だった彼は、この挑戦状を新参者の仕事だからと片付けてしまうことができなかった。自分の証明に何か深刻な間違いがあると知らされたものの、デンマーク語で書かれた論文を読めなかったので、ポアンカレはヘーガードに説明を求めた。それに対し、論文の一部をヘーガードがフランス語に訳したものが送られてきた。すべてがはっきりして、ポアンカレは自分の証明がまったく不完全だったと知った。

ポアンカレは、彼の双対定理とヘーガードの「非常に注目に値する」博士論文とのあいだに一見存在する矛盾を解消するため、最初の「位置解析への補足」を書いた。ちょっとした詳細が抜けている程度で、証明は修正可能ではないのか？　ヘーガードによると、そうはいかない。彼は「この定理は証明されていないばかりでなく、そもそも成り立たない」と言い切っている。なにしろ反例を見つけているのだ。

ポアンカレの「位置解析への補足」は一八九九年、イタリアの数学協会〈パレルモ数学協会〉の機関誌に発表された。この数学協会は、一五年さかのぼる一八八四年に、裕福な数学者ジョヴァンニ・グッチアによって創立され、会議の場所も、図書館も、機関誌《パレルモ数学協会報（レンディコンティ・デル・シルコロ・マテマティカ・ディ・パレルモ)》の発行費用全額も、グッチアが持っていた。この雑誌の評価はきわめて高く、二〇世紀初頭を代表する重要論文がいくつか掲載されている。全盛期には一〇〇〇人もの会員を抱え、会報の編集委員会にはフランスやドイツから偉大な数学者が招かれていたが、残念ながら、第一次大戦でグッチアが亡くなったのち、その輝きを失った。

ポアンカレは自分の元の論文を詳細に見直して、大きく胸をなで下ろしただろう――一〇年前のオスカル王の懸賞での大失態があるから――ことには、今回は自分の証明に大きな間違いはないという結論を得た。ただ、意図とは違うことを証明していたのである。そのことには、ヘーガードによる入念に考え抜かれた反例を検討していて気がついた。計算をすべてひとつひとつやり直しているうち、彼はベッチ数にはふたつの定義があることに気がついた。ポアンカレは「位置解析」で、ほかのだれもと同じように、物体のベッチ数を高次元での連結性のことだと考えていた（5章を参照）。だが、双対定理の証明は、実際には別の種類の数に対する証明になっていた。気づいて以降、ポアンカレはこちらを「多面体のベッチ数（被約ベッチ数）」と呼んでいる。[7] ヘーガードは、ポアンカレの意図が連結性を示す数のほうだという、もっともな解釈をし、証明が間違っていると結論づけた。これはその年のアカデミズムにおいて最も腰の低い態度だと思われるが、ポアンカレはこのことを弁明するなかで、自分の証明に「弱点があった」と認めている。

ヘーガードのあら探しによって混同が明るみになり、空間に浮かぶ物体の連結性にかんするポアンカレの論点が崩れた。ポアンカレが最初の「補足」を書いた目的は、多面体のベッチ数に対する双対定理についてい証明をあらためて提示することだった。そして、この論文を含めた五本の「補足」論文がポアンカレに誤りを正す機会を与え、その後の代数的トポロジー発展の舞台を築く結果となった。

ポアンカレは、最初の「補足」を発表して双対定理のあいまいさを取り除いたあと、これまでのアイデアの大部分を再検討して単純化し、それを第二の「補足」として、一九〇〇年にロンドン数学協会の会報に発表した〔邦訳は『トポロジー』に所収〕。第二の「補足」にとくに目新しい内容はないが、非常に重要な主張がひとつ含まれているので、それについては次の章で詳しく見ていく。第三の「補足」は一九〇二年に《フランス数学協会報（ビュルタン・ド・ラ・ソシエテ・マテマティック・ド・フランス）》に、第四の「補足」は同じ年にフランスの《純粋および応用数学ジャーナル（ジュルナル・ド・マテマティック・ピュール・エ・アプリケ）》に、そして第五の「補足」は一九〇四年に再び《パレルモ数学協会報》に発表している〔邦訳は『トポロジー』に所収〕。ポアンカレが本書の主題である有名な問題を記しているのは、この最後の「補足」の末尾である。

＊

その間（かん）に、ヘーガードの学位論文はデンマーク語で書かれているにもかかわらず、ヨーロッパ中で有名になった。といってもデンマークは例外で、ヘーガードを快く思っていない周囲の——なかには読みもしない——者たちからは、ばかにされたり、価値がないと思われたりしていた。だが、きちんと読んだ数学者からは高い評価を受けた。デンマーク語で世に出てから一八年後のこととはいえ、フランス数学協会が権威ある《協会報》にそのフランス語訳を掲載したほどだ。とはいえ、事がすんなり運んだわけではない。論文に付した序文で同誌の編集者たちは、どこの国の国民も自国の科学者の評判にひときわ敏感なこの時世に、ヘーガードの論文のようなものを発表していいものかと自問し、対する自答では、そういう論文を訳載することで、そうしたことを少しも気にしなかったポアンカレの精神に則っていることを世に示すのだとしている。さらに、みずからを正当化するため、ヘーガードの論文をフランス語で——タイトルは「『位置解析』について」——発表するのは、ポアンカレの業績に対する社会の評価を高め、彼の栄光をさらに強固にするためだと記している。また、ヘーガードによる厳しい批判をすべて額面どおりに受け取ったりしないよう警告もしている。

国際的に注目を集めた論文を手に、ヘーガードは前途有望なスタートを切った。だが妻と六人の子どもを養わねばならず、大学の給料では生活が苦しかった。そこで、家計を支えるために一時的に大学を辞め、海軍や陸軍の学校でさまざまな作業に携わったり教官として働いたりした。とくに教官の仕事の負担が重く——一日八時間、週六日——ほかのことをする時間はまったく取れなかった。そのうえ、本人にも以前の燃えるような数学への意欲はなく、研究はしていないも同然だった。ただ、悪いことばかりでもなく、大学での細事に関わらなかったので、同僚の数学者たちとの反目や争いとは無縁だった。

やがて、ヘーガードに学術的な仕事に戻る機会が巡ってきた。『数理科学百科事典（エンツィクロペディー・デア・マテマティッシェン・ヴィッセンシャフテン）』のトポロジーにかんする項目［訳注：項目の見出しは「位置解析」］の執筆を依頼されたのである。この事典は、もとの計画ではシンプルな事典を作るはずが、準備の話し合いを進めるなかでフェリックス・クラインが、事典たるもの、文化全般における数学の位置づけを俯瞰できるものでなければならない、と主張した。最終的にこの企画は、一八九八年から一九三五年までの四〇年近くをかけて二〇巻を刊行する大事業に発展した。

ヘーガードはこの要請に応じ、まず梗概と文献目録を書いた。だが序文に手を付けたあたりから、忙しくてこなしきれなくなり、加えてまた、同僚とのつまらない争いに時間をとられるようになってもいた。そこで、事典の編者で、トポロジストの先駆けでもあるケーニヒスベルク大学教授フリードリッヒ・ヴィルヘルム・フランツ・マイヤーに、助手の手配を依頼した。ほどなく、博士号を取ったばかりのドイツ人数学者マックス・デーンが呼ばれ、ヘーガードの仕事を手伝うことになった。

ヘーガードより七つ年下のデーンは、ハンブルクに暮らすユダヤ人医師の家に生まれた。

一家はドイツにすっかり溶け込んでおり、両親も八人の子どもたちも自分たちをユダヤ人とは思っておらず、プロテスタントに改宗さえしている。デーンはハンブルクのギムナジウム［訳注：ドイツの九年制の高等学校、卒業試験に合格すると大学入学資格が得られる］で幅広い教育を受けたあと、フライブルクとゲッティンゲンで数学を学んだ。博士号は一八九九年にダーフィト・ヒルベルトのもとで取得している。一九〇〇年にパリで開かれた国際数学者会議で、ヒルベルトが有名な二三の問題を示してまもなく、デーンはその三番めの問題を解決した。この偉業――二三の問題の中で最初に解決を見た――により、デーンはミュンスター大学の講師の職を得た。第一次大戦が勃発すると、善き(よ)ドイツ人愛国者マックス・デーン――すでに三七歳でブレスラウ（ヴロツワフ）大学教授だった――は陸軍に入隊した。六度の戦闘に参加しており、軍への貢献に対して前線兵士の名誉十字章(エーレンクロイツ・フュア・フロントケンプファー)が与えられている。

　デーンとヘーガードは、一九〇三年にドイツのカッセルで行なわれた会議で顔を合わせた。帰りの列車の中で、ふたりはトポロジーの基本的な問題について話しあった。デーンは、この新しい数理科学分野に公理的なアプローチを持ち込もうと提案した。想定する公理をできるだけ少なくし、ほかをすべてそこから導こうというのだ。ヘーガードは賛同し、その線で仕事を進めるべく熱心に協力した。のちにヘーガードは「デーンの視点で進めてもらうために」一九〇五年の夏にデーンのもとを訪ねている。

ふたりが担当した項目の載った事典は一九〇七年に世に出された。ヘーガードは最初のうち、デーンを単なる助手としてしか見ていなかったが、七〇ページにおよぶ解説文の脚注にはそうは書かれていない。それによると、ヘーガードはこの解説の予備調査を行ない、重要部分を寄稿したが、最終的な文責はデーンにある、となっている。

この解説文は、トポロジーへの新しいアプローチを提示するものだった。冒頭で基本的な概念や事実を述べ、その他一切をそこから論理的に導いている。公理主義を前面に押し出してはいたものの、イメージすることの重要性をふたりともよくわかっていた。解説文の中では、公理を導入したあと、「視覚的な基礎」[8]と題する節を設け、読者に対し、トポロジー理論の三次元でイメージ可能な部分について、想像力を働かせて実際に頭の中で思い描いてみることを奨励している。こうして視覚的に解釈することによって初めて、トポロジーはその真価を発揮する、とふたりは述べている。

イメージすることを併(あわ)せて奨励していたとはいえ、デーンとヘーガードによる公理的なアプローチをだれもが支持したわけではなかった。フェリックス・クラインは抽象的すぎると考え、直観的なわかりやすさが欠けていると批判した。[9]常日頃から直観的なわかりやすさを好み、周囲にもそれを求めていたクラインは、読者がふたりによる記事を少しでも理解するためには、トポロジーという分野にあらかじめ精通していなくてはならない、と述べている。

この解説文はヨーロッパ中に大きな影響を与え、数学界におけるヘーガードの地位が再び上がりはじめた。一九一〇年、コペンハーゲン大学の数学教授の椅子が空いた。友人たちはヘーガードに応募するよう強く勧めたが、本人はその任ではないと感じていた。教官の仕事より実入りがずっと少なかったこともある。それでも友人たちがあきらめず、こうまで言ってもだめならばと実の母親にまで働きかけた結果、ヘーガードもついに折れた。彼には教師としての才能があり、学生に好かれたが、同僚とはうまくいかなかった。そしてまた同僚との反目やいさかいが起こり、七年後には、選任にかんする騒動——日刊紙にまで報道された——のさなかに大学を辞めている。上司や同僚との内輪もめの末、デンマーク数学協会からの脱会まで余儀なくされた。彼の自伝的な記録から、手記の一〇三ページと一〇四ページという肝心なところがなぜか削除されており、この出来事にかんするヘーガードの言い分は不明である。

その一年後、ヘーガードはノルウェーのクリスチャニア大学（のちにオスロ大学に改名）から招聘（しょうへい）され、一九四一年まで二三年間そこにとどまった。ここでも専門的な仕事はほとんどしていないが、例外的に、有名なノルウェー人数学者ソフス・リー（一八四二〜一八九九）の業績の出版を手伝った。彼は二巻分の編集に力を貸したが、それ以上は手に負えなくなってやめている。また、好んで国中をまわって、一般市民を相手に科学にかんする講演を行なった。陸路を六〇〇キロ、船で一一〇〇キロ、さらに内陸を一部トナカイのそりを使ってまで二五〇キロ移動して、ノルウェー極北の町カウトカイノまで出向いたこともあった。そこでの講演では、地元の商店主がラップ語への通訳にあたった。

ヘーガードにはさらに、徒労に終わった数学上の仕事がある。一九四六年の春、オスロ大学を退官してずいぶん経ってからのこと、デンマークに住む友人のヤーコプ・ネルセンに興奮気味の手紙を書いた。「腰を抜かさないように！　四色問題が解けたようなのです!!」。四色問題は、証明しようとしてだれも成功したことがない有名な予想のひとつだった。四色問題にかんする予想によると、地図で隣りあう二国どうしが同じ色にならないよう塗り分けるには四色で十分だという。ヘーガードはアメリカの専門誌に投稿すべく、原稿を英語に翻訳するつもりでいた。だがまもなく衝撃の事実が明らかになる。深い落胆のなか、ヘーガードはネルセン宛てに「この手紙は、あの論文をゴミ箱行きにしてかまわないと伝えるために書いています」としたためている。彼は証明だと思っていたものに間違いを見つけ、フェルマー予想かリーマン予想か（そしてもちろん）ポアンカレ予想を、証明できたと一度は思い込んだ失意の数学者の長いリストに、その名を加えたのだった。[10]

その数年前のことになるが、一九四〇年、ドイツがノルウェーに侵攻した。残念なことだが、ヘーガードは自分の新しい祖国がナチに占領されたことに反感を抱いていなかった。どうやら、この新政権から恵まれた扱いを受けるに至ったようである。大衆向けの科学講話番組をノルウェーのラジオ局から放送することを、当局が許可したほどだ。この意味合いを理解してもらうため、ラジオの所有を許されていたのがノルウェー・ナチ党員の家庭だけだったことを指摘しておく。彼に対する評価にナチの支持者としての汚点が付き、一九四八年に亡くなったときには死亡記事がほとんど出なかった。一九六〇年に発行されたノルウェー科学協会の一〇〇周年記念誌では、ヘーガードは「時の独裁国家に明らかに好意的だった」人物とされている。

一方、マックス・デーンのその後の生涯は、ヘーガードとは対極的だ。ナチが政権の座に就くと、自分をつねにドイツ人プロテスタントだと思っていたデーンも、ユダヤ人の血を引くことの意味を思い知らされはじめた。一九二一年、のちにナチ党員になったことでも知られる反ユダヤ主義者ルートヴィッヒ・ビーベルバッハの後任として、デーンはフランクフルト大学の教授に指名された。だが一九三三年の春に、忌まわしい職業官吏制度再建法が制定され、ユダヤ人は教職から排除された。退役軍人で受勲歴もあったデーンは、最初はその対象外だったが、猶予は長く続かず、一九三五年に教授職を永久に失った。賢明にも、彼は子どもを外国へ送り出した。息子はアメリカに、ふたりの娘はイギリスへ渡っている。

デーンは一九三八年一一月のいわゆる「水晶の夜」［訳注：ナチの党員や突撃隊がドイツ全土のユダヤ人住宅、商店、シナゴーグなどを襲撃、放火した事件］に逮捕されたが、牢獄が満杯でその夜は釈放された。だが、次の日に再逮捕されると予想し、妻とともにすぐさまフランクフルトを離れた。ふたりは近くの都市バートホンブルクへ逃げ、勇気ある同僚の家に滞在した。その数週間後にドイツを離れ、まずコペンハーゲンへ、続いてノルウェーのトロンヘイムへと移動した。それから一年半は、トロンヘイム工科大学で教えながらなんとか食べていけた。だが、比較的安全だった状況は、一九四〇年四月にドイツがノルウェーに侵攻して突然終わりを告げた。デーンは、とあるノルウェー人農家に数カ月間かくまわれ、そのあいだに北欧出身の同僚がデーン夫妻の航空券を用意した。一九四一年の初頭、共同執筆者のヘーガードがオスロで快適に暮らしていたとき、デーン夫妻は恐怖におびえながらノルウェー国境を越え、フィンランド、ロシア、シベリア、日本を経由し、太平洋を渡ってアメリカにたどり着いた。

優秀なヨーロッパ人数学者が殺到して、アメリカでは大学の教職の数が不足していた。デーンはアメリカ中をさまよった末、一九四五年にようやく、ノースカロライナ州のブラックマウンテン・カレッジで終身職を得た。同校は正式な認可を受けておらず、学問の府というよりは教育共同体のようなもので、学生と教員は、学内の施設の建築や、食糧にする穀物の栽培に精を出すよう求められた。デーンには、四〇ドルの月給と賄《まかな》い付きの貸間が与えられた。数学界からは孤立したが、デーンはブラックマウンテンでの暮らしを楽しんだようだ。彼には幅広い知識と教養があったので、数学だけでなく——数学科唯一の教員だった——ラテン語、ギリシャ語、哲学も教えた。マックス・デーンは一九五二年にこの世を去った。

デーンが編み出した数学上の成果や技法、とくにデーン手術（三次元多様体の改変に使われる）、デーンの補題（最終的には一九五七年にギリシャの数学者、クリストス・パパキリアコプロスによって証明された〔訳注：日本の本間龍雄もこれを同年に、独立に証明している〕）、デーンのアルゴリズム（群論で使われる）は、今日でも頻繁に用いられている。また、結び目理論における業績、とくに左三葉結び目と右三葉結び目が同値ではないことの証明でも知られている。

*

ポアンカレは五八歳という若さで世を去った。オスカル王の懸賞に応募して以来、ポアンカレの頭からは太陽系の安定性の証明のことが離れなかった。この問題にかんする彼の最後の論文は「幾何学の一定理について」という単純なタイトルで一九一二年に《パレルモ数学協会報》に発表されている。これはポアンカレの仕事としては特異だが、その発表年がすべての事情を物語っている。この論文は、ポアンカレの早すぎる死のわずか数カ月前に書かれたものなのだ。

前にも指摘したように、ポアンカレの論文は早計で、議論が甘く、誤りも多かった。だが、ポアンカレが未完成の論文をそれとわかっていながら発表したことは決してなかった。

その意味で、この論文は例外だ。冒頭で「これほど未完成のまま公（おおやけ）にした論文はない」と切り出し、この問題に何カ月も取り組んだが解決できなかったので、何年か寝かせたのちにもう一度やり直すのが最適であろうと述べたあと、「いつか必ずこの問題に取り組めるならいいのだが、自分の年齢を考えるとそのような機会に恵まれるかどうかわからない」と述べている。それでも彼は、この問題は非常に重要で、これまでの努力を無駄にしてはならないと考えた。未完の論文を《パレルモ数学協会報》の編集長宛てに送ったのは、迫りつつある死に備えてのことだったのだろうか？　実は、四年前に行なわれたローマでの国際数学者会議で病に倒れており、これを書いたころは近々手術を受けることになっていた。ポアンカレがこの論文を送ったのは、それを世に問うためだったのだ。数カ月後、彼は亡くなった。

この論文に提示されている重要な定理は三体問題に関連しており、ポアンカレは四半世紀ほど前にその部分的な証明によってオスカル王の賞を獲得している。当時、彼は互いの周りを回る三体の周期的な軌道の存在を示した。だが、その証明は小さな塊（かたまり）の場合にしかあてはまらず、満足の行くものとはとても言えなかった。太陽系には大きな塊も存在するので、質量の大きな惑星が軌道にとどまるかどうかも知りたいところだ。この問題について検討を重ねたポアンカレは、その答えが、ある幾何学予想の真偽にかかっていると結論づけた。彼は二年にわたって個々の特殊な事例についてはいくつも検討し、どの場合についてもその予想が成り立つのを確かめたのだが、一般化することができなかった。「この定理が正しいという確信が日々高まっているが、それを確固たる基盤の上に構築することができない[11]」

この予想がどのようなものかを簡単に説明しよう。ふたつの同心円を境界とする環状の領域について考える。この領域を、内側の円上の点は時計方向に移動し、外側の円上の点は反時計回りに移動し、そのあいだにあるものはすべて、破れずに滑らかな変形をこうむるだけですむように変形させてみよう。ポアンカレは、この領域内で少なくともふたつ、位置の変わらない点があると主張した。この状況は台風の目を連想させる。目の中は静かだが、周囲は大嵐だ。太陽系の安定性は、このことに依存しているという。

太陽系にとって喜ばしいことに、ポアンカレが正しかったことが証明されている。ジョージ・デイヴィッド・バーコフは、ハーバード大学の助教授だったときにわずか数カ月で、そのような〝不動点〟がつねにふたつあることを証明した。バーコフの証明は一九一三年に《米国数学会報告(トランザクションズ)》に発表され、これによって彼は、二〇世紀初頭の傑出したアメリカ人数学者としての地位を確立している。

7章　あの予想の意図

一九世紀の終わりごろ、まだ揺籃(ようらん)期にあったトポロジーの主眼は物体や空間の分類だった。トポロジー的に同じ物体どうし、つまり、伸ばしたり縮めたりするのはいいが、切ったり貼ったりはしないで、互いに変形して重ね合わせられる形をした物体どうしを、まとめようというのだ。ふたつの図形が同じかどうかを確かめるのに、試行錯誤——ひとつをもうひとつに一致するまでとことん変形してみる——で当たるのは効率のいい方法とはとても言えない。ルービック・キューブで可能な配置の組み合わせを調べあげることと比べても、はるかに効率が悪い。ルービック・キューブで可能な配置の数は確かに膨大だが、限りがある。しかし、可能な変型は無限にある。

そういうわけで、一八世紀から一九世紀にかけて、物体にラベルを付けるというアイデアが唱えられた。うまくいけば、同じかどうかはラベルを比べて確かめられるようになる。

ラベルが同じならそのふたつは、片方を変形していけばもう片方になる。違っていれば、トポロジー的に異なっているとと自信を持って言えるというわけだ。

もう少し正確な言い回しを用いれば、物体がトポロジー的に等しい別の図形に変形されても変わらないような、そんなラベルが探し求められたのだった。同じグループに属する物体には同じラベルが割り当てられるようにすればいい。あとは、そんなラベル付け体系を見つけるだけだ。さて、物体の性質を示すものは何だろうか？　この問いについて、昔から今まで、数学者は頭を悩ませてきた。物体の頂点の数など、ひとつの数で表すのは明らかに無理だろう。トポロジー的に異なるはずのボールとベーグルが、頂点がないからといって同じグループになるし、立方体と三角錐は、片方を変形していけばもう片方になるのに、違うグループに分けられてしまう。

先に見てきたように、スイスの数学者、レオンハルト・オイラーは一八世紀に、この目的に向けた第一歩を踏み出した。あらゆる凸の三次元物体について解が変わらない式[2]を見出したのである。その後、同じくスイスのシモン・リュイリエは、物体の形が異なっていたり凸でなかったりしても、さまざまな種類の穴や空洞や環形が相殺することによって、同じ結果が得られることを示した。このように、オイラー＝リュイリエの式は、いろいろなものをいっしょくたにしてしまうので、分類には使えない。

新しい種類のラベルを求めて、ポアンカレは別の方法を試すことにした。物体のトポロジー的な性質を、ひとつの数ではなく、何種類かの数の集合で表そうというのだ。意中のものは、ベッチ数と「ねじれ係数」だった。ベッチ数とは、5章で説明したように、物体の穴の数だ。ねじれ係数は、いくぶんややこしいのでここでは説明しない。とにかく、ベッチ数とねじれ係数は、どちらも物体の「ホモロジー群」と呼ばれるものに不可欠な要素である。これは簡単に理解できる概念ではないので、ここでは「物体にはベッチ数とねじれ係数による集合を定義でき、それが異なる物体どうしはトポロジー的に異なる」と説明するにとどめておく。(3)

一八九五年に「位置解析」を発表し、四年後に最初の「補足」を発表したあと、ポアンカレはふたたび、「位置解析への第二の補足」を一九〇〇年に発表した。前の章でも指摘したように、この論文は新味に乏しく、これまでの成果を整理して明確にすることを主な目的として書かれている。

それでも、新しいことがひとつだけ、最後の最後に出てくる。この論文は〝ベッチ数がすべて1でねじれのないすべての多面体は単連結である〟という、意味ありげな主張で終わっている。今の言葉で言うと、「三次元球面と同じホモロジー群を持つ三次元多様体は、三次元球面と同相である」となる。(4)

どちらの表現も用語の使い方に問題はないが、素人が理解する役には立ちそうもない。わかりやすく言い直す前に、ねじれの概念を説明しておこう。一種抽象的な意味合いながら、ねじれ係数は物体のねじれ具合を示すものである。面がひとつしかない物体であるメビウスの帯を用意しよう（手元になくても、細長い紙切れを用意し、片方の端を半回転ひねってから両端をつなぐと作れる）。見てのとおり、これは輪のような物体で、円のようでもある。では、指を縁（へり）のどこかに置き、そこから縁を伝って最初の位置まで指をすべらせてみよう。こうすることで、あなたはこの〝帯〟の境界上のすべての点に触っているので、指は円を描いたことになる。ただし、指は境界をひととおりなぞるのに二周している。物体がねじられているということには、こんな捉え方もある。

では、ポアンカレの主張を、厳密さを欠くかもしれないがもっと簡単に表現してみる。「穴もねじれもない任意の物体は球面に変形できる（ここでいう物体と球面は、どちらも四次元空間に浮かぶ三次元物体）」。ポアンカレはこのことの証明を示さなかった。論文が組版にして三三ページ分にもなったので、それ以上長くしたくなかったのだ。そこで、こういう言葉で結びにつなげている。「論文がこれ以上長くならないよう、ここでは、証明にまだ細かい詰めを要する次の定理を紹介するにとどめる」

この証明に必要なのが細かい詰めにすぎないというのは、単に終わりゆく一九世紀科学流の控えめな表現だったのかもしれない。実際のところは、この大胆な主張は早合点にすぎなかった。とはいっても三世紀ほど前に、これと妙に似た主張がなされてはいなかっただろうか。「実に驚くべき証明を見出したのだが、それを記すにはこの余白は狭すぎる」。

一六三〇年、フランスで裁判官をしていたピエール・ド・フェルマーが、読んでいたディオファントスの『算術』にこのように書きつけ、それから三五〇年ものあいだ、世界をやきもきさせた。(5) フェルマーの主張と同じように、ポアンカレの主張も早計だった。だが、フェルマーの主張とは違って、ポアンカレの主張は誤りだった。

自信家のポアンカレは自分が間違いなく証明を手の内にしていると思っていたようだが、これまで同じことが何度もあったように、ポアンカレは間違えていた。幸い、今回はそれに自分で気がついた。そして証明を見つけるべく何年も必死に取り組んだがうまくいかず、自分が定理だと主張したものには何か大きな間違いがあると思いはじめた。

ポアンカレは自問した。ベッチ数とねじれ係数が球面と同じ物体は、必ず球面なのだろうか。それがそうとは限らないことが次第にわかってきた。一九〇四年に発表した第五の「補足」では、「これからそうとは限らないことを見ていくが、それを示すため、例を一つ挙げて話を進めることにする」と書いている。

自分の主張にかんするこの例——厳密には反例——は非常に入り組んだ物体で、今日（こんにち）では「ポアンカレのホモロジー球面」、「ポアンカレの正十二面空間」、「ポアンカレの正二十面多様体」などの呼び名で知られている。これは三次元物体だ。しかし、喜ぶのは早い。イメージするのは無理だろうから。この物体は四次元空間に浮いているのだ。

いい機会なので、物体が二次元または三次元であるとはどういうことかをおさらいして

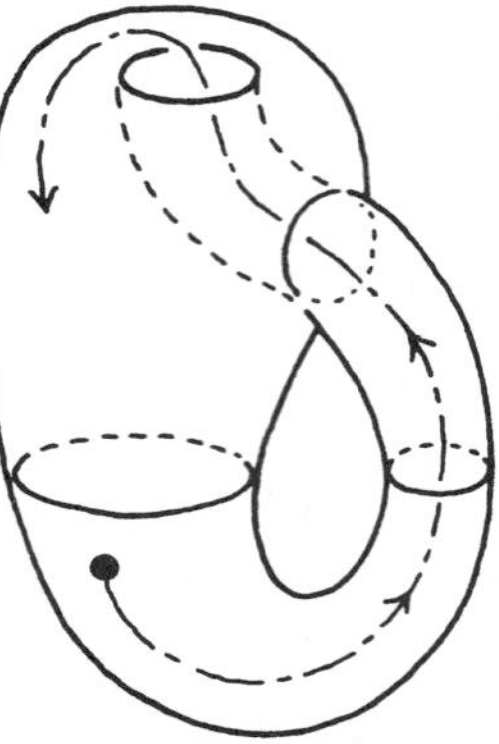

クラインの壺

おこう。円板は二次元物体である。風船もそうだ（表面だけで、中は考えない）。一方、机の上に置かれた円板は、二次元平面上に埋め込まれた二次元物体である。ただ、これは特殊なケースで、二次元物体をすっかりイメージするには、えてして三次元に移らなければならない。風船、ボールやベーグルの表面、宙に浮かぶ円板といったものは、三次元空間に埋め込まれた二次元物体である。

一方、中身まで含めた（ソリッドな）ボールやベーグルは三次元物体だ。この場合も、三次元物体を隅々まで見ようと思ったら、普通はもっと高い次元に移る必要がある。「クラインの壺」などは、二次元曲面なのに、その備えるあらゆる特徴を実際に示そうとするなら、四次元空間に埋め込まなくてはならない。もっとも、思い描けなくても心配には及ばない。物理学者のロジャー・ペンローズのように、四次元で考えることができると主張する人もいるが、凡人には不可能だ。それでも、類推によって理解を深めることはできる。たとえば、ボールと三次元球面との関係は、円板とボール表面との関係に相当する、というように。[6]

では、ポアンカレのホモロジー球面とはどんな形なのだろうか。四次元空間に浮かぶ三

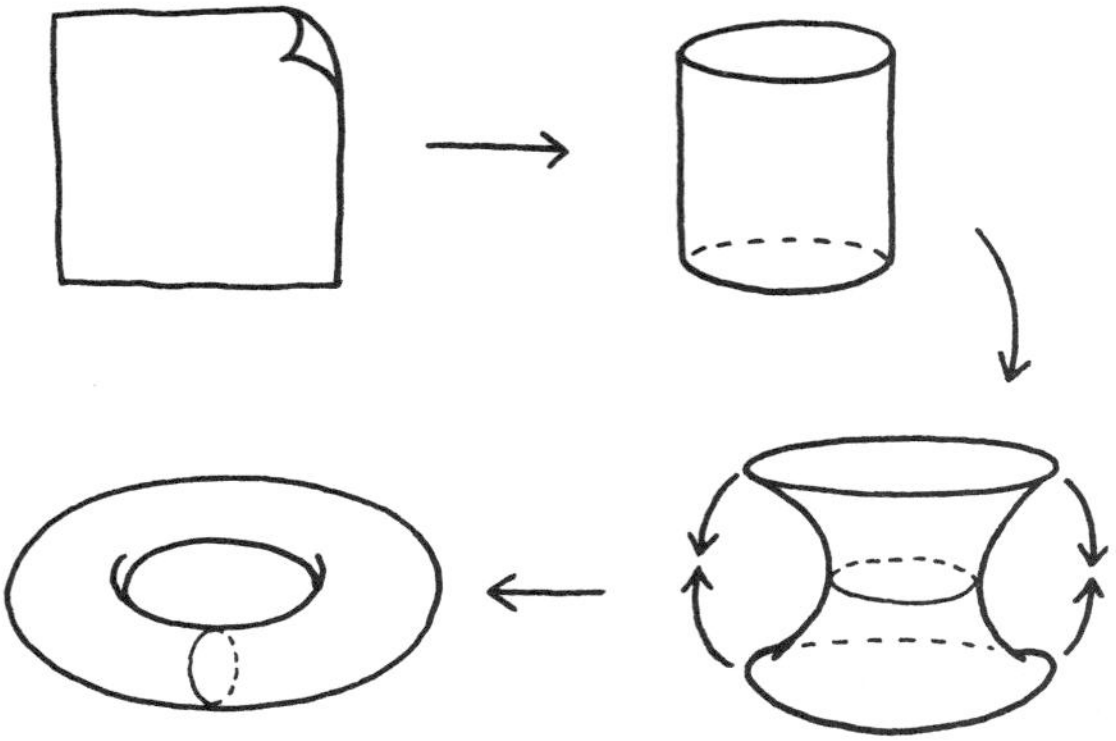

次元物体だということはすでに触れた。これを絵に描く方法はないが、説明する方法はいくつかある。高次元物体を少しでも思い描くひとつの方法は、低い次元に射影することだ。いわば物体を照らし、明かりと反対側の壁に映る影を眺めて調べるやり方である。風船は、平面に丸い影を投げかける。二次元世界の生き物は、そうやって床に落ちる影から、二次元物体が三次元空間でどう見えるかを推し量るのだ。ただ、円板が線分の影を落としたり、線分が点の影を落としたりしている可能性もある。平面に丸い影を落とす可能性なら円筒にもある。影ですべてがわかるわけではない。[7]

　高次元物体を思い描くもうひとつの方法は、作り方を説明することだ。たとえば、二次元の生き物にトーラス（中空のベーグル）を説明するには、作り方を次のように話して聞かせるといい。「紙を一枚用意する。向かい合った二辺を貼り合わせて筒を作り、その筒の両端にできたロどうしを貼り合わせるとトーラスになる」。二次元の生き物は、できあがる物体をイメージできなくても、どんなものかは理解できるかもしれない。

このアプローチで、ポアンカレのホモロジー球面がどんな形をしているのかを理解してみよう。この球面にはさまざまな作り方があり、ある有名な論文では八通りの方法を挙げている。(8) ほかにも、ポアンカレ本人が見つけた方法では、ふたつのダブルトーラス(穴がふたつある中空のベーグルがふたつ)を、ある方法で貼り合わせる。その五年後、マックス・デーンは、「手術」というテクニックを提案した。もぐりの医療を思わせる怪しいネーミングだが、数学の世界では広く普及しているものだ。デーンは、プレッツェルのような物体を三次元球面から取り出し、それを取り出したときは違ったかたちに変形して戻し、傷を縫い合わせた。そして、できあがったフランケンシュタインの怪物が実はポアンカレのホモロジー球面であることを示した。当然のことながら、デーンが施す手術はまったく想像上のもので、四次元空間で行なわれる。

次に、ヘルムート・クネーザー(一八九八～一九七三)によって考案された別の作り方を説明しよう。その前に、この人物について触れておきたい。数学者アドルフ・クネーザーの息子であるヘルムート・クネーザーは、一九二一年にゲッティンゲン大学でダーフィト・ヒルベルトの指導のもと博士号を取得した。一九二五年にはグライフスヴァルト大学の教授になり、その一二年後にチュービンゲン大学に招聘（しょうへい）されている。彼は筋金入りのナチというより単なる保守派だったと考えられているが、第二次大戦中はナチ支持の雰囲気に流された。国粋主義者の行動や感情に好意的で、ナチの実働組織だったあのSA（突撃隊）の隊員になり、ナチ政党であるNSDAP（国家社会主義ドイツ労働党）への入党さえ考えた。自分の手紙には「ハイル・ヒトラー」と署名し、非ユダヤ系白人の専門誌《ドイツ人の数学（ドイチェ・マテマティーク）》の創刊者である悪名高きナチ数学者、ルートヴィッヒ・ビーベルバッハの人種差別的な考え方を支持した。クネーザーは戦時中にたいした役割を果たさなかったことから、そのよからぬ態度に対してあとで痛い目にあうことはなかった。戦後、彼はオーバーヴォルファッハに建てられた数学研究所の創立を支援した。この研究所は、のちに世界有数の数学の研究機関となった。クネーザーは、一九五八年に短期間だが所長を務めている。

　クネーザーが示したポアンカレのホモロジー球面の作り方は次のとおりだ。正十二面体――一二個の正五角形を境界とするソリッド――を考える[9]。正十二面体では、ふたつの正五角形が必ず向かいあっており、それが全部で六組ある。そのひと組を選び、正十二面体を伸ばして曲げて――五分の一回転（七二度）させてねじってから――ふたつの五角形を貼り合わせる。いくらかねじってはいるが、これは辺や頂点の位置を合わせるための回転であって、メビウスの帯を作るときのような、切ってねじってから貼り合わせるねじり―

―ポアンカレはこのような操作をはっきり排除している――ではない。そして、ほかの五組についても同じことをすると、見事、ホモロジー球面のできあがりとなる。こうした曲げ伸ばしや位置合わせをやろうとしてみれば、できあがる物体になぜ高次元が必要なのかを理解できるかもしれない。三次元では思い描くことさえできないのだ。

この説明でよくわからなかったならば、こんな説明はどうだろう。よく知られている事実だが（代数的トポロジー学者のあいだでは）、ポアンカレのホモロジー球面は、五次元空間に浮かぶ二次元ベッチ数1の単連結でコンパクトな四次元多様体の境界である。[10] ずいぶん明快でしょう？

ホモロジー球面ができあがったところで、それがどう反例になっているのかを確認しよう。ポアンカレが第五の「補足」で議論していることがまさにそれだ。論文の長さは問題でなくなったようで、第二の「補足」の倍の六六ページもある。ポアンカレは、できあがった物体のベッチ数とねじれ係数を計算し、それが四次元空間に浮かぶふつうの三次元ボールの場合とまったく同じであることを発見した。だが、先ほど説明した変形――伸ばして、曲げて、ねじって、貼り合わせる――によっては、正十二面体は球面へと作りかえることのできない形になっている。つまり、ポアンカレが作った物体は、ベッチ数とねじれ係数は球面と同じだが、変形して球面にできないのである。

ポアンカレのホモロジー球面は、ボールとトポロジー的に同値でなく、ねじれもなく、穴もない、現在でも唯一の三次元物体である。ポアンカレが引っ込めた主張の、ありうる反例はこれひとつである、ということも十分考えられる。ならばポアンカレの大胆な主張はほとんど合っていた、という結論を下したくなる人もいるだろう。ほとんどの場合に成り立つのだから、反例のひとつくらいどうしたというわけだ。だが、数学に「ほとんど合っている」とか「だいたい正しい」はない。追求されているのは絶対的な正しさであり、定理は反例ひとつで完全に否定される。

当初の主張の反例を見つけたことで、ポアンカレは何種類かの数による集合――たとえばベッチ数とねじれ係数――では空間や物体を分類するには十分でないと知った。これでまた別の位相不変量が必要になって、ポアンカレは物体の分類に適した特性を求めてほかを当たりはじめた。そして、物体や図形のラベル付け体系の確立をめざしてついにたどり着いたのが、代数学から想を得た概念だった。すなわち「基本群」である。

基本群の何たるかを説明する前に、ポアンカレが自信満々ではなかったことを指摘しておきたい。物体の持つ基本群という特性をラベルとして使うというアイデアは、見込みがありそうだった。それまで幾何学の問題としか見られていなかったところに、数ではなく代数学的な表現を導入するという目の付けどころは独創的だ。だが、同じようなことをホモロジー群ですでに試しており（そこからベッチ数とねじれ係数が出てきた）、それはうまくいかなかった。基本群はうまくいくのだろうか。

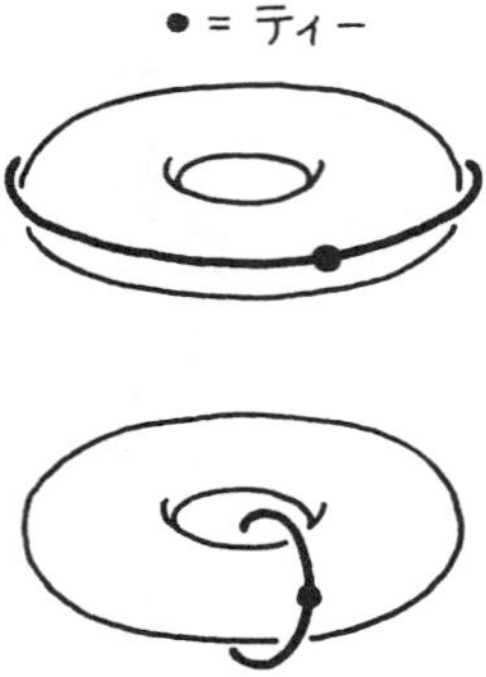

輪ゴムの巻きつけ方

話を簡単にするため、二次元の場合から始めよう。風船やバスケットボールのような球面を考える。ボールの表面上に一点――たとえば空気穴の場所――を決める（ボールそのものは三次元だが、表面は二次元だということを思い出そう）。以降、この点を「ティー」と呼ぶことにする。オレンジ色の輪ゴムをティーに取り付け、ボールに巻き付ける。次に、黒い輪ゴムをティーに取り付け、好きなようにボールに巻き付ける。この二本の輪ゴムは、ずらしていくと――押したり、引いたり、伸ばしたり、縮めたりすると――ぴったり寄せられる（実際には積み重なる感じになる）。この操作は、二本の輪ゴムを最初にどう巻き付けておいたとしても可能だ。また、その重要性についてはあとで明らかにするが、輪ゴムをティー一点になるまでじりじり縮める、という操作も可能である。

　では、トーラス、すなわち中空のベーグルを考え、表面のどこかをティーに決めよう。青い輪ゴムをティーに取り付け、ベーグルの穴を囲むように巻き付ける。次に、黄色い輪ゴムをやはりティーに取り付け、今度は穴を通して巻き付ける（この場合は、輪ゴムを切り、穴に通してから、両端をつなぐ必要がある）。どちらの輪ゴムもベーグルの表面上をじりじりずらしていくことはできるが、この二本をぴったり寄せることはできない。このように、ベーグルには二種類のループがある。ベーグルの穴を囲む青色のループとベーグルの穴を通る黄色のループだ。青色のループどうしや黄色のループどうしならぴったり寄せられる。だが、青色のループを黄色のループにぴったり寄せることは絶対できない。また、青色と黄色のどちらのループも一点に縮められない。黄色のループはそれ以上縮むことのない穴の境界に捕らわれたままになるし、青色のループは穴を越えなければならないが、それは許されない（輪ゴムは表面上をつたうことしか許されず、宙に浮いてはならない）。実は、第三の輪ゴムが考えられる。これをオレンジ色としよう。ティーに取り付けたら、これはベーグルの表面に沿ってじりじりと伸ばす。オレンジ色の輪ゴムはティー一点に縮めることができる。

ループには、ベーグルの穴を囲みも通りもするものがありうるし、二度囲んで一度通るものや二度通って一度囲むもの、という具合にほかにもいくらでもある。さまざまなループによるこの一風変わったグループが——一点に縮むものと、穴に捕まるものと、このふたつの組み合わせであるらしい、無限に存在するその他多くが——それなのだろうか。これが空間の分類に使えるのだろうか。実はこれこそ、三次元におけるポアンカレ予想の核心である。だが、高次元が相手の場合には、これだけではまだ足りない。

輪ゴムのことはしばらく置いておき、ちょっと目先を変えた話をしよう。これから、数学者にとってはおなじみの「群（ぐん）」について説明する。群というと、日常的には、何か共通点があるものの集まりを意味し、人の集まり（すべて人間）、追っかけ（グルーピー）の集まり（みんな同じアイドルが大好き）、テーブルの上に置かれた物の集まり（お互い近くに置かれている）などのことを指す。だが数学者にとって、それは事の一面でしかない。群は代数学で最も重要な概念だ。群を構成するのは、第一に要素（元（げん））の集合、第二にふたつの元を組み合わせる数学的な操作である。たとえば、元が整数1、2、3……で、数学的な操作がふたつの数の足し算という具合だ。

だが、元の集合に操作を用意すれば数学上の群になるかというと、必ずしもそうではない。決まった操作を持つ元の集合が群になるには、次の四つの条件——これを追っかけ（グルーピー）ならぬ群（グループ）の掟と呼んでもいいが——を満たす必要がある。まず、群に属するふたつの元に対する組み合わせ操作の結果が、同じ群の元でなければならない。整数と足し算はこの条件を満たす。たとえば、3足す4は7で、これも整数だ。偶数もふたつを足すと偶数になるのでこの条件を満たすが、奇数はふたつを足しても奇数にならないので満たさない。「掟」その二は、操作を二回続けて行なうときに、その順序が結果に影響しないことだ。足し算はこの条件を満たす。(3＋5)＋7は3＋(5＋7)と同じだ（3と5を足した結果に7を足しても、5と7を先に足してから3を足してもかまわない）。数学ではこの条件を「結合法則」と呼ぶ。

その三は、なんの変化ももたらさない要素（単位元）が群に含まれていることだ。単位元は、群に属するどの元と組み合わせても結果は変わらない。足し算の場合は簡単で、0（ゼロ）である。0をどの整数に足しても結果は変わらない（4＋0＝4）。

最後の「掟」は、群に各元の逆（逆元）が含まれていることだ。逆元とは、ある元と組み合わせると単位元になるような元である。整数の場合は、符号が逆の数だ。たとえば、5＋(−5) はゼロ、すなわち単位元になる。

このように、整数は足し算にかんして群をなす。一方、奇数は引き算にかんして群をなさないし（9引く5は偶数）、整数は割り算にかんして群をなさない（9割る2は整数ではない）。実数はかけ算にかんして群をなさない。単位元は1で、xの逆元はx分の一だが、0の逆元がない。

足し算にかんして考えられる最も小さな群は、ゼロだけからなる群だ。0＋0＝0であり、唯一の元と単位元と逆元とをその身ひとつで表している。この群はまったく面白みに欠けるが、数学者にとってはたいへん重要だ。彼らはこれを「自明（トリビアル）な群」と呼んでいる。

ここまでの例では、整数、実数、奇数、偶数、そしてゼロを取りあげた。だが、群の元は数でなくてもかまわない。たとえば、「アメリカ国内の道路」にかんする群をつくることが可能だ。操作が「ニューヨーク市（NYC）を起点と終点とする往復ないし周遊ドラ復経路、NYC－サンフランシスコ間の往復経路などとなる。これらが本当に群をなしているかどうかを確かめるには、さきほどの四つの条件が成り立っているかどうかを調べる必要がある。以下の説明は、アメリカの地図を見ながら読むとわかりやすいかもしれない。

最初の条件は満たされている。どのふたつの元も組み合わせることができるからだ。NYC－フィラデルフィア間の往復経路とNYC－サンフランシスコ間の往復経路は組み合わせ可能だ。どちらの往復経路もNYCで終わるので、結果もひとつの周遊経路となり、群の元となる。次に、組み合わせ操作の順序が結果に影響しないという、二番めの条件が満たされることを証明しよう。NYC－フィラデルフィア間の往復経路をNYC－サンフランシスコ間の往復経路と組み合わせてから、NYC－マイアミ間の往復経路と組み合わせた結果は、NYC－フィラデルフィア間の往復経路をNYC－マイアミ間の往復経路と組み合わせてからNYC－サンフランシスコ間の往復経路と組み合わせた結果と同じ、ひとつの〝周遊ルート〟である。

単位元は何だろうか。人も羨む（うらや）マンハッタンの駐車場だ。証明は以下の通り――NYC－フィラデルフィア間の往復経路をこの駐車場と組み合わせた結果は、駐車場と組み合わされていない往復経路と同じだ。では、逆元は何だろう。同じ往復を逆の順序でドライブすることである。証明はこうだ。NYCからフィラデルフィア経由でボストンに行ってN

YCに戻ってきて、そのまますぐにNYCからボストン経由でフィラデルフィアに行ってNYCに戻ってくることは——代数学的には——駐車場から一歩も出ていないのと同じである。時間と労力とガソリンの無駄は、数学においてなんの役割も果たさない。以上より、NYCとどこかを往復する経路とマンハッタンの駐車場は、ドライブという操作にかんして群をなす。QED。[11]

さて、いよいよ核心に突入する。ボールやベーグルやプレッツェルに巻き付けられた輪ゴムも、数学上の群と見なすことができる。数学者たちは、輪ゴムによるこの群が、自明な群よりはるかに重要だと気づき、基本群と名付けた。輪ゴムがどう群をなすというのだろうか？　こういうことである。

まずベーグルについて考え、バスケットボールについてはあとで取りあげる。ベーグルがテーブルの上に置かれており、ここでも二本の輪ゴムがティーに取り付けられているとする。ただし、今回は、輪ゴムをベーグルに巻き付ける回数が一回でなくてもいい。青い輪ゴムはベーグルの周りを何周してもいいし、黄色い輪ゴムは穴を何度通ってもいい。さらに、青い輪ゴムをベーグルの周りに巻き付けるのは右回り（時計回り）でも左回り（反時計回り）でもいいし、黄色い輪ゴムを穴に通すのは上からでも下からでもいい。

この場合、巻き付け操作はふたつの数で表せる。ひとつは青い輪ゴムに周囲を何周させるか、もうひとつは黄色い輪ゴムを穴に何回通すかである。符号は巻き付ける向きを示す。

ここでは、プラスは反時計回りまたは上から下で、マイナスは時計回りまたは下から上とする。こうして、整数のペアに適切な符号を付けると、巻き付け操作をすべて表せる。たとえば、(5, −3) というペアは、輪ゴムが周囲を反時計回りに五周し、穴に下から上へ三回通されていることを示している。

なんと、これが群をなしているのだ。元は輪ゴムがベーグルの周囲をまわる回数と穴を通る回数で、操作は足し算だ。本当に群をなしているのかどうかを確かめるため、例の四つの条件を見ていこう。(−2, 2) に (5, −3) を足してみる。青い輪ゴムを時計回りに二回巻いてから反時計回りに五回巻くのは、反時計回りに三回巻くのと同じで、計算結果も −2 + 5 = 3 となる。黄色い輪ゴムを穴に上から下へ二回通してから下から上へ三回通すのは、下から上へ一回通すのと同じで、計算結果も 2 − 3 = −1 だ。これより、(3, −1) というペアが得られるが、これもひとつの巻き付け方である。

二番めは、巻き付け方を足し合わせる順序が重要ではないという条件だ。この条件が満たされることを示すのは、退屈な作業だが難しくないので省略する。単位元は何だろうか。答えは「巻き付けなし」で、(0, 0) と表される。これは、ベーグルの表面に沿ってじりじりとずらすとティー一点に縮められるオレンジ色の輪ゴムに対応する。巻き付けなしをどの巻き付け方に足しても、元の巻き付け方は変わらない。

逆元についてはどうだろう。それを得るには、ある巻き付け方に対して、足すと巻き付けなしになるような巻き付け方を探せばいい。これは簡単だ。巻き付け方（−5, 3）を巻き付け方（5, −3）に足せば（0, 0）、つまり巻き付けなしになる。

こうして、ベーグルに巻き付けられた輪ゴムを表すふたつの整数の組が、足し算にかんして群をなすことを証明できた。これがトーラスの基本群である。では、バスケットボールに戻ろう。この基本群は何だろうか。ボールには一種類、すなわち一点に縮められるオレンジ色の輪ゴムしかない。つまり、バスケットボールが持っている基本群は単位元のみからなり、これは自明な群だ。実はポアンカレが研究の題材にしたあの三次元球面も、自明な基本群を持っている。

輪ゴムを扱うにあたり、われわれは話を一次元のループに限定した。だが、これから見ていくように、複数次元のループもある。では、二次元の場合について見ていこう。(12)

ここまで見てきた一次元ループは、ある「基点」を始点と終点にしている。この基点をわれわれは「ティー」と呼んできた。このループは、両端がティーに届くように曲げ伸ばした線分として思い描くことができる。二次元では、線分のかわりに正方形で考える必要がある。正方形の表面を曲げたりねじったりして、ある種の図形を作るのだが、そのとき、正方形の四辺上のすべての点がティーに集まるようにする。この操作を数学では「写像」という。できあがる物体は、ゆがんだパラシュートのようなものになる。正方形の内部の点は、パラシュートの傘とそこから出ているひもに写像され、正方形の四辺はパラシュートが収まっていた背負い袋に写像される。[13]

正方形を複数の傘に写像することもできる。軍用機から投下される重い器材や地球に戻ってきたときのスペースシャトルに取り付けられる、傘が三つないし四つあるパラシュートのようなものだ。どの傘も本体の一点に取り付けられている。押したり引いたり伸ばしたり縮めたりして、傘のいくつかがぴったり重なるようにしてもかまわない。[14]だが、どんな傘でも重ね合わせることができるわけではない。輪ゴムの場合に、ベーグルの穴を囲むループと穴を通るループとを重ね合わせられなかったように、傘によっては重ね合わせを作れない。高次元空間で高次元の穴の境界に捕まってしまうのだ。つまり、傘にもいくつか種類があると言える。重ね合わせて同じものと見なしうる傘どうしは「同じ類に属する」と言う。

先ほど見たように、輪ゴム――一次元ループ――の集合は基本群と呼ばれるものをなす。パラシュートの傘――二次元ループ――による類も群をなす。これは「二次元ホモトピー群」と呼ばれる（基本群が一次元ホモトピー群として）。ホモトピー群はこれでは終わらない。数学の常として、これがただちに三次元、四次元などと高次元に一般化される。

ここまでの話をまとめると、基本群は、三次元空間に浮かぶ二次元物体のトポロジー的な形――穴の構造――にかんする情報を伝えている。同じように、高次元ホモトピー群は、高次元物体の高次元の穴を記述する。ホモトピー群が異なるふたつの物体は、片方を変形していけばもう片方になる、というわけにはいかない[15]。

輪ゴムの例にかんする詳しい説明で、ときおり大事な点をあえて断らなかった。ベーグルは三次元物体であり、そのことはかぶりつくと簡単に確かめられる。だが、ここまでの説明でベーグルを引き合いに出したとき、ベーグル全体ではなくその表面について話を進めた。表面は、ご存じのように二次元である。したがって、これまで議論してきた輪ゴムは、三次元空間に浮かぶ二次元物体に巻き付けられた一次元ループである。

その次に、話をパラシュートに移し、関連するすべての次元をひとつずつ上げた。あの話の傘は、四次元空間に浮かぶ三次元物体に巻き付けられた二次元ループを表している。ついてこれているだろうか？　たとえだめでも、トポロジーという学問のひとつの魅力が、その独特なわけのわからなさだということを覚えておこう。

基本群の導入によって、ポアンカレはトポロジー上の物体の研究に代数学を明確に組み入れた。すでに見てきたように、コーヒーカップとベーグルは同じ基本群を持つ。そして、8の字形の物体と取っ手がふたつのコーヒーカップや、プレッツェルと取っ手が三つのコーヒーカップについても、同じことが言える。基本群は位相不変量なのである。物体が縮められても、膨らまされても、へこまされても、押し出されても、変わらない。では、逆も成り立つだろうか？　同じ基本群を持つふたつの物体は、トポロジー的に同値だろうか[16]。ポアンカレに確証はなかったが、われわれはその答えをきっぱり「ノー」と言える。ふたつの物体が、同じ基本群を持ちながら、トポロジー的に異なることがありうるのだ。これについては、ポアンカレが亡くなってからわずか七年後の一九一九年に、ジェイムズ・アレクサンダーが反例を見つけている。彼は、同じ基本群を持ちながら、変形を通じて互いに相手と同一のものになることのできない構造体の存在を証明してみせた。それは「レンズ空間」と呼ばれる三次元物体で、四次元空間内でふたつのベーグルをある方法で貼り合わせて作ることができる。このような物体に対して、基本群はラベル付け体系として不十分だった。物体を分類するには、もっと巧妙な不変量を探す必要があったのである。

それでも、基本群はあきらめるにはあまりによくできていた。なんといっても、レンズ空間は非常に特殊な構造だ。そんなもののことは気にしないで、ほかのすべての物体について基本群をラベルとして使えないだろうか？　あるいは、必要な情報が基本群で網羅されるような物体から成る類がないだろうか？　こうした疑問について考えるうち、あの有名な予想につながる問題がポアンカレの心の中に形作られていった。

球面は自明な基本群を持つ。基本群は分類体系として万能ではないかもしれないが、少なくとも自明な基本群を持つ物体ならどれも球面と同じなのではないか？　ポアンカレもそう考えた。[17]だが、何年か前にいい加減なことをやってから、少しは慎重になっていて、今回は自分の予想を定理だとは言わなかった。ポアンカレは第五の補足の最後の段落を「論ずべき問題がひとつ残されている」という控えめな一文で始め、〝多様体の基本群が

自明であり、かつその多様体が球面と同相でないことがありうるだろうか〟というような問いを続けて発している。(18)

これがかの有名な予想である。ご覧のように、予想というほどのものではなく、一見素朴な疑問だった。だが、言い回しからして、ポアンカレは正しい答えが「ノー」だと思っていたようだ。もう少しわかりやすくするため、この疑問を、のちに予想として知られるようになった形で、輪ゴムが取り付けられて巻き付けられた物体を使って言い直してみよう。「どのように掛けられた輪ゴムも一点に縮めることができる三次元物体は、球面に変形できる」。つまり、三次元球面を識別するのに必要な情報は一次元ループだけでいいのではないかとポアンカレは考えたのだ。

だが、今回は危ない橋を渡らなかった。答えがわからない問題を議論しない言い訳として、科学者たちが昔から数え切れないほど何度も使ってきた決まり文句で、この論文を締めくくっている。「だが、この問題はわれわれを果てしなく惑わすだろう」

ポアンカレは答えを示さないまま、一九〇三年一一月三日、パレルモのルッジェイロ・

セッティモ通り三〇番地の《パレルモ数学協会報》編集部宛てにこの論文を送った。論文は数カ月後、一九〇四年になってから掲載された。

この予想を定理としてではなく問題として示したところが絶妙だった。これで、答えを出して証明するのがほかの数学者の仕事になった。この出しっぱなしの問題がそれから一〇〇年ものあいだ数学者の頭を悩ませることになるとは、ポアンカレも思いもよらなかっただろう。次章以降で紹介するように、二〇世紀をとおして、数多くの数学者が膨大な時間をこの予想に費やしている。ポアンカレはこの問題が肯定的に解決されると思っていたようだが、確信はまったくなかった。二次元物体については明らかだ。風船や卵やサイコロやピラミッドに巻き付けられた輪ゴムは一点に縮められるし、どれも球面に変形できる（二次元物体とは、卵の殻や、サイコロやピラミッドの表面を指していることを思い出そう）。だが、だからといってこの予想がほかの次元でも成り立つとは言えない。この件にかんする論文があまりに多く、米国数学会はポアンカレ予想に専用の分類番号を用意した。[19]最初のうちは反例を見つける試みがいくつか出された。だが、どれも不完全だと証明され、やがてだれもがポアンカレと同じようにこの予想は正しいと信じるようになり、あとは証明するだけになった。

そして一〇〇年間、世界中の数学者が取り組み……

8章　袋小路と謎の病気

ポアンカレ予想に初めて真剣に挑んだ人物は、イギリスのジョン・H・C・ホワイトヘッドである。ただし彼の名前は通常、ミドルネームのヘンリーで通っていた。ヘンリー・ホワイトヘッドの父親は英国国教会の聖職者だったが、母親のイザベル・ダンカンは、当時では数少ないオックスフォード大学の数学者の一人だった。この家系には数学者の血が流れていたようで、バートランド・ラッセルとともに『プリンキピア・マテマティカ（数学原理）』を著した高名な哲学者のアルフレッド・ノース・ホワイトヘッドは、ヘンリーの父方のおじにあたる。

ホワイトヘッドの人生はじつに平凡なものであった。伝記作家が記録したくなるようなことはほとんどなく、のちに同僚が書いた追悼文でもそう述べられていたぐらいだった。ヘンリーは、父親が国教会の主教として赴任したインドのマドラス（現チェンナイ）で生まれた。英国人の子どもを育てる場所としてインドは理想的でないと思ったのか、両親は息子を一歳半のときに英国に送り返した。以後、ヘンリーはオックスフォードに住む母方の祖母に育てられた。後年、祖母の馬車に乗って走りまわったことを本人が懐かしく回想しているように、この大学町に対するホワイトヘッドの終生の愛着はこのころに育(はぐく)まれた。一五年後に父親が引退するまで、ヘンリー少年はときどきしか両親と会うことがなかった。

ヘンリーは、イギリスの学校制度に望みうる最高の教育を受けた。小学校時代の教師によれば、彼の知的水準は平均以上だったそうだが、それでも神童というわけではなかった。勉強にかんしてはいささか不注意なところがあり、数学もとりたてて得意ではなかったが、英国の最も権威ある男子校、イートン校の入学試験になんとか合格した。イートン卒業後は、オックスフォード大学のベーリオル・カレッジに入った。快活で、いつも上機嫌なことで知られる彼は、まさに英国人が言うところの「とてもいいやつ(ジョリー・グッド・フェロー)」と見られていた。いちばん得意だったのはボクシングとクリケットとビリヤードだったが、学問でもかなり優秀で、学士号をとるための第一次試験と最終試験で最優等賞をとった。とはいえ、決して傑出した学生ではなかったから、卒業後はやはり職探しをしなければならず、結局シティに引っ越して株式仲買人となった。

金融市場は、ホワイトヘッドが生涯の仕事に望む環境を与えてはくれなかった。ロンドンの銀行や仲買店の世界でずっと生きていきたくはなかったから、ホワイトヘッドは一年ほどシティで過ごしたのち、さっさとオックスフォードに戻って数学の研究を続けることにした。幸い、ちょうどそのころ世界有数の数学者であるプリンストン大学のオズワルド・ヴェブレンが、長期休暇(サバティカル)でオックスフォードを訪れていた。二人はその後、共同で微分幾何学の重要な研究を世に出すことになる。ヴェブレンのオックスフォードでの滞在期限が来ると、ホワイトヘッドは——ちょうどコモンウェルス奨学金を受けたところだったので——ヴェブレンについてプリンストンに行った。それからの三年間で、彼の数学への関心はしっかりと固まり、数学の才能があることも明らかとなった。のちに彼がヴェブレンとともに著した『微分幾何学の基礎』［邦訳は矢野健太郎訳、岩波書店］は、その分野の古典となった。しかしホワイトヘッドの関心は、やがてトポロジーに移っていった。

オックスフォードに戻ったホワイトヘッドは、農業と畜産に関心をもつコンサート・ピアニストのバーバラ・シーラ・カルー・スミスと出会って恋に落ちた。二人は一九三四年に結婚し、二人の息子をもうけた。第二次世界大戦時、ホワイトヘッドは伝説のブレッチリーパーク［訳注：政府暗号学校の所在地］にいた。現代計算機理論の父の一人といわれるアラン・チューリングの監督のもと、ホワイトヘッドは四年かけてドイツ軍の暗号の解読に挑んだ。過去最悪のロンドン空爆が行なわれた夜も、避難した友人宅のワイン貯蔵室でずっと数学の問題に取り組んでいた。その晩、ボトルは一本も開けられなかったのだからたいしたものである。そして一九四七年、ホワイトヘッドはオックスフォード大学モードリン・カレッジのウェインフリート記念講座数学教授に任命された。

一九五三年に母親が亡くなって、その遺産から何頭かの畜牛をもらったホワイトヘッドは、オックスフォードの北方八キロメートルほどのノークという村に農園つきの邸宅を建て、妻とともに移り住んだ[1]。夫妻は友人や学生をうちとけた雰囲気の中でもてなすのが好きだった。だれからも好かれるホワイトヘッドは、みんなからファーストネームで（実際にはミドルネームだが）ヘンリーと呼ばれた。興が乗ると――ときには場の空気にふさわしくなくても――いきなり歌いだす癖があり、おかげでパーティーへの誘いは絶えなかったが、やや堅苦しい席では招待主をいささか焦らせることにもなった。ホワイトヘッドは長期休暇（サバティカル）でプリンストンを訪れていたときに、急な心臓発作に襲われ亡（な）くなった。朝八時、学部主催の徹夜のポーカーゲームから帰ってくる途中のできごとだった。

大西洋の東側でも西側でも、ホワイトヘッドは非常に深い思考力のある数学者だという評判を得た。一九五〇年代後半には《トポロジー》という学術誌を創刊してもいる（最近、ここの編集委員会は購読料が値上がりしすぎた責任をとって一斉辞任した[2]）。だが一方、遊びながらできるような知的訓練もないがしろにはせず、一時期はカードを使ったパズルや回文に凝った。「step on no pets（ペットを踏むな）」――これは彼のつくった回文の一つである。だれに聞いても、彼は刺激的な教師であり、とても楽しい話相手だった。文章にかんしてはそれほど名手ではなかったが、それは著述に割（さ）ける時間がほとんどなかったことと、本人がエレガントさをさほど重視していなかったことが理由だろう。「彼の本を読むのは一種の試練だった」と友人の一人も認めている。そして講演者としては、さらにひどかった。彼の講演での話しぶりにまつわるジョークはいくつもあった。たとえば彼の名前の頭文字、J・H・Cは、「主よ、彼の言うことは、わけがわかりません（Jesus, he's confusing）」の略だと茶化された。しかし、その愉快な性格には、同僚も学生も、だれもが魅せられた。「オックスフォード大学の数学研究所が……どこの大学の学部や研究室と比べても最高に楽しい場所となっているのは、彼の陽気さと健全な精神によるところが大きい」――ロンドンの《タイムズ》は死亡記事にそう記した。

ポアンカレが死んだとき、ホワイトヘッドは八歳だった。そして、まだそれほど有名でもなかったポアンカレ予想に彼の関心が向かったのは三〇歳ごろのことだった。当時、ポアンカレ予想は多くの未解決問題の一つにすぎず、その証明の恐ろしいほどの難しさをだれも理解していなかった。したがって、ホワイトヘッドはこの問題の証明を見つけるにあたり、ごく標準的な手段、つまり代数的トポロジーをなんの迷いもなく使うことにした。

床に風船玉が一つ置かれていると想像してみよう。その風船玉の頂点に、空気を漏らさないようにして針を突き刺す。風船上の各点を平面に射影していけば、穴の空いた風船が二次元平面へ写像されたことになる。取り去られた点、すなわち頂点が無限大に相当する。穴の空いた風船が縮められる、つまり、風船上のどのループもなめらかに一点に収縮するということは、すでにわかっていた。前に述べたとおり、まさしくこれがポアンカレ予想の中で言われていた、「その上のループがすべて一点に縮められるような」物体である。ある物体から一点を取り去って残りを写すというやり方は、三次元にも応用できる。したがって穴の空いた三次元球面は、私たちの住む三次元世界上に展開することができる。

ホワイトヘッドの考え方はこうだ。まず、三次元閉空間——四次元空間に浮かぶ四次元物体の表面——を想定する。証明したいのは、そこに自明な基本群があれば、それは三次元球面であるということだ。そこで、これに穴を開け、その新しい開空間もやはり三次元のもので、しかも可縮（かしゅく）、すなわち収縮可能であることを示す。そのあと、可縮な三次元開空間とは私たちの住むユークリッド三次元空間にほかならないことを証明する。そして最後に、無限遠点を付け加えて球体を閉じれば、お望みの三次元空間が得られる。QED。

残念ながら、証明はなされなかった。手短に言えば、彼の推論はまちがっていたのである。しかし、ここではその経緯を順を追って見ていくことにしよう。ホワイトヘッドは自分の証明をまとめて、一九三四年八月一日に論文をオックスフォード大学出版局の発行する《季刊数学（クォータリー・ジャーナル・オブ・マセマティクス）》に提出した。おそらくホワイトヘッドの名がオックスフォードの数学者たちのあいだに轟きわたっていたためと思われるが、「三次元多様体にかんするいくつかの定理（I）」という平凡な題がついたその論文は大急ぎで掲載準備され、同年のうちに発表された。しかし、ホワイトヘッドは長くその栄光に浴してはいられなかった。数カ月のうちに、自分が犯した誤りに気づいたのである。すでに発表されてしまった誤りに気づいたときの、胸にずっしりとこたえる虚脱感は、だれにとっても望むところではない。だから、もっともらしいことを言うのはやめよう。誤った試みはいずれも結果的に人類の知識を増やすことになるとか、過ちがあってこそ進歩があるとか、そんな効果は気休めにもならない。そしてもちろん、ホワイトヘッドが最初の論文で予告していた、「三次元多様体にかんするいくつかの定理(II)」についても触れるまい。

一九三五年二月八日、ホワイトヘッドは自説の取り消しを申請し、その撤回文は次号の《季刊数学(クオータリー)》に掲載された。「三次元多様体(訂正されるべき誤り)」という弱腰な題のつけられた、わずか一九行の文章だった。訂正はこう説明されている――「私の先般の論文にある定理1は、ほかの定理の論拠にもなっているものだが、これは誤りである」。この一文が書かれたときの苦しみは察するに余りある。《季刊数学(クオータリー)》編集部の作業が少しでも遅れていれば、おそらくホワイトヘッドはこんな恥ずかしい思いをしなくてすんだことだろう。ホワイトヘッドの誤った証明のわずか三週間後に提出された別の論文などは、日の目を見るのに翌年まで待たなければならなかったのである。ホワイトヘッドの研究があれほど大急ぎで印刷されなければ、と思わずにはいられない。

しかし訂正文の最初の一行のあと、ホワイトヘッドは、彼がやはり一流の学者であるこ

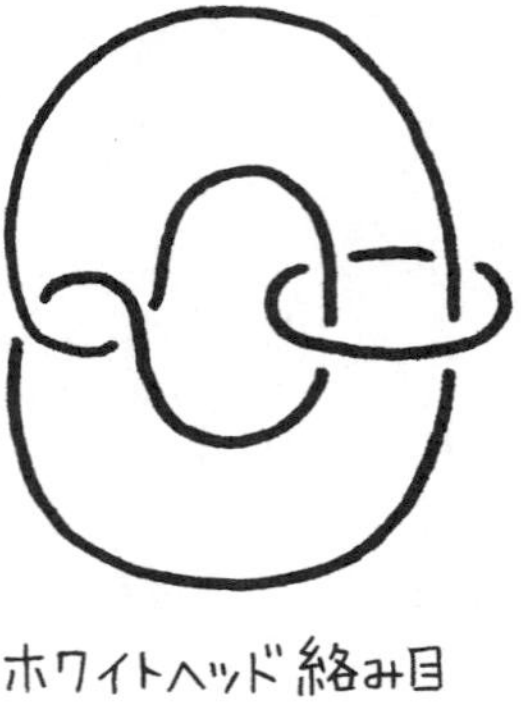

とを示してみせた。以後の一八行で、自分の最初の主張に対する反例を構築しているのである。それは非常に複雑で込み入っていて、すぐに思いつかなかったとしてもしかたがないと思えるようなものであった。この反例では、二つのベーグルが登場する。そのうちの片方がちょうど鎖の輪のように、もう片方のベーグルの内側を通った絡み目をつくっている。しかしながら、ここでできあがったホワイトヘッド絡み目と呼ばれる形状は前提であって、本題はここから始まる。次に彼は、一連のホワイトヘッド絡み目がお互いの内側にきっちりとおさまっているところを想定した。それぞれの鎖のような絡み目の内側で鎖のような絡み目をつくっている形状が、入れ子で無限に続いていく。こうしてつくりだされる開いた三次元物体、のちに言うところのホワイトヘッド多様体は、たしかに可縮である。ループは（およびパラシュートも）物体全体を通過して、絡み目がどこまで無限に続いていようと関係なく、最終的に一点に収縮するのである。ただし、この開空間は私たちの通常の三次元ユークリッド空間と同相ではなく、引っぱっても、押しつぶしても、ねじっても、無限遠点を付け加えて球面になることはない。したがって……ポアンカレ予想の証明

にはならない。以上。

それなら、ホワイトヘッド多様体はひょっとしてポアンカレ予想の反例ではないのか？残念ながら、そうなるにも不十分な点がある。ポアンカレ予想の反例は、たとえループが点に収縮しても球面にはならないような、閉じた三次元空間でなければならない。しかしながらホワイトヘッド多様体はある一点が失われているため、開いており、閉じていないのである。それなら無限遠点を付加してホワイトヘッド多様体を閉空間にすればいいではないか、と考える人もいるかもしれない。だが、それはできない。絡み目が無限に続いていくにつれ、多様体はいっそうねじれていってしまって、永遠に一点に結び合わさることがないからだ。したがって……ポアンカレ予想の反例にもならない。

ホワイトヘッド多様体

球面に変形しえない可縮な三次元物体の最初の例であったホワイトヘッド多様体の発見により、代数的トポロジーは刺激的な発展をたどった。こうした物体はそれまで一度も想像されていなかった。だが、いったん扉が開かれてからは、続々と新たなものが発見された。実際、そのような物体は無数に存在することがのちに証明されている。したがってホ

C. パパキリアコプロス

ワイトヘッドの誤った試みは、やはり人類の知識を増やすことにつながったのである。ただ、ポアンカレ予想を証明することにはならなかった。

＊

そして四半世紀後、今度は比較的無名のギリシャ人、クリストス・パパキリアコプロスが、新たにポアンカレ予想に挑んだ。この八音節もある名前をもった数学者は――通常は略してパパと呼ばれるが――アテネの裕福な家庭の二人兄弟の一人として一九一四年に生まれた。父親は織物商であった。一八歳のとき、パパは権威ある国立メッツォヴォ工科大学（現アテネ国立工科大学）に入学し、そこで指導を受けた教授の強い勧めによって、数学を志（こころざ）すようになった。彼が選んだ専攻科目は代数的トポロジーだった。しかしながらギリシャには彼を指導できる教師がおらず、パパは独力で教科書を勉強しなくてはならなかった。

一九三五年を皮切りに、パパは一連の政治の波に飲み込まれた。ギリシャ国王ゲオルギオス二世は一二年前に亡命しており、ギリシャは亡命中の国王を復位させるかどうかを国民投票で決することになった。パパは公然と復位への反対票を投じたが、国民の過半数は逆の選択をし、国王はアテネに帰還した。

一九四一年四月にナチスがギリシャを占領したとき、パパは博士号論文の作成にかかりきりになっていた。論文は一九四三年に完成した。テーマはいわゆる「基本予想（ハオプトフェアムートゥング）」、すなわち一九〇八年に公式化され、当時はトポロジーの中心的な問題と見なされていたものだった。この予想は、大雑把（おおざっぱ）に言えば、多面体を三角形分割するやり方はどの二つを取っても等しい、というものだ。なぜなら多様体をどう三角形分割してもどこまでも分割可能なので、最終的にはどの二つを取っても同じ結果になるからである。パパはこの一見単純な、しかし証明の難しい定理が、一次元および二次元の多面体において真実であることを証明した。のちに、この基本予想はエドウィン・モイーズによって——彼については追って詳述するが——三次元においても正しいと証明されることになる。ただし、それより高い次元の一般的な空間においては、基本予想は誤りとなる。したがって読者には、有名な予想がすべて実際に正しいとは限らないことを心しておいてもらいたい。ともあれ、パパはこの論文により、当時ミュンヘンで研究生活を送っていた現代ギリシャの最も有名な数学者、コンスタンティン・カラテオドリの関心を引いた(3)。この博士論文の判定をできる人間がギリシャには一人もいなかったから、パパはカラテオドリの推薦によって博士号を授与された。

ナチスのギリシャ侵攻と同時にゲオルギオス二世はエジプトに亡命し、国王とともに軍隊の大部分も国外に逃れていた。パパの兄は、亡命政府に忠誠を誓うリミニ旅団に入隊し、イタリア北部で連合軍と交戦中に戦死した。対照的に、パパキリアコプロスは共産党の民族解放戦線に参加した。一九四四年にギリシャで内戦が勃発すると、共産党ゲリラとともに田舎に移り、アテネから三〇〇キロほど離れたカルディツァの町で、小学校の教師をしながら時を過ごした。

戦闘が中断したあいだに、パパはアテネの工科大学に戻った。もともとマックス・デーンがやり残していた三次元多様体のループにかんする定理を研究していた彼は、そのまま研究を続けて一人前の数学者になるつもりだった。しかし、大学の空気は共産党シンパに優しくはなかった。彼が無給で助手を務めていた教授も解雇されてしまって、新しい活動の場をよそに見つけなければならなくなった。

パパがやっていた三次元多様体についての研究が、ここで新しい生活への入場券として役立った。デーンが解決できなかった証明の穴を埋められたと感じると、パパはさっそくその論文をプリンストン大学の著名な数学者、ラルフ・フォックスに送った。フォックスは、その証明も完全ではないことにすぐ気づいたが、遠いギリシャで重要きわまりない研究をたった一人で完成させたこの青年に深く感銘を受け、プリンストンに招くことにした。パパは一も二もなく応じた。そして一九四八年にプリンストンに到着すると、ホテルに移って、ずっとそこから離れなかった。実際、彼は終生その部屋で過ごし、ギリシャに帰ったのはたった一度、一九五二年に父親の葬儀に出たときだけだった。

当初、パパはプリンストン高等研究所に在籍したが、のちに近くのプリンストン大学に移った。教職の申し出があっても、指導義務や管理上の雑用に煩わされるのをいやがって受けなかった。彼と近づきになるのは容易ではなかった。非常に無口で、自分の考えが十分に熟したと思えるまでだれにも話そうとしない。彼が情熱を向ける唯一の先は研究であり、それをひたすら追求した。アルフレッド・P・スローン財団の特別研究員となっていたので、いくらかの俸給は入ってきたし、ギリシャの実家からも多少の仕送りがあった。幸い、彼はぜいたくをするたちではなかったので、そもそもたいして金は要らなかった。一度も結婚しなかったから、家庭をもつこともなく、仕事以外でだれかとつきあうことも皆無だった。教職に就かなかったから教え子もいなかった。彼の生活における唯一のぜいたくといえば、週に一回、映画を見に行くこと、そしてプリンストン大学の数学科が入っている有名なファインホール棟に快適な研究室を構えていることぐらいだった。一日の行動はきっちりと決まっていて、午前八時に学生食堂で朝食をとり、八時半に自分の研究室で仕事を開始し、一一時半まで研究してから、たいてい一人で昼食をとり、一二時半から仕事を再開して、午後三時に数学科の談話室でお茶を飲んだ。それから《ニューヨークタイムズ》を読み、四時からはセミナー、そのあとはまた夜まで自分の研究室で仕事をした。

アメリカに来てからの一〇年間で、パパは三つの重要な未解決問題に証明を与えた。ループ定理、デーンの補題、および球面定理である。これらはいずれも、ループ、円板、球面が、三次元多様体にどのように埋め込まれるかという問題だった。[4] このテーマで書いた論文が非常に高い評価を受けて、パパは一九五八年にアムステルダムで開かれた国際数学者会議に招かれ、「三次元多様体にかんするいくつかの問題」と題した講演を行なった。四年に一度だけ開催されるこの会議の主催者に、全世界から集まった数学者に向けての講演を頼まれるということは、数学を職業とする者にとって最高の栄誉の一つとされている。さらに六年後、パパは米国数学会から授与されるヴェブレン幾何学賞の第一回の受賞者二名のうちの一人ともなった。これもまた、五年に一回しか贈られない貴重な賞である。

パパは教職にこそ就いていなかったが、若い同僚への支援は惜しまなかった。当時、ニューヨークのクーラント研究所で博士号を取得したばかりだったジョーン・バーマンは、すでに数学界では名の知れた人物になっていたパパに出会ったときのことを、こう語っている。プリンストンでのとあるセミナーで、彼女はパパに近づき、三次元多様体の研究をしたいと思っていると話した。ただ、そのテーマについてはほとんど知識がないので、どういうものを読んだらいいか教えてほしいと頼んだ。パパは考えておくと答えた。そして一週間後、次のセミナーで会ったとき、パパは彼女のために作った一二ページに及ぶ手書きのリストを用意してきていた。のちに結び目理論とトポロジーの分野で世界的に有名な研究者となり、現在はコロンビア大学の名誉教授であるバーマンは、そのとき自分がどんなに驚き、感動したかを、いまでも忘れていないという。あれだけの名声を得ていた研究者がいやな顔ひとつせず、気のきいた質問をすることもできない物知らずの新米博士のために、わざわざ文献を探してくれたのである。

一九七五年七月にギリシャの軍事政権が倒れたとき、パパは一時帰国を考え、パスポートの更新まで行なった。だが、帰国は実現しなかった。一九七六年の夏、彼は胃がんにより六二歳で亡くなった（トポロジストは長生きできないものなのか？　ポアンカレは五八歳、ホワイトヘッドは五六歳、そしてパパは六二歳で亡くなっている）。アテネ国立工科大学はパパを記念して、毎年一回、数学界の優れた新人に贈る賞を創設した。

ずっと一人でいたことの現れだろうか、パパは生涯、だれとも共同で論文を書くことがなかった。彼は全部で一五本の論文を発表した。これは現代の数学者としては決して多い数ではないが、その研究内容は――ヴェブレン賞を受賞したことからもわかるように――最高水準にあった。パパの生涯と個性に感銘を受けたギリシャの作家、アポストロス・ドキアディスは、パパを部分的にモデルにして、ベストセラー小説『ペトロス伯父と「ゴールドバッハの予想」』［邦訳は酒井武志訳、早川書房］の主人公を造形した。ドキアディスはプリンストンの研究室にパパを訪ねたことがあり、彼を温厚な紳士だったと評している。内向的で、人前に出るのを好まず、超俗的なところがあったが、優しくて穏やかで、昔風の貴族的な雰囲気を感じさせたという。

彼の底の知れない性格を考えればそう驚くことでもないのだが、パパは晩年の一五年間をたった一つの目的に費やした。ポアンカレ予想を証明することである。彼は夢中になってこの証明に取り組んだ。一九六〇年代の初め以来、ポアンカレ予想は最後まで彼の心を放さなかった。

計画は周到だった。第一段階として、パパはポアンカレ予想をもっと扱いやすいものに還元することを考えた。彼はこの戦略を一九六二年の春、《米国数学会会報（ブレティン・オブ・ジ・アメリカン・マセマティカル・ソサエティ）》への寄稿文のなかで宣言している。それはわずか七ページからなる、短すぎるほどの簡潔な論文だった。それによれば、ポアンカレのトポロジー予想は異なる二つの予想の組み合わせに還元できる。一つはトポロジーに属する予想で、もう一つは群論に属する予想である。この二つの予想を証明すれば、すなわちポアンカレ予想が証明されたことになる。パパはその論文のなかでは詳細にほとんど触れず、証明もいっさいせず、別の学術誌に載せる次の論文で明らかにすると予告していた。

だが、そこであることが起こった。ニューヨーク大学の数学科が置かれているクーラント数理科学研究所で、バーナード・マスキットという若い数学者がパパの案を仔細に検討したのである。当時マスキットは二七歳で、博士論文を書いているところだった。彼の論文指導教授は、ソ連（現在のラトヴィア）から亡命してきたリップマン・バースだった。バースはマスキットに前世紀の論文を研究させ、その主要な結果を現代トポロジーの技法を用いて証明するように求めた。聡明な大学院生はみごとに成功し、バースはそれを自分の義理の息子にあたるニューヨーク大学のレオン・エーレンプライスに話した。それが今度はエーレンプライスからプリンストンの何人かの知り合いに伝わり、やがてパパの耳にとまった。マスキットの研究が自分の研究にも関わっていることに気づいたパパは、やはりエーレンプライスを介して、このクーラント研究所の見知らぬ若者に自分の予想を送った。マスキットはパパの論文を読みはじめた。そしてすぐに、どこかがまちがっていると感じた。実際、その疑念はしばらくして正しいとわかった。マスキットは苦心のすえ、パパのトポロジー予想の反例を構築した。つまり、二つの新しい予想を証明することによってポアンカレ予想を解決しようという試みは、最初から無理であったわけだ。結局、パパは当初の計画に乗り出せなかった。その欠陥がすでに明らかとなってしまったのである。

当初、状況はホワイトヘッドの場合よりもさらにみじめなように思われた。少なくともホワイトヘッドの場合、本人が誤った証明の欠陥を自分で見つけていたのである。だが、パパはここであきらめるつもりはなかった。マスキットの反例のことを知ると、パパはふたたび研究にとりかかり、自分の誤った論を修正しようと試みた。そしてマスキットに突きつけられたハードルを、それにあわせて修正した一連の予想によって乗り越えた。だが、またもやマスキットはその反例を構築した。パパはさらに予想を修正したが、それもマスキットがずたずたにした。マスキットは全部で三つの反例を構築し、パパはそのたびに自分の予想を修正して、問題を克服しようとした。

そしてついに、果敢な試みが成功した。パパはポアンカレ予想を本当に還元できる新しい予想の組み合わせを考えついたのである。今回は、マスキットからも、ほかのだれからも、パパの論に穴は指摘されなかった。マスキットの異議と、パパの新しい予想の組み合わせは、一九六三年の《米国数学会会報（ブレティン）》に並んで掲載された。そして予告どおり、パパは詳細と証明を記述した五六ページからなる論文を同年の《数学年報（アナルズ・オブ・マセマティクス）》で発表した。

だが、これらの論文が提出された日付を追ってみると、いくつか不可解なことがある。パパの最初の予告が——予想の誤った公式化とともに——《米国数学会会報》に伝えられたのは一九六二年三月四日だった。しかし、その二ヵ月半前の一九六一年一二月二二日、彼はすでに完成した論文を——予想を訂正したうえで——《数学年報》に提出しているのである。一九六一年一二月の段階ですでに誤りに気づいていたのなら、なぜ彼は《会報》に出した一九六二年三月の予告を修正しなかったのか？　それとも一九六一年一二月二二日は最初の論文が提出された日付で、そのあとに最終的な完成版が受理されたのか？　論文が《年報》に提出されたときから実際に出版されたときまでの一五ヵ月のずれが、この謎の原因だとも考えられる。今日の学術誌はこのような混乱を避けるため、たいてい関連する日付を——最初の提出日から改訂日、最終受理日まで——すべて記載するようにしている。(5)

ともあれ、これでパパは最初の目的を達したことになった。ポアンカレ予想は別の、そして期待どおりならばより単純な、群論に属する複数の予想に還元されたのである。次はいよいよ第二段階だ。この置き換えた予想を証明してやろう。だがここで、パパの努力は思いどおりに進まなくなった。どうにかして前進しようとするものの、成果のないままに一二年間が過ぎ去った。運悪く、彼の秘密主義めいたところも裏目に出た。彼が何を研究しているかはだれもが知っていたが、彼は自分の考えをちっとも人に話さないため、だれも建設的な意見を言ってやれなかったのだ。したがって、自分のまちがいに気づき、それを克服して先に進むこともできず、いつまでも見果てぬ夢を追って長い年月を無駄にした。

パパは勇敢に努力したが、結局は成功しなかった。《会報》に載せた二つの短い論文と、《年報》に載せた一つの長い論文だけが、このテーマにかんしてパパが発表した唯一のものとなった。いたずらにポアンカレ予想に専念したために、ほかの研究も生み出せなかった。一九六三年から亡くなるまでの一二年間に、彼が発表した文書は一つだけで、それも自分のかつての恩師、ラルフ・フォックスをしのんでの追悼文にすぎなかった。

だが、彼は最後まで希望を捨てていなかった。三次元多様体についての本を執筆する計画まで立てており、一六〇ページの原稿が死後に発見されている。そのなかには「補題14」と題された白紙のページがあって、ポアンカレ予想の証明の決定的な部分が記される予定であったと思われる。どうすればいいかが見つかりしだい、彼はそのページを埋めるつもりだったのだ。しかし、果たされることはなかった。

パパのなしえなかった前進を初めて果たしたかと思われた人物は、エルヴィラ・ストラッサー＝ラパポートだった。彼女の夫はハンガリー生まれの著名な精神分析学者、デイヴィッド・ラパポート［訳注：ハンガリー語本来の表記ではラパポルト・デジェー］で、彼もまた人間心理に専攻を変える前は数学と物理学を学んでいた。二人はイスラエルのキブツにいるときに出会った。ストラッサー＝ラパポートが数学者になったのはかなり遅く、デイヴィッドとのあいだに生まれた二人の娘を育てたのち、ニューヨーク大学で博士課程をとり、マックス・デーンの教え子だったヴィルヘルム・マグヌス(6)に指導を受けて、四三歳でやっと博士号を取得した。一九六四年、ブルックリンの工科大学にいたときに、ストラッサー＝ラパポートはパパの悲願をなしとげた。パパの予想の一つを証明したのである。《数学年報(アナルズ)》に掲載された論文「パパキリアコプロスの一予想の証明」のなかで、彼女はマグヌスから学んだ技法を用いてパパの二つの予想の一番めを証明した。一つは解決した、さて次だ、と彼女は思っていたかもしれない……が、この取り組みもそこで失速した。

パパの計画(プログラム)にふたたび挑む人物が現れたのは、一九七〇年代の初めだった。パパがジョーン・バーマンに参考資料リストを渡してから約五年後、その行為が多少なりとも実を結んだのである。ただし、パパが夢見ていたのとは若干違う方向ではあったが。ストラッサー＝ラパポートより一二年遅れてマグヌスのもとで博士号を取得したバーマンは、そのときニュージャージー州のスティーヴンス工科大学にいた。彼女はポアンカレ予想を、パパが考えたのとは異なる代数の問題に還元する方法を発見した。論文の最後の節で、彼女は残っている四つの問題の「解がポアンカレ予想の解決につながるかもしれない」と書いた。だが、それに挑戦しようとする者は現れなかったようだ。

いまではパパのやり方には無理があるとわかっている。一九七九年、インドの数学者アナンダスワルプ・ガッデ（またはガッデ・A・スワルプ、スワルプ・ガッデ）が《米国数学会会報》で、ある予想を提案し、それがパパの予想の含意するところであると証明した。パパの予想をP、スワルプの予想をSと呼ぶとしよう。スワルプはPならばSが成り立つということを証明したのだ。ただし、ここで気をつけなければならないことがある。Sを証明したからといって、Pを証明したことにはならないということだ。一方、Sが誤りであることを証明すれば、すなわちPが誤りであることを証明したことにもなる。この論理を数学では「対偶」という。具体的に説明すると、たとえばたくさんの荷物を鞄に収納する（P）のであれば、大きなスーツケースを用意する（S）必要がある。だからといって、ある旅行者が大きなスーツケースをもっていたとしても、そこに実際にたくさんの荷物が収納（パッキング）されているとは限らない。しかし、そのスーツケースが大きくなければ、たくさんの荷物が収納（パッキング）されていることはありえない。つまり「Ｓではない」ことが「Ｐではない」ことを証明している。

　さて、ある提案が誤りである（Ｓではない）ことを証明するには、反例を見つければ事足りる。まさしくそれを行なったのが、トロント大学のジェイムズ・マックールだった。彼の論文「パパキリアコプロスとスワルプの予想に対する反例」は、一九八一年に《米国数学会紀要（プロシーディングス・オブ・アメリカン・マセマティカル・ソサエティ）》において発表された。こうしてパパの予想はまちがいなく誤りである（Ｐではない）ことが確定した。マックールはたった一ページあまりで、パパの提案が最終的にポアンカレ予想の証明につながるのでは、という残されていた望みをすべて断ち切ったのである。

　だが、ちょっと待って。ストラッサー＝ラパポートが一七年前にこの予想を証明していたのではなかったか？　それならエルヴィラとジムのどちらが正しいのか？　そうお悩みの読者には、パパが提案した予想が一つではなく、二つ（Ｐ１とＰ２）だったことを思い出していただこう。その二つがあわさってポアンカレ予想を含意していたのだ。スワルプの論文は、この二つの予想の組み合わせが彼の予想Ｓを含意することを証明した。そしてジムがＳに対する反例を出した時点で、Ｐ１とＰ２の組み合わせが正しくはないことが明らかとなった。Ｐ１が誤っているか、Ｐ２が誤っているか、あるいはその両方が誤っているのである。エルヴィラがP1の正しさを証明したのだから、誤っているのは当然P2である。

要するに、パパの努力は残念ながら無駄骨だった。実際、当時の多くの数学者のあいだでは、そもそもあの論文が《数学年報（アナルズ）》のような権威ある学術誌に掲載されたのがおかしいという空気が濃厚だった。いくら部分的に有益なところがあったとはいえ、短い論文として別のところに発表されていたならよかったが、《年報（アナルズ）》が掲げる水準には明らかに達していなかったと見られていたのだ。あの論文の掲載が決まったときには、《年報》の何人かの編集者が抗議の意味を込めて辞任したという話もあるくらいだ。

＊

パパがギリシャのアテネに生まれたのと同じ年に、地球の反対側のテキサス州オークウッドでも、ある男の子が産声（うぶごえ）をあげた。彼の名はRH・ビングといった。いや、これは誤植ではない。頭文字のあいだに点を入れそこねたわけではないのだ。このRとHは彼の名前の頭文字ではない。これがファーストネームなのである。発音をできるだけ近い文字にすれば「アーエイチ」となる。話をさかのぼれば、かつてオークランドの教育長を勤め、後年は農場を経営していたビングの父親が、ルパート・ヘンリーという名前だった。よくあるように、彼は息子をルパート・ヘンリー・ジュニアと名づけたがった。しかし彼の妻

RH ビング

は、その名前の響きがテキサスの少年には英国的すぎると思った。そこで二人はRHで妥協したわけである。いくぶん年のいった読者なら覚えているかもしれないが、《ダラス》というテレビドラマでもJRという名前の永遠の悪党がいた。テキサスでは頭文字の二つ重ねがファーストネームとしてふつうに通用してしまうのだろうか。もちろん、この変わった名前のおかげで混乱はあとを絶たず、それにまつわる無数の逸話が生まれた。たとえばビングがウィスコンシン大学の教授に就任したとき、大学側から名札に何と記載すればよいかと聞かれて、真っ正直なビングは、自分の名前をそのとおりに伝えた。「Rのみ（オンリー）、Hのみ（オンリー）、そしてビングです」。そして新しい研究室に着いたとき、その入口のわきには、こんな名札がかかっていた——「Ronly Honly Bing」。

ビングの父親は彼が五歳のときに亡くなり、母親は幼いRHとその妹を女手一つで育てなければならなかった。学校教師をして家計を支えたが、得られる収入はごくわずかだったから、一家はつつましい生活を送った。母親はRHが小学校に入るずっと前から、彼に読みと算術を教えた。RHは飛び級で同い年（おなどし）の仲間より一年早く高校を卒業し、南西テキサス州立教育大学（のちのテキサス州立大学サンマルコス校）に入学して、生活のためにカフェテリアで働きながら勉強した。後年、彼は同大学の二人めの名誉卒業生に選ばれた。ちなみに一人めは、元合衆国大統領のリンドン・B・ジョンソンである。

学士号を取得したのち、ビングは高校の数学教師になった。テキサス州のパレスタイン高校で数学を教えるかたわら、フットボール部の監督、陸上部のコーチ、生徒へのタイピング指導も務めた。収入が少しでも増えるようになればと、ビングは修士号の取得をめざしてテキサス大学オースティン校で勉強を始めた。ここで彼は、かの有名なロバート・L・ムーアに出会った。一流の教師として知られていたトポロジストで、その長いキャリアのあいだに――彼はじつに八六歳まで教壇に立っており、引退したのも大学の評議会に辞めさせられたからにすぎなかった――五〇名もの博士号取得者を指導した人物である。当時ビングは二十代の半ばで、当然ながら、まわりの大学院生より何歳か年上だった。かといって、それでムーアが彼に目をかけるようなことはなかった。ムーアは年を食った学生が好きではなく、ことに何年も高校教師をしてきたような学生は嫌いだった。だが、ビングのクラスメイトたちの存在が幸いした。ムーアは黒人学生も好きでなかったし、ユダヤ人学生も女子学生も、北部のヤンキーも嫌いだったのだ。ある黒人学生の話によれば、ムーアのクラスに入ることを希望したこの学生は、ムーアにこう言われたという――「かまわんよ。ただし成績評価はCからで、そのあとも下がるだけだから」。講義中に学生が気を散らしでもすれば、ムーアは教室に六連発拳銃を持ち込み、それを教卓の上に置いて講義を続けたという話だが、実際に一回はそういうことがあったらしい。しかし、ビングは元高校教師という不利な背景があったにもかかわらず、この教授に気に入られるようになった。彼に数学の才能があることは明らかだったからで、ムーアも最後にはビングを博士課程の学生として受け入れた。それればかりか、ビングのためにテキサス大学での教職まで世話してやったほどである。ビングが将来の妻となるメアリー・ブランチ・ホッブスに出会ったのも、このムーアのクラスでのことだった。

ムーアも高く評価したビングの博士論文――平面網という抽象的なトポロジー的物体にかんするもの――は、《米国数学会報告(トランザクションズ・オブ・アメリカン・マセマティカル・ソサエティ)》で発表された。学術論文の著者に対する慣例どおりに、ビングもその号を関心のある同僚に配れるようにと無料で五〇部もらった(これはコピー機――現在なら電子メール――のおかげでそのような配布が無用となる以前の慣習だった)。しかしだれも関心はなかったらしく、ビングは亡くなる少し前、手元にまだ四九部残っていると友人に話していた。

博士号を取得してからわずか一カ月後、RHは早くも将来の名声の基盤を築いた。いわゆる「クラインの球面特徴付け問題」を証明したのである［訳注:このクラインはムーアの学生だったジョン・ロバート・クライン］。この問題には、ある意味でポアンカレ予想と共通するところがある。つまり、二次元球面は二次元球面であるとどうすれば知り得るのか、という点だ。一次元の物体から二つの点を取り去って、二つの部分に分けられれば、その一次元の物体が円に変形できることはすでにわかっていた。ビングは長いあいだ主張されていたものの、当時はまだ証明されていなかった問題に証明を与えたのだった。二次元の物体は、ただ二つの点を切り取るのではなく、円に沿って切り開くことによって二つの部分に分けられるという条件のもとでなら、二次元の球面、すなわち球体の表面に変形できるのである。

ビングの偉業の噂はたちまち広まり、さっそくプリンストン大学から職の誘いがかかった。ただし、それには条件が一つあった。トポロジーの研究はやめてほしいというのである。聞くところによれば、当時のプリンストンを代表する花形教授の一人だったソロモン・レフシェッツが、トポロジーに未来はほとんどないと思っていたらしい。しかしレフシェッツ自身、トポロジーの権威ある教科書を書いていて、精力的にその分野での研究をしていたのだから、本当にそうだったとしたら驚愕ものである。老大家が自分の独占する領域に他人を入り込ませまいとしたのだろうか？　それもまた考えにくい。そうであるなら、名声の確立した一流教授がすすんで若い才能ある研究者たちと共同作業をしていただろうか。真相は不明だが、いずれにしてもビングは誘いを断り、代わりに一九四七年にウィスコンシン大学で職を得た。おそらくビングはレフシェッツのあとをついていくのではなく、自分の力で道を切り開きたかったのではないだろうか。彼はそのまま二五年以上もウィスコンシン大学にとどまった。

ビングは根っからの数学者だった。テキサス大学オースティン校から贈られた追悼の辞で、こんなエピソードが伝えられている。

ある真っ暗な嵐の夜、霧に包まれたマディソン空港で足止めを食っていた数人の数学者を、R・H・ビングは親切にも車でシカゴまで連れていってやることにした。凍えるような冷たい雨が車のフロントガラスを叩き、車道を氷結させるなかで、ビングは運転を続けた――と同時に、彼は自分の説明する数学の定理に深く没頭していた。あまりに熱を込めて説明するものだから、まもなくフロントガラスが曇ってきた。同乗者たちの額にも玉のような汗が浮かんでいたが、彼らの汗は恐怖から出たものだった。数学についての説明がどんどん鮮明になるにつれ、視界はますますぼやけていった。しかしついに、聞き手たちはわずかな生存の望みを感じとった。ビングが前かがみになったからだ。やっとフロントガラスの曇りを拭き取ってくれるに違いない。次の瞬間、彼らの期待は戦慄に変わった。ビングは曇りガラスに指で図を描きはじめ、さらに証明を続けたのである――わかりやすいように図に矢印や説明を書き加えながら。

一九七三年、テキサス大学はビングに断りようのない教授職のオファーを出した。これによってビングはテキサス州の最高給取りの教授となった。生活のために大学のカフェテリアで皿洗いや給仕をしていたころとは雲泥の差である。テキサス大学でのビングの目標は、学科の研究水準を上げ、全国の州立大学数学科の上位一〇校に入るようにすることだった。その目的を達することはできなかったが、ビングはテキサス大学を一四位にまで押しあげた。それだけでもたいへんな偉業である。ビング夫妻は熱心な長老派教会員で、RHは教会の長老の一人を務めた。学問の世界でも、全米科学アカデミーのメンバーに選出され、米国数学協会会長、米国数学会会長を歴任し、科学栄誉賞にかんする大統領諮問委員会の一員になり、その他数々の栄誉に浴した。そして一九八六年に亡くなった。

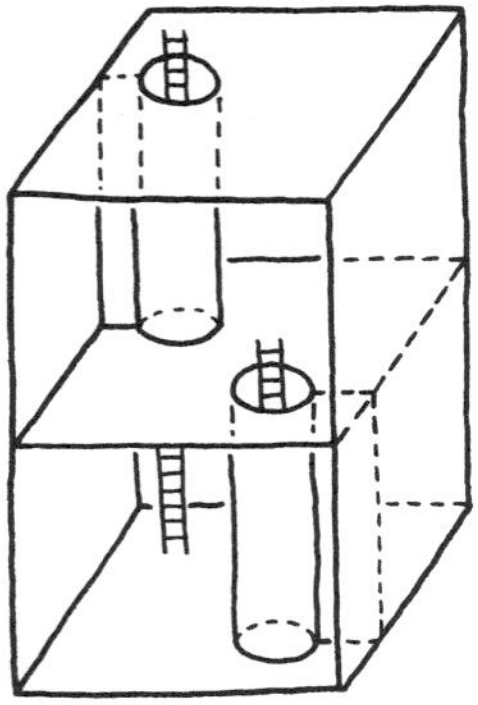

ビングの家

ビングがトポロジーに果たした貢献は無数にあり、その多くには聞き慣れない名称がついている。たとえば擬弧、ドッグボーン空間、角つき球体、ねじれ立方体などである。「二つの部屋のある家」も彼の有名な発見の一つだ。物体を三角形分割したあとにその一部を一つずつ取り去っていき、最終的に一点だけが残るように収縮できるなら、その物体は

「縮約可能である（collapsible）」と言われる。またある物体を、その内部のある経路に沿って各部分をすべて一点に向かって動かしていき、最終的にその一点に収縮できるなら、その物体は「可縮である（contractible）」と言われる。一見すると、この二つの定義は同じ特質を指しているように思われるし、実際のところ、縮約可能な物体はすべて可縮である。だが、その逆は真ではない。その実例をビングは発見した。それが前述の「二つの部屋のある家」であり、言ってみれば二階建ての立方体のようなものである。上の階への出入りは、下の階の床に入口のあるトンネルを通じて行ない、下の階への出入りは、屋根に入口のあるトンネルを通じて行なう。この、二つの部屋をもつ家は可縮ではあるが、縮約可能ではないことをビングは証明したのだった。

　ビングは水を得た魚のようにポアンカレ予想にのめりこんだ。その魅力は色あせることなく晩年まで彼をとらえていた。もちろん彼は、ついに目標には到達できなかった。できていたら、本書はここが最終章になっていたはずだ。むしろビングは、ポアンカレ予想が本当に正しいのかという疑いさえもっていた。「ひょっとしたらループが一点に縮まるという条件だけでは、三次元多様体が三次元球面とトポロジー的に同値であると保証するのに十分でないのではないか」と、ビングは失敗に終わったポアンカレ予想証明の試論のなかで書いていている。

　ポアンカレ予想が真ではないかもしれないという疑念を心の奥底に抱いたビングは、物体を三次元球面と見なすのに必要かつ十分な別の条件が定式化できないものかと自問した。そこで、それを備えた物体がかならず三次元球面となり、他の可能性を確実に排するような特質を探し求めた。そして発見した。その特質とは、物体上のすべてのループは詳細に調べていった場合に小さな球体の中に移行できるものでなければならないということだった。ループがそのように振る舞うなら、その物体はたしかに三次元球面であることをビングは厳密に証明した。

　これをもう少し詳しく説明してみよう。すでに見てきたように、ある多様体のすべてのループが一点に収縮されるなら、その多様体は三次元球面であるというのがポアンカレ予想だった。ビングはその収縮の過程を二つの部分に分けた。第一に、多様体上でループが小さい球体の中に移行する。第二の段階は自明である。いったんループが小さい球体に入ってしまえば、それはかならず一点に縮められる。ビングのとった方式がポアンカレと異なるのは第一段階の部分だ。ポアンカレ予想がループのすべての動きを例外なしに考慮しているのに対し、ビングの定式化では、ループが小さい球体の中に移行する過程において、交差したり、小さな球体の中で部分的にもつれを作ったり、部分的にもつれを解いたりしてはならないとされている。

　一九五七年を迎える直前、ビングはこの研究結果を《数学年報（アナルズ）》に提出した。かつてのクラインの球面特徴付け問題についての論文と同じく、この「三次元多様体がS^3であることの必要十分条件」と題された論文も、大まかに言えば認識にかんするテーマを扱っている。要するに、何らかの多様体——この場合で言えば球面——の上をあなたが歩いているときに、あなたはそれがどんなものであると認識しうるか、ということだ。

この定理は、ループを小さな球体の中で、部分的にもつれさせると小さな球体に移行できる多様体については何も述べていない。したがって、ポアンカレが——およびビングも——めざしていた結論よりは「弱い」ものである。しかし少なくとも、これは証明された定理であって、ただの予想ではなかった。編集者も正式にこの論文を受理した。だがその後、ポアンカレ予想全体を証明しようとする二つの試みがプリンストン高等研究所で進行中だという噂が広まった。ビングはためらった。これが発表された直後に完全な解決が見つかったとなれば、自分の部分的な解決など、読者につまらないものと一蹴（いっしゅう）されるのではないだろうか。彼はしばしば論文の撤回を真剣に考えた。だがそこに、新しい噂が聞こえてきた。プリンストンでの二つの試みは「完全に失敗」（ビングいわく）したらしい。

ビングの論文は一九五八年七月に発表された。これはこれで相当な偉業ではあったが、やはりポアンカレ予想の証明ではなかった。数年後、彼が自分のことをあえて三人称で語ったところに、数学者としての挫折といらだちが感じとれなくもない。「ビングはポアンカレ予想にアタックをかけた……が、部分的な解決にしか達せなかった」。ポアンカレ予想がこんなにも長く、自分にもほかのだれにも征服されないままに残っているということに、ビングは最後まで驚きを禁じえなかった。

＊

その同年、日本の岡山大学理学部の発行する、あまり有名とは言えない《マセマティカル・ジャーナル・オブ・オカヤマ・ユニバーシティ》に一本の長大な論文が掲載された。著者は古関（こせき）健一、同誌の編集者の一人でもあった。その一〇七ページの論文は「Poincarésche Vermutung in Topologie（トポロジーにおけるポアンカレ予想）」と題されていた。なに？――と思う読者もいるかもしれない。日本人の著者が日本の学術誌に載せた論文がなぜドイツ語で？　そう、じつは古関が同誌に寄せた十数本の論文はすべてドイツ語で書かれているのだ。審査がどうやって行なわれたかは知らないが、ともあれ最終的な編集は、明らかにドイツ語の知識が完璧でない人間によって行なわれている。ひょっとしたら古関本人かもしれない。タイトルと同じく本文も、理解できなくはないが、かなり危なっかしいものである。

ビングはこの論文を読んで――当時、数学で博士号を取得するアメリカ人はたいてい、ドイツ語を学ばないではすまなかった――「証明」の半分はある程度正しい結果を再記述したものだが、残りの半分は散漫な論からなっていると断じた。ビングによれば、古関はあるところで正当な理由も説明せずに「障害が生じても最初からやり直せばよい」と論じていた。そのように、自分の主張を一方的に押しつけるなど、明らかに数学の証明において受け入れられるものではなく、ビングは礼節をわきまえながら、古関の証明についての概説をこう締めくくった――「論旨が明瞭でない」。もっとあからさまだったのは、大阪大学の結び目理論研究者、寺坂英孝（てらさかひでたか）である。彼は若いころウィーンに留学しており、したがってドイツ語が堪能（たんのう）だった。この証明と称するものの評価を《数学評論（マセマティカル・レビュー）》に求められた寺坂は、言葉を選ばず、はっきりと述べた。「このようなプリミティブな考えがポアンカレ予想の証明につながるのであれば驚きである」。さらに続けて、「残念ながら、この論文はまとめ方が悪い。実際どこにポアンカレ予想が適用されているかを探しあてるのも難しく、この長い証明の詳細は評者にはまったく不明である」。当然ながら、この論文は数学界から完全に無視された。

二年後、古関は最初の試みに改善を加えるべく、同誌に新たな論文を発表した。今度の題は「Bemerkung zu meiner Arbeit 'Poincarésche Vermutung'（私の論文『ポアンカレ予想』についての言及）」といった。ビングも含め、だれもがこの補足論文にはほとんど気づかず、古関のこともあっさり忘れていたが、寺坂だけはふたたびこれに嚙みついた。「これは著者の前回のポアンカレ予想の証明を支えていた主たる考えを非常に具体的に説明したものである。しかし残念ながら、著者の主論は論理的に正しくない」

約半世紀後、自らも三重大学で数学の教授をしている古関の息子の春隆が、私に手紙をくれた。それによると、彼の父親は自分の証明が誤っていることを終生認めなかったという。まだ若い学生だったころに春隆は父親とその証明について話しあったことがあるが、そのときすでに、古関の証明が数学界から認められていないことはわかっていた。春隆によれば、彼の父親はあいかわらず自分の考えの基本的な価値を確信していたが、もはや再挑戦する意欲はなくなっていたのだろうということだった。

＊

前にビングについての話のなかで、プリンストンで行なわれていたポアンカレ予想を証明する二つの試みが完全に失敗したことに触れたのを覚えているだろうか。ビングはそれについて詳しく語っていないが、おそらくその一つは、失敗に終わったパパの研究と考えてまちがいないだろう。そしてもう一つが、エドウィン・モイーズによる試みだった。

モイーズは、「基本予想」が三次元において正しいことを一九五二年に証明した人物である。ルイジアナ州のチューレーン大学の学部生になったあと、第二次世界大戦中に合衆国海軍に入り、日本海軍の暗号を解読するグループの一員となった。その後、テキサス大学の博士課程の学生となり、ムーアに指導を受けた。彼はムーアに博士課程で合格を出された数少ないユダヤ人の一人でもあった。とはいえ大学で反ユダヤ主義を感じたことは一度もなかった、とのちにモイーズは語っている。

一九五〇年代の初め、博士号を取得したモイーズはプリンストン高等研究所に誘われ、そこの教授の助手となった。彼は自分の能力に自信をもっていた……いささか、もちすぎだったかもしれないが。着任したとき、彼は三次元多様体の三角形分割をやるつもりだと宣言した。そして成果を挙げた。次に彼は、「基本予想」を証明するつもりだと言った。そしてなしとげた。そのあと彼は、ポアンカレ予想を証明するつもりだと言った。そして実行してみたが、できなかった。

モイーズとパパは、お互い相手が同じ問題に取り組んでいることにまもなく気づいた。どちらが先に解決に至るかという競争は、熾烈をきわめた。ある日、パパが――モイーズの驚愕をよそに――問題を解決したと宣言し、その証明についてのセミナーを翌週に行なうことになった。だがやがて、その「証明」に穴が見つかり、モイーズはほっと息をついた。数週間後、次はモイーズが解決を宣言し、集まった同僚たちにその成果を発表した。もちろん、彼の「証明」にも穴が見つかり、今度はパパがほっと息をついた。そんな状況がしばらく続いた。

結局、モイーズはこの問題の探求に長年を費やしながら、まったく前進できなかった。彼の教え子の一人が言うには、モイーズの行動原理はこうだった――「研究で壁に突き当たったとき、とれる方法は二つある。壁を回避する道を探すか、あるいは壁に頭を打ちつづけ、壁か自分の頭が壊れるまで粘るかだ」。モイーズは後者をとった。しかし最後には、彼も成功をあきらめたように見えた。「ポアンカレ予想の証明を生みだすのに使えるのではないかという望みのもとに、これだけの成果は挙げられた。しかし本当に使いものになるのかどうか、私にはわからない」と、彼は自分の研究の概説に書いている。

モイーズは自分の敗北を決して認めようとしなかった。自分がポアンカレ予想を解明する人物にはなれそうもないとついに悟ったとき、彼は数学研究に完全に背を向けた。そして代わりに、アメリカの学校の数学教育を向上させることに打ちこんだ。もちろんそれも大切には違いない。だが、それは彼が思い描いていた未来ではなかった。モイーズの書いた教科書『上級者から見た初級幾何学』――ある批評家に「山頂から見た海辺」に等しいと評されたもの――は最初から物議をかもし、結局は採用されなかった。

モイーズはめげることなく、今度は文芸批評の世界に移った。一九世紀の英国の詩人にかんする短い小論を六篇書いて発表したが、それらが世間から熱狂的に迎えられることはなかった。モイーズは自分の能力を完全に見誤っているようだった。ある小論で、彼はジョン・キーツの詩の「つれなき美女」が泣いているのは彼女の嘆きに騎士が応えてくれず、性的不満をもっているからだと説明した。人間関係のカウンセラー的な視点から論じるかのようなモイーズの批評では、ロマンチックな詩から美しさがすべて取り払われてしまっていた。ある英文学教授は彼の批評を読んで、おもしろいが、英文学の講義よりは心理学のクラス向きだろうと評した。二度の心臓発作を起こしたあと、モイーズは一九九八年一

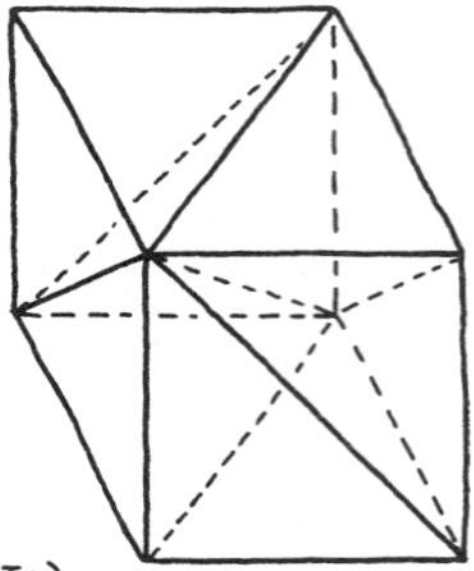

例）立方体を四面体で分割

二月に亡くなった。

結局モイーズが知ることはなかったが、彼が一九五二年に《数学年報（アナルズ）》で発表した論文「三次元多様体のアフィン構造」は、ポアンカレ予想の最終的な証明の根幹をなす重要な部分を証明していた。この重大な成果は、ビングが一九五九年に《年報》に寄せた論文でも別の方法によって証明され、さらに一九八四年にピーター・シェーレンによっても簡素化された合理的な証明を与えられたもので、あらゆる三次元多様体が四面体の貼り合わされた集合からなる球面に変形できることを示していた（これがいわゆる「三角形分割」である）。この結果から直接的に導かれるのは、すべての三次元の物体がとがった角（かど）のないなめらかな球面に変形できるということであり、したがって、通常の微積分をさらに進めた解析の分野を用いて問題を研究することが可能となる。イリノイ大学シカゴ校のピーター・シェーレンはこう書いている。「これらの論文の動機は、ポアンカレ予想を幾何解析の手法で解決できるようにすることにあったのではないかと思う人もいるかもしれない。しかしそうではなく、むしろその動機は、ポアンカレ予想を含めたもろもろのトポロジーの問題に対して組み合わせトポロジー的なアプローチ(7)をとれるようにすることだったと言えよう。三次元において、三角形分割の存在がなめらかな構造の存在を含意することは容易に察せられる。したがって、まったく異なるアプローチも可能となる――モイーズやビングや私がこの問題を研究していたときには、そんなことは考えてもいなかった」。この時点では、幾何解析を用いてポアンカレ予想が解決されるのはまだ遠い先のことだった。そしてトポロジーの研究者や結び目理論の研究者にしても、幾何解析の研究者が参入してくるまでには、まだまだポアンカレ予想については言うべきことをたくさん持ち合わせていたのである。

＊

数学者はつねに偏見にとらわれないよう気をつけているものであり、ポアンカレがあの予想を定式化したときに誤りを犯していたとは考えられないと思う数学者が大多数ではあったが、やはり何人かは、予想が誤りであることを証明しようとしてみた。なにしろ最高の知性を誇る数学者たちが――ポアンカレ自身も含めて――あの予想の証明に挑んでは失敗してきたのである。ひょっとしたら彼らが失敗したのは、そもそもの予想が正しくなかったからではないのか？　そこで何人かの勇者が、その方向に足を踏み入れた。

前述したように、ある仮説が誤っていることを証明する最も単純な方法は、反例を見つけだすことである。反例が一つでも存在していれば、予想の誤りの十分な証明となる。これだけ聞けば、ことは簡単に思える。表面上のすべてのループが一点に収縮しながら、なおかつ押しつぶして球面にすることができない三次元多様体を考えだせばいいのだから。

そのような偏見にとらわれない数学者の一人がビングだった。この予想が正しいか正しくないかについて、どんなそぶりも見せることなく、彼はひたすら二週間ごとのスケジュールを繰り返した。二週間この予想の証明に挑んだあと、次の二週間は反例の構築を試みるのである。後者の試みをしていたあいだに、彼はある結び目の特質に気がついて、それを性質Pと称した。この特質は、多様体に対する一種の切り貼り作業、つまり現在で言うところのデーン手術に関係している。デーンというのは前章で見たマックス・デーンのことで、手術というのは、これがまさしく切って縫いつけることにほかならないからである。

たとえば球体のような多様体にデーン手術を行なうときの最も単純な方法を紹介しよう。まず、多様体の内側に結び目のあるひもが一本あると想像してみる。この多様体から、結び目を周囲の部分といっしょに取り去り、標準的なベーグルをねじれによって生じていた空洞に縫いつける。すると、いくぶん歪曲(わいきょく)した物体ができあがる……ビバリーヒルズの美容整形外科医が看板にしている整えられた鼻や豊かにされた胸には似ても似つかないが、そもそもデーン手術はそうした基準で測られるものではない。いずれにしても、多くの数学者は手術によって変形された多様体について、このうえない盛り上がりを見せた。この熱狂の一因は、アンドリュー・ウォーレスとW・B・R・リコリッシュが一九六〇年代の初めに、そうした多様体についての驚くべき定理を独立に証明したことにある。すなわち、メビウスの帯やクラインの壺のような〝病的〟なものを除き、すべての三次元閉多様体は、三次元球面にいくつかのデーン手術を施すだけで得られるという定理である。

話を性質Pに戻すと、三次元球面の結び目は、そこにデーン手術を施すことによって得られるあらゆる多様体が単連結でない場合、性質Pをもっているとされる。したがって性質Pをもたない結び目からは、デーン手術によって単連結の物体が生じる。ただ、切らなくてもほどけるような、いわゆる「自明な結び目」は性質Pをもっていないが、そのようなほどける結び目にデーン手術を施すことによって得られる多様体は、ねじりを戻すことで容易に球面に再変形できる。したがって、ポアンカレ予想の反例を見つけるには、性質Pをもたない非自明な結び目を見つける必要がある。そのような結び目からできる物体は、単連結ではあっても、球面には変形できない。こうなればポアンカレ予想はおしまいである。

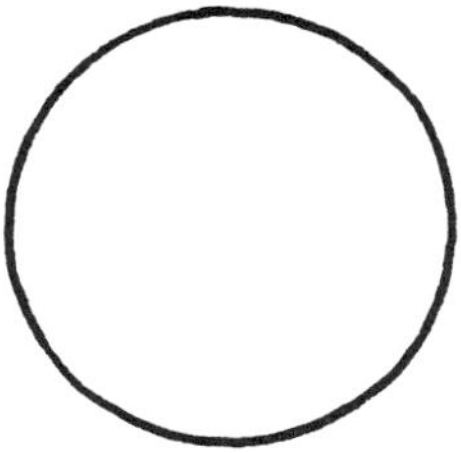
自明な結び目

約半世紀ものあいだ、ビングを含めた何人かの数学者がポアンカレ予想の反例を探しだすことを目的として、性質Pを満たさない非自明な結び目を見つけようとしてきた。しかし、だれも成功しなかった。そのうちに、性質Pをもたない結び目は存在しないのかもしれないという疑念がだんだんと現実味を帯びてきた。いずれにしても、ほとんどの数学者はポアンカレ予想が最初から正しいと思っていたので、まもなくこの確信は「性質P予想」と呼ばれるようになった。

そして二〇〇五年、この反例を探す試みがすべて失敗に終わってきた理由がついに明らかとなった。性質Pをもたない非自明な結び目はやはり存在しないのである。ハーバード大学のピーター・クロンハイマーとマサチューセッツ工科大学のトマス・ムロフカが、《幾何学とトポロジー》誌においてこれを主張し、証明してみせた。彼らの論文はまさしく「はなれわざ」だった。毎年発表される数万本の数学論文についての概要と批評からなる学術誌《数学集誌（ツェントラルブラット・フュア・マテマティーク）》は、クロンハイマーとムロフカの研究についてこう述べている。「この重要な論文は……長年のあいだに提案されてきた性質P予想への多様なアプローチを、ゲージ理論やシンプレクティック・トポロジーからのさまざまな結果とあわせて巧みに組み合わせることによって、この予想の長い歴史を完結させている」。二〇〇七年一月、クロンハイマーとムロフカは「深い分析手法と応用の開発を通じて三次元および四次元トポロジーに貢献したことによって」米国数学会からヴェブレン賞を授与された。

《数学集誌》の右の評価にある〝多様なアプローチの巧みな組み合わせ〟とは、じつに的確な一節である。この論文は最初のパラグラフからして、早くも人の頭をくらくらさせる。著者の二人が証明の「材料」として活用したと述べている、近年発見されたいくつかの結果のなかには、たとえばこんなものが含まれている。四次元シンプレクティック多様体のサイバーグ＝ウィッテン不変量が非消滅であることについてのタウベスの定理、ゼロでないベッチ数をもつ三次元多様体にトートな葉層構造が存在することについてのガバイの定理、エリアシュベルグとサーストンによる葉層構造からの接触構造の構成、インスタントン・フレアー・ホモロジーにかんするフレアーの完全三つ組み、三次元接触多様体の凹充塡にかんするエリアシュベルグのもう一つの成果、それに、なめらかな四次元多様体のサイバーグ＝ウィッテン不変量をドナルドソン不変量に関連づけるエド・ウィッテンの未証明予想の簡約版（エド・ウィッテンはひも理論の先駆的研究をした数理物理学者である。ひも理論は、その名称から察せられるとおり、結び目理論と密接に結びついているので、ウィッテンの研究対象にはトポロジーも含まれるのだ）。この導入部のあと、論文の続きは各自の覚悟のうえで読まれることになる。

ここで注意しておいてほしいのは、すべての結び目が性質Pをもっているという事実は、ポアンカレ予想の証明にじれったいほど近づいているとはいえ、それを証明してはいないということである。クロンハイマーとムロフカの出した答えは、デーン手術を用いて結び目を球面に変えることから反例は得られないと言っているにすぎない。要するに別のところを探さなくてはならないのである。

*

ヴォルフガング・ハーケンは一九二八年にドイツに生まれた。第二次世界大戦後、キール大学に入って哲学と物理学と数学を学び、一九五三年に博士号を取得した。その後、ドイツの大企業シーメンスに就職してマイクロ

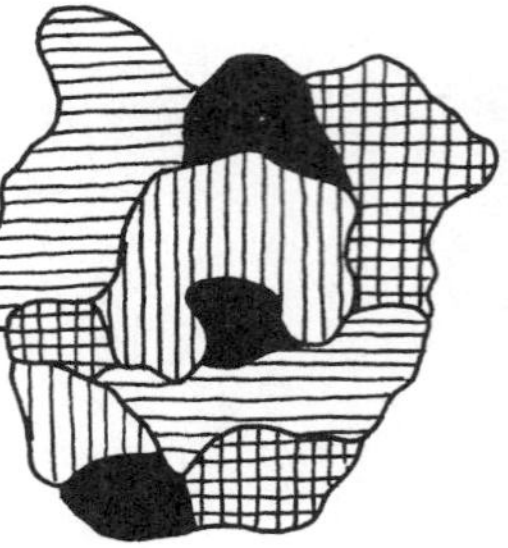

地図のぬり分け

波技術の研究員となった。研究開発で暮らしを立てる一方、ハーケンは純粋な数学研究への関心も保ちつづけた。そして退社後の自由になる時間を利用して、一本のもつれあったひもに結び目ができているか否かを判定する数学上の手法を発見した[8]。これによって彼は一九六一年、トポロジーへのアルゴリズム的アプローチの先駆者となった。ちょうど電子計算機は創成期にあり、その可能性に技術者が心躍らせていたころである。しかしこの期待は、エンジニアリングの領域だけに収まらなかった。結び目がほどけるかという問題に対して、ひとつひとつステップを積み重ねるハーケンのやり方は、理屈のうえではコンピュータで実行できるものだったので、このコンピュータという新しい玩具はまもなく純粋数学に適用できるようになるだろうと予言された。そして実際、そのとおりになった。

ハーケンの一三〇ページの論文はドイツ語で書かれ、ドイツ国内で発表されたにもかかわらず、これによって彼は数学界で名を知られるようになり、イリノイ大学アーバナ・シャンペーン校に客員教授として招かれた。そして一九六五年、正教授に昇格すると同時に客員から常任の身分となった。ここから彼のキャリアは本当の意味で始まった。今日（こんにち）、ハーケンは一〇〇年以上も未解決のままだった四色問題を解決したことで最もよく知られる。四色問題とは、あらゆる形状をした国々からなる地図を四つの色で塗り分けて、隣接する国が同じ色にならないようにできるかという問題だった。

イリノイ大学で、ハーケンは四歳年下の同僚ケネス・アッペルと組んで画期的な新手法を考案し、この問題の答えを見つけた。のちにブルートフォース（力ずく）手法と呼ばれるようになるこの技法は、無限に考えられる色の組み合わせの数を有限に引き下げて、その大量ではあっても無限ではない原型的な地図を一つ一つコンピュータにチェックさせるというものだった。もし反例が存在していれば、このやり方で見つけられるはずだった。数百時間の稼動のすえに、ハーケンとアッペルのコンピュータは四色以上を必要とする地図をついに一枚も発見しなかった。チェックされた二〇〇〇件の原型は考えられるすべての地図を網羅していたから、答えは決まった。反例は存在しない。この大量演算の手法をすべての数学者が正当な数学的証明として認めているわけではない。いわく、証明を細部までチェックできない――コンピュータが数週間で処理する量を一人の人間がやろうとすれば数百年がかかるだろう――、エレガントさに欠ける、学ぶべきものが何もない、何も洞察が得られない。しかし現実として、本一冊分ほどの長大な論文のかたちで一九七六年に発表された彼らの証明は正当と見なされており、これ以来コンピュータによる証明はごく当たり前のこととなっている。(9)

四色定理の証明でハーケンは世界的に知られるようになった。それに比べて知られていないのが、この有名な問題に照準を合わせる前に、ハーケンが何年もかけて別の有名な問題を解こうとしていたことである。彼は自分がポアンカレ予想を証明できると確信していた。彼の博士論文のテーマは大きな多様体に埋め込まれた別の多様体にかんするものだったから、彼は自分こそがこの問題を解決する運命にあると思っていた。結局のところ、すべての三次元多様体が四面体だけでできているなら、考えられるすべての四面体の組み合わせをコンピュータでチェックすればいいだけだろう? ハーケンはこの問題に夢中になるあまり、ポアンカレ熱に浮かされていると言われた。これは二〇世紀の多くの数学者がかかった病気である。ポアンカレ予想を証明しようとすることに完全にとらわれてしまい、以後何十年も有益な仕事ができなくなるのだ。パパもモイーズも罹病者(りびょうしゃ)だったと思われる。当時はまだ病名が確定されていなかったにすぎない。

ポアンカレ熱にかんするもう一つのケーススタディが、ルーマニア出身で現在はフランス人となっているヴァレンティン・ポエナルの事例である。一九六〇年代には、ヨーロッパを自由に旅するのは当たり前のことではなかった。東欧圏の国々は、国民が愛する祖国から出て行かないように国境を閉ざしておかなければならなかった。多くの人は「忠誠心」を見せながら、徒歩で逃げたり自動車のトランクに隠れたりして国境を越えていった。国際大会に出場するようなスポーツ選手は機会をとらえて西側に逃げた。祖国に忠実な、あるいはそのように見せかけた科学者も、外国の科学会議に参加することを許されていたから、何人かは講演を済ませたあとに逃げ去った。その一人がルーマニアの数学科の学生である、ヴァレンティン・ポエナルだった。彼はブカレストに生まれ、ブカレストの大学で学部生として学んでいた。一九六二年にスウェーデンで開かれた会議に出たあと、彼はルーマニアに戻らなかった。すでに数学の才能があることは知られていたから、フランスの庇護を受け、一九六三年にパリで博士号を取得した。その後の四年間はハーバードやプリンストンなど、アメリカの大学で過ごした。それからフランスに戻ってパリ大学オルセー校の数学教授となり、二〇〇一年に引退するまで在職した。

プリンストンにいるあいだに、ポエナルは病原菌に感染した。ポアンカレ予想にアタックするパパの不屈の闘志に刺激されて、この問題に興味をもちはじめたのである。その後のポエナルとハーケンの競争は、まさに「パパ＝モイーズ・ショー」の再現だった。どちらか片方が証明を宣言するたびに、もう片方が大慌てでそれをこき下ろし、すぐに自分の証明を公表する。そして同じことが攻守を替えて繰り返される。およそ一〇年ものあいだ、二人の努力はまったく実を結ばなかった。時間が経つにつれてハーケンは落ち込んできた。これもポアンカレ熱の副作用の一つである。彼にとっては大きな幸いだったことに、ハーケンは四色問題に解毒剤を見いだし、病気から回復した。とはいえ、再発の危険はその後もしつこく残った。ポアンカレ予想を証明する望みは捨てていたものの、彼は折にふれて言っていた。自分はいまでも……反例を探しているのだと。

不運なことに、ポエナルのほうは治癒が望めないほど病状が進んでいた。三〇年後の一九九四年、ペンシルヴァニア州立大学での会議において、彼はあいかわらずポアンカレ予想を証明するプログラムの概要を説明していた。それはおおよそこのようなものである。ここに単連結の三次元物体があるとして、それをもう一つの方向に引き伸ばして四次元にする。そこに取っ手（ハンドル）をつけくわえ、四次元コーヒーカップの形にする。ポエナルはハンドルのない物体が、たとえて言えばその物体とコーヒーカップとのあいだで押しつぶされることを証明した。押しつぶされる前の物体はハンドルがなかったのだから、小さくなった物体にもハンドルがあってはならないことになる。ここで小さいほうのハンドルのない物体をもとの三次元の状態に変形する。すると、それは球面になっている。

問題は、このプログラムを構成する全段階をポエナルがついに証明しきれなかったことだ。なお悪いことに、年が経つにつれてプログラムの一部に誤りがあることも見えてきた。ポエナルはくじけずプログラムを改良しつづけ、いっそう精を出した。しかし、計画（プログラム）はあくまでも予定（プログラム）だった。一〇年後の二〇〇四年、ポエナルはパリ大学オルセー校のウェブサイトに一篇の予稿（プレプリント）を載せた。彼はそこであいかわらずポアンカレ予想を証明するプログラムを説明していた。

カリフォルニア大学バークレー校のジョン・スターリングスは、ポアンカレ熱の症状が最初に認められた患者の一人だった。彼はごく初期の罹病者で、当時はまだそれが数学者のかかる病気と診断されるには至っていなかった。一九六六年に、彼はこう書いている。「私はポアンカレ予想を偽って証明するという罪を犯した。だが、それは外国でのできごとだったし、今日までそのことはだれにも知られていない。しかしいま、ほかの人々が同じ過ちを犯すのを未然に防げることを願って、ここに私の誤った証明を書き記すことにしよう」。スターリングスはこの「懺悔（ざんげ）の書」を、未来のある数学者への助言で締めくくった。「私はしばらくのあいだ自分の『証明』に欠陥を見つけられなかった。その誤りはきわめて明白であったにもかかわらずである。問題は私の心にあった。盲信、興奮、それに、ひょっとしたら誤っているのではないかという心の奥の恐怖が、私に合理的な考えをさせなかった。こうした無意識の抑制をなくさせる手法を培（つちか）うことが、誠実な数学者にはぜひとも求められるべきであろう」。この助言が、円と同面積の四角をつくれると言う人、角を三等分できると言う人、その他もろもろのはったり屋にもしっかりと届くといいのだが。

この章に出てきた研究者たちのほかにも、ポアンカレ予想の正しさを、あるいはその誤りを証明しようと努力してきた人は無数にいる。あとの章でも、残念ながら失敗に終わった人々をまた何人か見ることになる。だがとりあえず、この気のめいるような状況からしばし離れて、もう少し明るい発展を見ていくことにしよう。

9章　高次元への旅

一九六〇年代末の状況は悲惨だった。ポアンカレ予想を証明しようとする試みはすべて徒労に終わっていた。反例を探そうとしても成功しない。数学者はどこから手をつければいいかさえわからなかった。そこで彼らは伝統的なポアンカレ予想から離れ、広大な空間に少し違った目標を探しはじめた。すなわち高次元世界に目を移したのである。

一次元では、ポアンカレ予想は自明である。だれだって円を見れば円とわかる。二次元に当てはめれば、それが古典的なポアンカレ予想だ。二次元の曲面は、その曲面上のすべてのループが一点に縮められるならば、かならず球体の表面に変換できる。ところが三次元に飛ぶと——すでにおわかりのとおり——これが非常にやっかいとなる。したがって、四次元、五次元、あるいはそれ以上の次元となれば、ハードルはさらに高くなるだろうと思う人がいても、もっともなことだ。しかし意外なことに、じつはそうではなかったので

S.スメール

ある。この章では、高次元でポアンカレ予想の答えを見つけようとした人々の取り組みを見ていこう。

　ところで、高次元におけるポアンカレ予想とは具体的にどういうことなのか。前に定義した「一次元ホモトピー群」を思い出してほしい。7章で、三次元物体の周囲に引き伸ばされたループを使って説明したものだ。すべてのループが一点に縮められるなら、一次元ホモトピー群は自明であると言われる。この場合にその物体は球面に変形できる、というのがポアンカレ予想の主張だ。二次元ホモトピー群についてはパラシュートの例を使って説明した。四次元に当てはめたポアンカレ予想では、四次元物体上にあるすべてのループとすべてのパラシュートが点に縮められるなら、その物体は四次元球面に変形できることになる。同じように、それより高い次元にポアンカレ予想を当てはめた場合でも、その物体のループとパラシュート、および高次元における同様の構造がすべて点に縮まるなら、その物体は球面に変形できるとされる。

　ことの進展は、次元の数と同じ順序では進まなかった。むしろ五次元以上なら、わずか二年のうちにポアンカレ予想はすべての次元で証明されてしまった。四次元に関しても、その後二〇年しかかからずに証明がなされたのである。これはすべてスティーヴン・スメールの論文から始まった。いや、ジョン・スターリングスの論文からか？　というより、スターリングスとクリス・ジーマンの共同研究からか？　あるいはラエル・ボットがスメールの証明の完成に手を貸したのか？　それとも単にボットはスメールといっしょにスイスのリゾート地のサンモリッツで数日間くつろいでいただけか？　そしてアンドリュー・ウォーレスは、独立にあの定理を証明したのか、それともスメールの研究をなぞっただけか？　私はいま「独立に」と書いたが、これは厳密には「論理的に独立に」と書くべきだったか？

これらは決してつまらない疑問ではない。ほかのだれは気にしなくても、少なくともそこに関わった当人には、きわめて重大な問題だろう。高次元ポアンカレ予想についての何を、いつ、どのように証明するかにかんして、だれが最初となったかは非常に心穏やかならぬ問題なのだ。科学における先行争いはよく知られた話だが、数学においても例外ではない。とはいえ、科学における「勝者独り占め」の空気にはそれなりの利点がある。これがあるからこそ、人は努力し、急ぐのだ。「一番乗り」を狙わせるプレッシャーがなかったら、科学はのんびりとしか進歩せず、人類の知識はいっこうに増えていかない。

すでにあれやこれやの騒ぎが終わって三〇年経つというのに、スティーヴン・スメールはまだいらいらしている。「この問題にかんして、もっと鷹揚（おうよう）に構えられればと自分でも思うのだが」とスメールは《マセマティカル・インテリジェンサー》で書きつつも、ふたたび鼻息を荒くして、三〇年前のできごとを年代を追って微細に詳述している。

スメールは、なかなかお目にかかれないようなたぐいの輝かしい異端者だった。ヘンリー・ホワイトヘッドの伝記作家が、かの数学者の平々凡々の人生を評して「伝記作家が記録したくなるようなことはほとんどない」と書いたのを覚えているだろうか？ 人生のありようにおいて、スメールはまちがいなくその対極にいる。記録したくなることが多すぎるぐらいだ。スメールは一九三〇年にミシガン州のフリントに生まれた。一家は町外れの小さな農場に暮らしており、スティーヴン少年は地元の学校に入った。九学年の生徒全員が一人の教師に一つの教室で教えられるような学校である。始まりは地味だった、と言えるかもしれない。

スティーヴンの父親は工場に勤めるホワイトカラー労働者で、自ら公言するマルクス主義者だったが、当時そういった思想・信条を貫くのはなかなか難しいことだった。ちょうどジョセフ・マッカーシー上院議員が、彼の名と永遠に結びつく悪名高い「赤狩り」時代の到来を告げはじめていたからである。当時のスティーヴンは政治よりも化学やアマチュア天文学に興味があった。教室が一つしかない学校に通っていて、とうてい理想的でない環境にあったにもかかわらず、スティーヴンの学業成績はきわめて優秀だった。八年生の終わりに全州の約一〇〇〇名の生徒を対象にして行なわれる共通試験で、スティーヴンは最高の成績をとった。

にもかかわらず、彼を教えていた教師はスティーヴンが大学に入れるかどうか危ういと思っていた。しかしスティーヴンはミシガン大学に願書を出し、入学を認められた。祖父からの少しばかりの遺産と、四年間の授業料に相当する奨学金があったおかげで、彼は学問の世界で身を立てようとはせず、政治活動のほうで実績を積みはじめた。左翼政治に関わり、共産党に入り、アメリカの朝鮮戦争介入に反対するデモに参加し、東ヨーロッパを訪れ、ベルリンで開かれた青年世界フェスティヴァルに参加し、学内で平和活動家の会を組織した。政治的な大義にのめりこむあまり、当然ながら学業はおろそかになり、実際のところ徴兵を逃れるために形式的に学生を続けているにすぎなかった。

このように学業以外の活動ばかりしていたから不思議はなかったが、スメールは最終学年のときに仮進級処分となった。さすがにこれで、彼も大学での勉強に身を入れるようになった。それまでは物理学だった専攻科目も数学に変えた。そのほうがやさしそうに思えたからだ。一九五二年、彼は理学士号をもらうと、すぐに大学院に願書を出した。

入学は認められたが、またすぐに政治活動のせいで困った事態に陥(おちい)った。最終的に、彼は数学科の学科長から、成績を上げなければ退学だと言い渡された。大学を去るか、共産党を去るかの選択に迫られて、スメールは賢明にも後者の道を選び、以後は真剣に数学の勉強に打ちこんだ。一年後、ミシガン大学は彼に修士号を授け、一九五七年には博士号を授けた。だが、彼の評判には傷がついていた。スメールが最初の職を求めようとしたとき、学科長は奥歯にものの挟まったような推薦状を書き、彼のことを「能力はあるが成績は最底辺に近い大学院生」だったと評した。

だが明らかに、別のところでは別の見方があったようだ。教授陣の懸念をよそに、スメールはシカゴ大学、プリンストン高等研究所、パリのコレージュ・ド・フランス、コロンビア大学を経て、最終的に一九六四年、カリフォルニア大学バークレー校で終身在職コースに入った。そして三〇年間そこに残った。研究をし、大学院生と学部生を教えるかたわら、彼はバークレーにいるあいだに四〇人以上の博士課程学生の指導にあたった。

しかし「三つ子の魂百まで」ということわざもあるように、スメールは率直にものを言う性格を変えようとはしなかった。なにしろ時は一九六〇年代、バークレーに限らず、思ったことをそのまま口に出す人間にとっては好都合な環境だった。マッカーシー時代はすでに終わってフラワーチルドレンとウッドストックとヘイトアシュベリーの時代に移っていた。背景にはベトナム戦争の不吉な影があったけれども、カリフォルニアの若者たちはフリーラブとフリースピーチとフリードラッグを標榜（ひょうぼう）した。スメールは、青年国際党（イッピー）の創立にも参画した扇動的な平和活動家のジェリー・ルービンと組んで、戦争反対の運動を起こした。軍用列車がバークレーを通過するのを阻止しようとするなど市民的不服従運動に精を出し、ついには教授会からの退去を求められる始末だった。

その一方、スメールは本業の数学においてもかなりいい仕事をし、世界有数のトポロジストの一人という評判を築きはじめた。博士号を取得してから一年もしないうちに、彼は世界を──少なくとも世界の数学界を──驚かせた。球面が裏返せることを証明したのである。この「裏返し」とは、穴を空けたり破いたり折りたたんだりせずに外側の皮膜が自らの内部に入り込めるなら、球面の内側と外側が引っくり返ることを意味している。一例として、外側がオレンジ色で内側が黒色のバスケットボールを考えてみよう。このボールを破いたり折りたたんだりせずに、何らかの手順で内側と外側を引っくり返して、外側を黒色に、内側をオレンジ色にすることができるだろうか？　スメールはこの質問にはっきりイエスと答えた。彼は球面を裏返せることを示す定理を証明したのである。だが、彼の定理で要求される手順は非常に複雑だったため、だれもそれを視覚的に思い描くことはできなかった。スメールも、またそれに挑戦したほかの人々も、球面がどう裏返るかを自分の目で確認したいと思った。これにかんしては、ものを視覚的に思い描ける能力がかえってハンディキャップだったのかもしれない。球面裏返しを実際に遂行できる手順（皮膜が自らの内部に入り込めるなら、そうなる）を考えついたのは、盲目の数学者ベルナール・モランだった。ところで、一次元球面である円は、二次元空間のなかで裏返せるのだろうか？　答えはノーだ。円形の電車レールを時計回りから反時計回りに切り替えるのは平面からいったん持ち上げないかぎり無理であるように、円を平面のなかでひねることはでき

ない。(1)

この本を書いている時点で、スメールはいまも元気に活躍中であるが、その全キャリアを通じて、彼はさまざまな分野を往来し、新しい分野を生み出しさえした。球面裏返しを証明したあと、スメールはポアンカレ予想にかんしてもすばらしい仕事をしたが、これについては追って述べよう。その後、彼はトポロジーから力学系理論に移り、さらに数理経済学に移って、最近では計算機科学(コンピュータ・サイエンス)を研究している。彼が立ち入った分野はいずれも彼の業績によって大きく進歩した。彼の六〇歳の誕生日にあわせて出版された本のまえがきで、筆者たちはこう記(しる)している。「スメールは、それまでだれも踏み込めなかった広大な研究領域を切り開く仕事をしてきた非常に数少ない数学者の一人である」。彼らがとくに言及したのが「一見まったく関係のない別のテーマからアイデアをもってきて、研究中のテーマに創造的に活用できる、彼の特異な能力」であり、「どの場合においても、その革新的なアプローチはすぐに標準的な研究手法となった」という。

スメールが力学系に果たした貢献のなかで最もよく知られているのが、カオス理論の象徴の一つとなった「馬蹄(ばてい)写像」である。これはカオス理論のキャッチフレーズの一つである「初期値に対する鋭敏な依存性」のもとにある考えを非常によく表している。ちなみにカオス理論にはもう一つ有名な「バタフライ効果」という言葉もあるが、これも煎じ詰めれば同じことを表している。たとえばレーズンを埋め込んだパン生地があるとしよう。このパン生地を馬蹄のように折りたたんだあと、これて、引き伸ばし、また折りたたんで、これて、引き伸ばし、また折りたたんで……と繰り返していく。パン生地を引き伸ばすあいだに、最初は近い間隔で並んでいたレーズンはしだいに離れていく。たとえ間隔の初期値が無限に小さかったとしてもだ。しかし、もちろんパン生地の容量は有限なので、レーズンどうしが無限に離れることはありえない。遅かれ早かれ、パン生地が折りたたまれることによってレーズンはふたたび隣りあう。

経済学でスメールが研究したのは、買い手の好みと売り手の生産予定にかんがみて買い手と売り手がモノやサービスの価格を一致させなければならないときに、市場清算による均衡が存在するかどうかについてだった。ここで力学系についての深い知識が役に立ち、価格がどう均衡に向かって調整されていくかを調べることができた。理論計算機科学に移ってからは、力学系と経済学を研究していたときに磨いた技能を使って、アルゴリズムがどう解答に収束していくかを解析した。これらの過程で、スメールは物理科学と生物科学にも重要な貢献を果たした。

一九六六年、スメールは三六歳でフィールズ賞を受賞した。本書の冒頭でも触れたように、これは数学者ならだれもが欲しがる非常に輝かしい賞である。授賞式はモスクワで開かれた国際数学者会議の場で行なわれた。ソビエト連邦の首都に向かう飛行機には、ハンガリーの伝説的な数学者であるポール・エルデシュが、中継地のブダペストから乗ってきていた。モスクワへの飛行中、エルデシュはスメールにある噂を伝えた。アメリカに帰ったら非米活動委員会からの召喚令状がスメールを待っているというのだ。その噂は真実だった。確かにルービンとスメールの両名が召喚されており、のちにルービンが言うところの「召喚状羨望」を患っている左翼の仲間たちから恨みを買っていた。しかしそのころスメールは、全世界に敵なしの栄誉に浴していた。委員会に呼び出されていながら慌てて出向かなくてもよいというのは、まさに「栄誉」に値する。

会議は例によって、世界中から数千人の数学者が参加する盛大な集まりとなった。スメールは当然この機会に政治的な発言をするのを忘れなかった。モスクワ大学の大階段で、栄えある受賞者スメールは即席の記者会見を行ない、そこでアメリカのベトナム戦争介入と、ソ連の一〇年前のハンガリー侵攻をこっぴどく批判した。結果として、彼は一時的にソ連当局に拘留されて取調べを受けた。この一件はアメリカのマスコミのみならず、ソビエトの新聞でも大々的に報道された――ただしハンガリー侵攻についての言及は伏せたままにして。

彼の独創的な研究のいくつかは、いかにも型破りなスメールにふさわしく、およそ似つかわしくない場所で行なわれ、彼はのちにそのしっぺ返しを食らうことになる。博士課程を修了したスメールは、アメリカの国立科学財団（NSF）から二年間の博士研究員としての資格をもらった。最初の一年半はプリンストン高等研究所で過ごし、残りの半年はリオデジャネイロの純粋・応用数学研究所（IMPA）に招かれた。スメール夫妻は予備のオムツをたっぷりもって、二人の幼い子どもを連れてブラジルに旅立った。リオでのスメールの生活は、厳密なスケジュールに則って（のっと）いた。朝は海辺でボディサーフィン、夜は地元の人々とサンバを踊って過ごす。そして午後のあいだは、IMPAの同僚とトポロジーや微分方程式について話しあった。

だが、もちろんNSFは、自分のところの研究員が午後しか働かないなどというのは想定していなかった。したがって、即刻スメールに遺憾の意を表明した。問題はそれだけでなく、困ったことに、この派手な若い教授はなんのてらいもなく、自分はしょっちゅうキャンプ場やホテルや蒸気船や、果ては海岸で仕事をしていると吹聴（ふいちょう）するのである。しかし一方で、そういう場所にかならずペンとメモ帳をもっていくとも言う。確かにそのペンとメモ帳で、彼は驚くべき偉業を果たしていた。カリフォルニア大学の副総長に宛てた弁明の手紙のなかで彼が自ら書いているように、スメールの最も有名な研究のいくつかはリオの海岸で行なわれた。例の「馬蹄」と高次元ポアンカレ予想の証明も、まさにコパカバーナの海岸で考え出されたのである。

NSFは研究費を差し止めると脅（おど）かした。考えてみれば当然だろう。職員を公費で遊びに行かせているとか、怠（なま）け癖を奨励しているといった非難は、どこの政府機関だって受けたくないものだ。とはいえ、微生物学者や心理学者のような実験研究者を動かすには都合のいいやり方でも、それが数学者にも有効だとは限らない。相手がどこででも仕事ができることを繰り返し実証してきた数学者ならなおさらである。[2] 最終的に、スメールはお偉方を黙らせることに成功した。大事なのは結果であって、研究室で過ごす時間の長さではない。

スメールは進歩主義的な左寄りの政治思想の持ち主だった。しかし、そんな彼の重要事項リストでも、女性の権利はたいして上位に入っていなかったのかもしれない。女性の権利にかんする悪名高い事例の一つに、カリフォルニア大学バークレー校でのジェニー・ハリソンの訴訟事件がある。自分より実績の劣る男性が昇格する一方で、バークレーから終身在職を認められなかった数学助教授のジェニー・ハリソンは、カリフォルニア大学を性差別で訴えた。[3] もともとスメールは、彼女を含めて女性を積極的にバークレーの数学科に登用していた。しかしどういうわけか、スメールの態度――少なくともハリソンに対する態度――は途中で変わった。ハリソンは悲しげにその経過を記している。彼女は新進気鋭の研究者だった「が、いきなり事情ががらりと変わった。最初はスメールも、私を励まし、多くの人に私の数学的アプローチが斬新で刺激的だと話していたが、あとになって考えてみると、あれには裏の意図があったのだ。あの忌まわしい出来事についてはまだ書く気になれない。私が何をされたとしても、私はだれも傷つけたくないから」。しかし、彼女はこうも言っている。「スメールは数学者としても近寄りがたい人になってしまった……私の研究を見てもらおうとしても、彼は聞く耳も持たなかった。何度か数学の話をしようとしてみたけれど、最後にはあきらめた」。スメールの教育者としての手腕も、その評価は決して高くない。授業中、スメールはしばしば専門的な細部を混同することがあり、とある有名な同僚の一人も、スメールは「ほとんどいつも局地的にはまちがっていたが、全体的には正しかった」と苦しそうに言っている。

二一世紀も間近となった一九九八年、国際数学連合（ＩＭＵ）は、現在の数学の最重要問題を網羅したリストを次世紀に向けてまとめてほしいと数学者たちに依頼した。この試みには前例があって、一九〇〇年にパリで開かれた国際数学者会議で、ドイツの数学者ダーフィト・ヒルベルトがまとめた「二三の問題」がそれだった。ヒルベルトの問題は、結果的に二〇世紀前半の数学研究のおおかたの方向を決定した。今回スメールがまとめた一覧には、一八の問題が含まれていた。彼はポアンカレ予想を二番めに置き、一番めには、すでにヒルベルトの八番めの問題として取りあげられていたリーマン予想を挙げている。スメールの一覧の一八番めは「人工知能と人間の理性の限界とは？」というものだった。この一八番めの問題をまとめるにあたってスメールが依拠したのが、数学的証明の限界を厳密な証明のかたちで示した、ゲーデルの不完全性定理である。スメールは一九九四年にバークレーを早期退職して、香港市立大学の名誉教授となった。その後二〇〇二年には、民間企業が設立した理論計算機科学を専門とする豊田工業大学シカゴ校に移った。

スメールは数多くの業績により、フィールズ賞ばかりでなく、ヴェブレン賞、科学栄誉賞、ショーヴネ賞、フォン・ノイマン賞、ブラジル国家功労科学大十字勲章まで獲得した。二〇〇七年五月にはイスラエルの財団から贈られるウルフ賞の数学部門の受賞者となった。授賞式はエルサレムで行なわれ、審査員団からのスメールの研究に対する評はべたぼめ以外の何物でもなかった。賛辞の一部を引用する。

彼が一九六〇年代初めに行なった五次元以上でのポアンカレ予想の証明は、二〇世紀の数学における最大の達成の一つである。スメールは力学系に対する世界の認識を一新させた。双曲型の力学系にかんする彼の理論はいまもなお、この分野の主要な成果の一つである。スメールの研究はトポロジーと無限次元多様体解析の研究の動向に大いなる影響を及ぼしてきた。一九七〇年代にスメールの関心は力学と経済学に移り、そこで彼はトポロジーと動力学における独自のアイデアを応用した。一九八〇年代初めからは計算理論と計算数学に焦点を定め、これまでの研究生活で最も長い期間をこの分野に費やしている。具体的な問題に対する直接的な解を中心とする科学技術計算の主流の研究にあらがって、スメールは連続的計算と複雑性の理論を発展させた。

ここで一つ意外なことも挙げておこう。スメールの何ページにもまたがるプロフィールが——よりにもよって——鉱物コレクションの専門誌《ミネラロジカル・レコード》に載っていたことだ。一見すると場違いとも思えるが、じつはスメール夫妻は熱心な天然結晶のコレクターだった。彼らが数十年のあいだに集めた品々は、世界最高級の個人所蔵コレクションと見なされている。少し前には、夫妻の鉱物を紹介する、一〇〇点ものカラー写真を収めた本も出版された。タイトルは『スメール・コレクション——天然結晶の美』という。(4)

スメールが初めてポアンカレ予想に夢中になったのは、彼がまだミシガン大学の博士課程にいたときである。彼は自分が証明を発見したと思い込み、その全容を伝えるべく、大急ぎで教授の研究室に駆け込んだ。教授はほとんど無言だったが、スメールはかまわず自分の証明の概略を説明した。研究室を出て、初めてスメールは抜かりがあったことに気がついた。彼の「証明」には三次元多様体にかんする仮説がいっさい使われていなかった。数年後、リオの海岸で肌を焼いていたときに、スメールは三次元の事例に対する反例を見つけたと確信した。さっそくその詳細を記述してみたが、読み直した結果、やはり誤りが見つかった。スメールのポアンカレ予想へのアタックは、二度も誤ったスタートを切っていたわけである。

しかし、あきらめるつもりはなかった。当時のスメールの関心は、力学系に移りはじめていた。力学系とは、力がかかったときの多様体の動きや流れを記述する理論である。そこで、そうしたトポロジー的対象が時間とともにどう変化するかを調べる一方で、スメールはそれらを胞体（セル）に分解する新しい方法を思いついた。これに加え、力学系にかんする詳細な知識も手伝って、高次元ポアンカレ予想の証明に役立つことになった。

スメールの証明の根幹をなすのは、彼がのちに「*h*コボルディズム定理（*h*同境定理）」というものに発展させた新しい概念だった。この「コボルディズム（同境 cobordism）」という言葉は、「境界」を意味する border あるいは boundary に由来し、二つの多様体の結びつきを意味する。たとえば、一方の多様体が円で、もう一方の多様体が二つの互いに交わらない円だとすると、そのコボルディズムは一着のズボンのようなものになる。一つの円がウエストで、二つの円が脚の部分だ。この定理の前提条件は、コボルディズムが特定の必要条件を満たしていること、および、二つの多様体が単連結である、すなわちプレッツェルのような形をした物体になっていないということだ。これらの条件をもとに、スメールはこの二つの多様体がある意味で互いに等しくなることを証明したが、これにはすべてが五次元以上で起こるかぎり、という制約があった。スメールの定理を言葉を替えて説明するならば、先の二つの多様体のあいだのコボルディズムは「開いた」円柱、すなわち一着のズボンや口の開いたゴム管に等しいということである。

高次元ポアンカレ予想を証明するには、可縮でコンパクトな多様体がすべて球面（球体の表面）に変形できることを示さなくてはならない。実際にそうした多様体を調べてみよう。まず、その多様体から二つの円板を取り去る。*h*コボルディズム定理により、残った多様体が開いた円柱に等しいことが示される。次に、二つの円板を、そのへりとへりを互いにのりづけして球の形にする。それから、この多様体の各部をねじって配列しなおすと、一方では円柱と二つの円板が得られる。もう一方では、その二つの円板によって球面が形作られることが示された。したがって、ここで調べているもともとの多様体は、実際のところ、球面と位相的に同値だということになる。これがスメールの証明しようとしたことである。ただし注意してほしいのは、彼がこの証明において*h*コボルディズム定理を利用していることだ。この定理が正しいのは五次元以上においてのみなのである。したがって、スメールがこのようにして証明したポアンカレ予想も、やはり五次元以上でしか有効とならない。しかし、スメールのしたことにはそれ以上の意味があった。この証明において、彼は円板を貼り合わせることによって特定の多様体がどのようにして構成されるかを示していた。これは、単連結な多様体の一般的な分類を行なう第一歩が与えられたことを意味していた。

スメールはこの証明を一九六〇年の五月に謄写版(とうしゃばん)印刷して――まだコピー機ができる前だったので――その一部をコロンビア大学のサミュエル・アイレンバーグに送った。サミーの愛称で通っていたアイレンバーグはポーランド出身のユダヤ人で、ナチスのポーランド侵攻の直前に故国を逃れてきていた。世界を代表するトポロジストの一人と見なされていたアイレンバーグは、スメールの証明を一読して、何も問題はないと思い、それを《米国数学会会報（ブレティン・オブ・ジ・アメリカン・マセマティカル・ソサエティ）》に伝えた。その誌上で、スメールの証明は短い告知のかたちで発表された。

ところかわってイギリスのオックスフォード大学では、プリンストンで博士号を取得したばかりのジョン・スターリングスという研究者が、高次元ポアンカレ予想をスメールが証明したという噂を聞きつけていた。当初、スターリングスは半信半疑だったが、アイレンバーグがその証明を吟味したことがパパキリアコプロスによって確認された時点で、興味が出てきた。そこで、詳しいことはまったく知らないまま、自分なりのポアンカレ予想の証明を模索しはじめた。

アーカンソー大学の数学科の学生だったスターリングスは、一九五六年にプリンストンの大学院に入った。当時はまだ古い伝統がしっかりと幅を利かせていて、学生は毎晩の夕食のときに黒のローブを着用しなければならなかった。しかしスターリングスはある種の反逆児で、しきたりや慣習におとなしく従うタイプではなかった。たとえばプリンストンの数学科の由緒ある伝統の一つに、談話室でのティータイムというのがあった。この日課は今日でも続けられているのだが、賢い教授や野心ある大学院生はこの時間を利用して、数学界の最新事情を話題にした気の利いた会話でお互いに自分を印象づけようとする。ある日、スターリングスはこの集まりに哺乳瓶をもって現れた。自分を一風変わった人物に見せようとして……あるいは少なくとも、愉快な人物に見せようとしてのことだろう。哺乳瓶にはホットチョコレートが詰められていたが、スターリングスは基本的なことを見落としていた。熱い液体は冷たい空気といっしょでないと快適に飲めないのである。結果として、軽はずみに哺乳瓶の中身を吸ったスターリングスは口をやけどしてしまい、彼が狙っていたような愉快な逸話にはならなかった。これにかんして言えば、哺乳瓶にはウィスキーが入れられていたという説もあって、スターリングス自身も否定はしていない。確かにスターリングスの研究室にはかならず何かしらのアルコールが常備されていた。彼と話をしに研究室にやってくる人を、事前に酔っぱらわせる必要があったからだった。彼の主張によれば、酒が入れば話し手も活気づくし、聞き手の「注意を払いすぎ症候群」も撃退できるという。つまり、話にすっかり退屈しているくせに注意を払っているように見せかけるのはよくないというのである（最近、テレビの「リアリティ」番組や似非ドキュメンタリーが、まさにこの手法を使っていることで非難されている。数学者が文化の最先端を走っていることの、これもまた一つの実例であると言えるかもしれない）。

スターリングスは「トポロジーが神で、ポアンカレ予想がその預言者であった」もののしい時期にプリンストンに入学していた。終生その魅力に取りつかれるのも必然だったと言えよう。スターリングスはその後、死ぬまでポアンカレ熱に浮かされることになる——8章を参照——のだが、このあと述べるように多くのことをなしとげながら、三次元ポアンカレ予想の証明にだけは到達できなかった。彼がこの問題にかんしていくぶん相反する感情を抱いていたことは、こんな冗談めいた言葉からも察せられる。「次に生まれ変わるなら、まったく違う物理法則が支配する宇宙に生まれてきたいものだね。ポアンカレ予想の反例として生まれてくるんだ。そこでは私も同僚も友人も、みんなポアンカレ予想の反例。そうした反例の二つがこすれあったとき、何かすごいことが生じる。単なる連結和よりはるかに複雑なことが起こって、また別のまったく違ったポアンカレ予想の反例を生みだすんだ。しかし、それもしばらくすれば退屈になるだろう。だから私としては、いつかポアンカレ予想を証明して宇宙を破壊してしまいたいね!」。ある種の人々はかようにあきらめないものなのである。

一九六〇年代初頭、スターリングスはオックスフォードにいた。ポアンカレ予想のことはずっと考えつづけていたが、ほとんどの時間、彼はただ研究室の黒板を見つめたまま何も書けずにいるだけだった。問題は克服不可能に思えた。そんなとき、スメールがついにこの閉塞状況を破ったという噂がオックスフォードに届いた。証明が可能だったことがわかって、スターリングスを悩ませていた心理的障害が取り払われた。証明にいたる道が思い浮かんだ。黒板をあらためて凝視しはじめたスターリングスの頭に、ふと、証明にいたる道が思い浮かんだ。のちに発表されてわかったように、それはスメールの証明のしかたとはまったく違っていた。詳細を省いて要点だけを言えば、スターリングスの証明は、まず七次元以上の多様体を骨格だけにし、その骨格を二つの球体に埋め込み、片方の球体の内側から皮をはがして、これらの「部品」のいくつかを再結合する。球体はどこまでも球体であるから、七次元以上のどの次元においてもポアンカレ予想は——あらためて——証明された。

そのころ地球の反対側では、スメールがいい気分に浸っていた。時は一九六〇年の六月半ば、彼はあいかわらずコパカバーナの海岸にいた。しかし何より、彼は高次元ポアンカレ予想を証明したばかりだった。いよいよその研究結果を広くヨーロッパの人々に発表して聞かせるときだ。彼が最初に立ち寄ったのは、ドイツのボンだった。毎年そこで開催される有名な国際会議〈数学研究会議（マテマーティシュ・アルバイッターグング）〉で講演をしたいと思ったのである。ここで行なわれる発表や討論のテーマは、その場で聴衆の要望により決められることになっていた。(6)

この会議の参加者の一人にジョン・スターリングスもいた。彼はいささか気落ちしていた。ちょうどスターリングス版の証明を発表したところだったのだが、ある先輩数学者に、まだ全部は証明されていない問題を、身振り手振りで説明しすぎだ——その論に厳密さが足りない証拠だという意味の婉曲（えんきょく）表現——と諫（いさ）められたのである。そしてスメールの講演の番になった。しかし結果はスメールに戦慄を、スターリングスにひそかな歓喜をもたらした。その証明には明らかな穴があったのである。これでライバルの証明に致命的な一撃を与えられるかもしれないと思い、スターリングスは聴衆に向かって欠陥の存在を指摘した。

当初、スメールは激しく落胆した。しかしすぐに気を取り直して、欠陥の修正を試みた。心からほっとしたことに、その穴はつぶすことが可能だった。そこで一週間、スメールは無我夢中で作業にあたり、なんとか修正を翌週のチューリッヒでのトポロジー会議に間に合わせた。スイスに着いたころには、彼の態度も多かれ少なかれ改められていた。のちにスメールは問題の修正が簡単にできたと主張しているが、それはおそらく事実を正確には語っていない。実際、彼はボンで過ごした一週間がトラウマになるぐらいの痛手だったと認めている。

この劇的な一件のあと、スメールは数日の休みをとって、かつて博士課程にいたときの指導教官だったラエル・ボットと過ごした。スイスのサンモリッツというリゾート地を訪れた二人は、アルプスの周辺を散歩しながら、ポアンカレ予想についてさらに突っこんだ話をしたのかもしれない。だが、たとえそうした努力があったとしても、やはり証明はままならなかった。リオに戻ってきたスメールを空港に迎えに来た友人の数学者マウリシオ・ペイショトによれば、スメールはやつれ、ぴりぴりして、疲れた様子だったという。明らかに彼は悩んでおり、市街に向かう車中でも、自分の証明には難点があって、そのいくつかは深刻なものであると認めていた。そのあと三カ月、スメールは問題の克服と証明のやり直しに努めることになる。

一九六〇年の秋、スメールの証明はいよいよ発表できる段階となり、一〇月一一日に「五次元以上での一般化ポアンカレ予想」と題された原稿が《数学年報（アナルズ・オブ・マセマティクス）》に届けられた。一方、スターリングスの論文は、一九六〇年七月にエド・モイーズを介して《米国数学会会報》に伝えられていた。迅速な制作態勢がとられ、七次元以上でのポアンカレ予想を証明したスターリングスの「多面体的ホモトピー球面」はその年のうちに発表された。掲載場所は、通しページにしてスメールの最初の告知と一一二ページしか離れていない。

《年報（アナルズ）》の査読者（さどくしゃ）に論文を綿密にチェックされた結果、スメールはふたたび論文に修正を入れなければならなかった。そうしてできあがった完成版は、一九六一年三月に編集部に送られ、同年九月に発表された。スメールは公正だった。数カ月前に発表されていた七次元以上についてのスターリングスの研究が、そのフルタイトルと発表時の詳細情報とともに、論文の最初のページできちんと言及されていたのである。これを見ると、せいぜいが最小限の礼を失しない態度だとしか思えないかもしれないが、そこには微妙な理由が働いていた。まず、いったんスターリングスの論文に触れておけば、スターリングスを無視したとはだれからも責められない。一方、その言及を本文中でしたことで、参考文献の一覧であらためてその論文を挙げる必要がなくなる。参考文献のなかで引用すれば、スターリングスの論文のほうが先んじていたのであって、したがってスメールは証明を探すにあたってそれを熟読したと見なされたことだろう。参考資料から外すことによって、事情通にはそれとなくメッセージが伝わるわけだ。ひるがえってスターリングスの論文では、スメールの研究がまったく言及されていなかった。いずれなんらかの論文がスメールから出されることは周知の事実であったはずなのだが。

スターリングスが用いた手法は、スメールの用いた手法とは違っていた。さらに言えば、スターリングスの証明は七次元以上にしか適用されないもので、スメールの証明は五次元以上のすべての次元で有効だった。それならスターリングスの手法は五次元や六次元にも当てはまるように拡張できなかったのか？　ここでイギリスの数学者、現在はサー・クリストファーとなったクリストファー・ジーマンが登場する。

ジーマンは一九二五年に日本で生まれた。父親はデンマーク人で、母親がイギリス人だった。イギリスの寄宿学校で教育を受けたが、当人によれば、そこは彼の自尊心を失わせた監獄のようなところだった。その生活が幼い少年にとってどれほどつらかったかは、卒業後に入隊した英国空軍での生活（一九四三〜四七年）をひとときの自由と称していることからも明らかである。ジーマンは日本への爆撃作戦の航空士を務める訓練を受けた。彼の部隊の出撃予定日の一週間前、アメリカが広島に原爆を落として、戦争は実質的に終わった。自分の生まれた国を爆撃せずにすむことになってジーマンはほっとしたが、その反面、本物の戦闘を目にしていないのを残念に思う気持ちも少しだけあった。しかし結果的には、それでよかった。同じような部隊の戦死率は六〇パーセントにも達していたからである。のちにジーマンは、原爆が自分の命を救ったのかもしれないと述懐している。[7]

英国空軍を除隊したジーマンは、ケンブリッジ大学に入って数学を専攻した。あいにく従軍しているあいだに高校で学んだ数学をほとんど忘れてしまっていたため、その大部分を勉強しなおさなければならなかった。しかしまもなく追いついて、一九五三年には博士号を授与された。その後はシカゴ大学、プリンストン大学、フランスの高等科学研究所（ＩＨＥＳ）で、教職と研究職に就いた。そして一九六三年、新しい仕事の誘いがやってきた。友人の一人が彼をウェストミッドランド州コベントリーの町外れに広がるぬかるんだ野原に連れ出して、二つのことを告げた。一つは、ここにまったく新しい大学――ウォーリック大学――ができるということ。そしてもう一つは、ジーマンがそこの初代数学教授に選出されたということだった。

ジーマンはそれまで将来はケンブリッジに戻るつもりでいたが、数学科を自ら創設できる機会を前にして、母校への忠誠もさすがにぐらついた。一カ月悩んで、最後の日も夜を徹して考えたすえに、ようやく承諾する決心がついた。そして、あとは一度も後悔しなかった。ほとんどの大学が一〇〇年以上前に設立されていることを考えれば、新しい大学をゼロから立ち上げるのに関わることは、めったにできない挑戦だった。堅苦しい上下構造ができあがっていない、より合理的な意思決定ができるなど、利点はいくつもあった。すべてを理想どおりにつくりあげられるだろう。実際、建物の設計から教授陣の採用まで、ジーマンはかなり自由にやらせてもらえた。手始めに数人の一流研究者を言いくるめて、まもなくできる自分の学科に誘い込み、この学科を英国随一の数学研究所の一つにまで育てあげた。一九九一年、ジーマンはナイトに叙せられ、サー・クリストファーとなった。そして二〇〇五年、大学創立四〇周年記念日であり、ジーマンの八〇歳の誕生日でもあった日に、数学科と統計学科の建物は公式に「ジーマン棟」と改名された。

ジーマンの研究で最も有名なのは——少なくとも数学の専門家以外のあいだで知られているのは——カタストロフィー理論への貢献だろう。この理論が主流に躍り出たことにかんして、ジーマンは称賛されもしたが——見方によっては——非難されもした。それが結局、この理論の失墜を招いてしまったからである。カタストロフィー理論は、一般大衆が数学理論に大いに興味を抱く現象の先駆けとなる一例だった。しかし皮肉屋ならこう言うだろう。カタストロフィー理論の数学以外への応用は、単なる一時的流行以外の何物でもなかったと。

カタストロフィー理論はフランスの数学者ルネ・トムによって考案された。かいつまんで言えば、関係する要因が四つ以下の場合、所定の七タイプのどれか一つのかたちでかならず不連続な変化——ものごとの振る舞いが、それにかかわる要因のささいな変化が原因で、突如飛躍的な激変を見せること——が生じるという理論である。ジーマンは一九六九年から七〇年にかけての長期休暇(サバティカル)のときにトムを訪ね、この新しい理論を徹底的に学んだ。数学と哲学の中間あたりを専門にしていたトムにしてみれば、カタストロフィー理論は文字どおり理論だった。しかし数学と応用科学を股にかけていたジーマンにしてみると、これはただの理論にはとどまらなかった。つまり、応用されることを切実に求めている理論と思えたのである。

まず初めに、ジーマンは有名なカタストロフィー機械――一枚の回転円板と二本のゴムバンドからなる単純な新案装置――を考案して、カタストロフィー理論が物理学にも当てはまることをみごとに実証した。次いで、この理論を梁(はり)の座屈(ざくつ)、橋の崩壊、船の転覆などにも応用して、ある程度の成功を収めた。そして勢いに乗り、つい行きすぎてしまった。ジーマンとその追随者はカタストロフィー理論を株式市場、言語学、交通の流れ、委員会の動き、脅威に対する犬の反応、刑務所暴動にまで応用しはじめた。するとまもなく、経済学や社会学や政治学といったソフトサイエンス系のだれもかれもが、この流れに便乗したがるようになった。ジーマンの論文をざっと読んだだけで、あるいはそれすらもせず、この理論の単なる一般向けの説明に目を通しただけで、それまで説明されていなかった自分の専門分野の現象にいいかげんな数学的根拠を与えようとする。このころルネ・トムの堅くて難解な専門書は、最も売れ行きがよいくせに最も読まれない科学書の一つとなっていた。

時とともに、数学界はカタストロフィー理論にすっかり幻滅するようになった。スメールはジーマンの研究に対する有名な批評を一九七八年の《米国数学会会報》で発表して、この理論の誤りを暴露するのに重要な役割を果たした。トムの述懐によれば、彼にとってもジーマンにとっても尊敬する人物だったスメールからの批判は、二人にとって最もつらい経験の一つだったという（ただしトムもジーマンもスメールに対していっさい恨みはもたなかった。それはスメールの六〇歳の誕生日に二人が賛辞を贈っていることからも窺える）。

しかしだいたいにおいて、批判はトムの研究の数学的根拠に向けられていたわけではなかった。むしろ批判の矛先は、この理論を「応用」と称して見境なく使うことに向けられており、その意味ではジーマンにも責任の一端があった。やがて反動は大きくなり、何でもできるかのように喧伝されながら純粋数学の外ではほとんど何も生みださなかったカタストロフィー理論は、すっかり信用を失って、今日ではめったに聞かれなくなった。

ジーマンは研究者になって最初の一年のあいだにポアンカレ予想に取り組んだ。もちろん失敗したのだが、四〇年後のインタビューで、彼はそれを自分のお気に入りの失敗の一つだったと語っている。「優秀な数学者は、おそらく一回の成功につき二五回の失敗をしているでしょう」と彼は言う。「重要なのは、新しいアイデアが次々と出てくるようにすることです」。確かにそのとおりだった。新米数学者だったときにポアンカレ予想に没頭したことで、ジーマンは低次元トポロジーを理解するのに必要なものを習得できた（ここで言う「低次元」とは六次元か七次元より下のことをさす）。

ジーマンに初めて国際的な関心が寄せられたのは、一九六〇年、《米国数学会会報》に彼の論文が発表されたときだった。結び目のあるひもが四次元に存在しないことはすでにわかっていた（両端がくっついているひもは一次元球面と同値であることを思い出そう）。これは実のところ驚くべきことである。非常に複雑に絡（から）みあったひもでさえ、四次元では結び目がなくなるというのだから。そしてジーマンは、それより高次元の結び目にかんしても同じ結果が当てはまることを証明した。彼の論文はきわめて短く、《会報》のような刊行物によく見られる簡潔なスタイルと比べてもなお短かった。彼はわずか一八行で、二次元球面が五次元空間では結び目をつくれないことを示してみせた。その一八行のうち二行は、この結果がきわめて一般的であることを示すのに使われていた。すなわち、n次元球面には$3(n+1)/2$より高次元の空間では結び目ができないということだ。したがって、あらゆる結び目は――通常の結び目にせよ高次元の結び目にせよ――条件を満たすだけの高次元に移されると、なぜか即刻ほどけてしまうのである。

一年後、ジーマンは同誌にまた別の、前回より少しだけ長い論文を発表した。今度は三行の参考文献リスト（前回はついていなかった）を加えた二五行で、スターリングスの七次元以上でのポアンカレ予想の証明が五次元と六次元にも当てはまるように拡張できることを示してみせた。この論文には、ごく簡単な概略しか書かれておらず、詳細は次の論文で述べると予告されていた。しかし「多様体のアイソトピー」と題される予定だったその論文は、結局は発表されなかった。代わりに、より詳細な説明が、証明まで加えたうえで、ジョージア大学での会議の場で発表された。

この会議の発端は一九五八年の春にさかのぼる。テキサスのトポロジスト、RH・ビングと二人の同僚が休憩中に雑談していたときのことである。そこでトポロジーの研究所を創設しようという話が決まったのだが、その「研究所」という言葉は誤解を生むだろう。実際に三人が思い描いていたのは恒常的な機関ではなく、一時的な集まりのことだった。このアイデアはなかなか好評で、米海軍研究所（ONR）と国立科学財団が資金提供に応じ、一九六〇年から六一年にかけての年度中、ジョージア大学に〈三次元多様体トポロジー研究所〉が置かれることとなった。この構想はその後さらに磨きあげられて、四週間の会議という体裁になり、最終的に一九六〇年の八月一四日から九月八日までの会期で行なわれた。約四〇名のトポロジストと大学教授と大学院生が参加した。

招待状の発送を別にすれば、主催者はとくにたいへんな仕事もしなかった。会議に向けての計画さえなかった。その代わりに会期の初日に全体会議が開かれ、どのテーマを話しあうかが決められた。そのテーマの一つがポアンカレ予想だった。「研究所」で行なわれた会談や講演の内容は、概略だけのものも含めて、二年後に『三次元多様体のトポロジーとそれにかんする問題』という冊子にまとめられた。この本は今回の経緯に深い関わりをもつ英国紳士、ヘンリー・ホワイトヘッドに捧げられた。彼もジョージア大学に来る予定だったが、その直前に亡くなっていたのである。

　ジーマンの論文は多様体についての記述から始まり——当たり前だが——そのあと二種類のエキゾチックな部分空間を定義している。ジーマンはそれらを「自明な部分空間」と「非本質的な部分空間」と称するが、この「自明」や「非本質的」という言葉は日常的な意味で解してはいけない。続いてジーマンは、ある部分空間がどのようにしてもっと小さい別の部分空間に縮約するかを説明する。これらの前置きを経て、いよいよ本題に入る。まずは、あとで本題の定理を証明するときの足がかりとなる二つの補題が証明される。一つめでは、ある部分空間が自明な部分空間に縮約できるなら、もとの部分空間そのものが自明であることが示される。二つめでは、非本質的な部分空間はいずれももっと大きな部分空間に包み込まれ、その大きな部分空間は小さな部分空間に縮約できるとされる。

　スターリングスの結果を五次元や六次元に拡張するカギは、注目している多様体のある特定の部分空間が自明であると示すことにある。ジーマンはこれを前述の二つの補題と「帰納法」を使って行なった。帰納法とは、もともと一九世紀のイタリアの数学者ジュゼッペ・ペアノが考案した定理証明の手法である。まずは数学的対象を並べ、ある特定の性質がそのうちの一つに当てはまるなら、その性質はその対象の「後続者」にも当てはまることを証明する。どの対象にもかならず後続者があり、その後続者にはまた後続者があるから、その性質はえんえんと無限に当てはまることになる。したがって必要なのは最初の数学的命題が正しいかどうかを確認し、それから残りの命題の正しさを一つずつ、ドミノ倒しのように確認していくことだけである。

話を前に戻すと、ジーマンが証明しなければならなかった性質とは、調べている多様体のある特定の部分空間が自明であるということだった。そこで彼は多様体を次元の順に並べ、それから——二つの補題と帰納法を使って——そのうちの一つの部分空間が自明であるなら、次の高次元においても同じことが言えると示してみせた。言い換えれば、ポアンカレ予想が正しいとされるのに必要な性質は、ある特定の次元から先にもずっと当てはまるのである。

これにより、ポアンカレ予想の有効性はスターリングの七次元から、ジーマンの五次元まで押し下げられた。しかし、なぜ五次元なのか？　なぜこの証明は三次元や四次元にも当てはまらないのか？　それは帰納法の問題である。帰納法は開始点からその後続へと無限のステップをたどって適用されるが、逆の方向をたどることはできないからだ。この手法には開始点が必要であり、それがなければ進んでいかない。そして帰納法による証明は、五次元より低い次元からは始められない。なぜならジーマンの補題における部分空間が十分なゆとりを必要とするからである。多様体が十分に大きくなければ、部分空間は自由に動いて望ましい形に縮約することができない。五番めのドミノを引っくり返すところから帰納法を始めているために、ジーマンによるポアンカレ予想の証明は五次元以上でなくてはならないのだ。

同じころ、インディアナ大学ではアンドリュー・ウォーレスが、やはりポアンカレ予想を相手にした知恵試し、運試しに挑んでいた。ウォーレスは重要かつ有名なウォーレス＝リコリッシュ定理(8)の独立な発見者の一人で、その資質には定評があった。しかし、さしものウォーレスも今回は深刻な行き詰まりに陥った。一九六〇年九月、進退極まったウォーレスはスメールに手紙を書き、自分がどこで行き詰まったかを正確に告げて、スメールの証明の詳細を教えてほしいと頼んだ。スメールは快く願いに応じ、自分の論文の予稿(プレプリント)をウォーレスに送ってやった。ウォーレスはスメールの厚意に感謝した。スメールはこうした書簡のやりとりをすべてファイルにしまっており、もちろんウォーレスからの感謝状も保管した。それというのも、だれがいちばん先だったかにどこからも疑いが出ないようにするためだった。

ウォーレスはその予稿を精読して、壁に突き当たるまでは自分もスメールと同じような方向で研究をしていたのだとわかった。このありがたい予稿のおかげで足りなかったピースが見つかり、ウォーレスはようやく目的を達成することができた。明らかに、最終的に完成したウォーレスの証明はスメールがすでにたどった道をたどりなおすものだった。答えを見つけなくてはならない基本的な問題は、例によって、ある特定の多様体が球面に位相的に同値であるかどうかだった。これからウォーレスの証明をざっと説明するが、前にスメールの証明を説明したときとは違う方法で述べてみよう。

最初の作業は、多様体がどういう構成要素からできているかを確認することだ。トポロジストの視点から見ると、どれほど複雑な多様体でも最終的には、表面にさまざまな取っ手(ハンドル)のついた球面に変形できる。これらのハンドルは、結び目があったり、乱雑に入り組んでいたりもするが、それだけを取り出して見た場合、まっすぐに伸ばして円柱に変形することができる。次の作業は、いま確認した基本的な構成要素から、これにそっくり同じ多様体をつくりあげることだ。そこで球面から始めてみる。円柱はふさわしいかたちに入り乱れ、結び目ができている。これをフランケンシュタイン博士ばりの手術で球面に接着させる。それから角(かど)や折り目やしわを伸ばして平らにし、フランケン多様体をなめらかで平坦なものにする。やがて最後には、これが最初の多様体と位相的に同値となる。

このフランケン多様体が球面と同相であるかどうかを確認するには、この作業の流れを逆向きに行なえばいい。ハンドルを配列しなおし、ねじり、削除する。すると驚くなかれ、ある多様体のそっくりさんが先ほどと逆の流れで分解されてみると、いつのまにか球面に戻っている。これはすなわち、ある種の外科的プロセスを介すれば、最初の多様体は球面と位相的に同値だということであり、したがってポアンカレ予想が証明されたことになる。

残念ながら、この外科的プロセスにおいてはつねに**h**コボルディズム定理を用いなければならないのだが、前にも述べたように、これは五次元より高い次元でしか使えない。したがって、この定理も五次元以上でしか有効とならない。

友人のささやかな助け（ウィズ・ア・リトル・ヘルプ・フロム・ヒズ・フレンド）があれば、というわけで、ウォーレスはスメールが先になしとげたのとほぼ同じだけのことをやり終えた。しかし部外者の目には、ウォーレスが同時にそれをやったのだと見えたかもしれない。論文を学術誌に提出するとき、ウォーレスはもっとふさわしい媒体があるにもかかわらず、それを選ばなかった。彼の論文は――「改変とコバウンディングな多様体（II）」［訳注：「コバウンディングな（cobounding）」とは「コボルダントな（「同境の」の意。二三四ページ参照）」とほぼ同じ意味合い］というよくわからないタイトルで――《数学・力学ジャーナル》[9]に発表された。論文の概要を述べた前書きのパラグラフのすぐあとで、ウォーレスはこう述べている。「これらの成果の最初の応用として得られるのが、五次元以上でのポアンカレ予想の肯定的な解決だ。ここで用いた手法はスメールの手法に多少関連している」。いやいや、「多少関連している」どころではあるまい。当然ながらスメールは激怒した。

一方、太平洋の反対側では、当時の数学の中心地から遠く離れたところで、五次元ポアンカレ予想を証明しようとするまた別の試みが行なわれていた。すばらしく孤立した場所で、幸福にもスメールやスターリングスやジーマンやウォーレスの研究をまるで知らないまま、日本の数学者の山菅弘(やますげひろし)が一九六一年に「M^5のポアンカレ予想について」と題した論文を、大阪市立大学が発行している《ジャーナル・オブ・マセマティクス、オーサカ・シティ・ユニバーシティ》〔訳注：一九六四年より*Osaka Journal of Mathematics*と改称〕に発表した。山菅は自分の論文が印刷されて世に出る前に三四歳の若さで亡くなっており、彼もその研究も、歴史のなかにひっそりと埋もれてしまっている。

*

一九七六年、アメリカの建国二〇〇周年を記念して、米国数学会は著名な数学者のポール・ハルモスに近年の数学の発展をテーマにしたエッセイを書いてもらいたいと依頼した。それは楽な作業ではなかった。共同執筆者が五人もいたうえに、ハルモスの選んだ題材の一つが高次元ポアンカレ予想だったからだ。サンアントニオでの米国数学会の会議の場で、ハルモスは原稿を提出したあと、「何度か安堵のため息を漏らして、ビールを何杯かひっかけに行った――が、それは少々気が早すぎた」。

ハルモスは原稿にこう書いていた。「証明は、$n \geqq 7$についてはスターリングスにより(一九六〇年)、$n = 5$と$n = 6$についてはジーマンにより(一九六一年)得られた。同時にスメールも(一九六一年)まったく別の手法を用いて$n \geqq 5$のすべてについて証明を与えた」。この一連の流れについて、ハルモスは最悪の記述をしてしまっていた。原稿を読むなり、即刻スメールは怒りの手紙を送りつけた。ハルモスによると、その内容は強烈で、攻撃的で、険悪で、敵意に満ち、不平たらたらの喧嘩腰だったという。手紙では、ハルモスの書き方が与えている「はなはだしく歪められた印象」と、それによってスメールが被った損害について述べられていた。ハルモスは公正に対処し、記録を確認した。そして自分がまちがっていたことに気づき、修正措置をとった。異議を申し立てられた文章は、次のように書き直された。「証明はスメールによって（一九六〇年）得られた。その後まもなく、スメールの成功を聞いたうえで、スターリングスが $n \geqq 7$ で別の証明を与え（一九六〇年）、ジーマンがそれを $n=5$ と $n=6$ に拡張した（一九六一年）」。ウォーレスについてはまるっきり無視されていたが、スメールに対しては一分の誤りもない正当な扱いがなされた。だが、それでも遺恨は残った。もし貴君がもう少し優しい手紙を書いていたなら、とハルモスはスメールに告げた。それでも私はまったく同じ書き換えをしていただろうし、この件をこれほど苦々しく思うことはなかっただろう、と。

一年後にオランダの数学者ニコラース・H・カイパーの示した見解がスメールの耳に入らなかったようなのは幸いである。「S・スメールは五次元以上でのポアンカレ予想を証明した」。ここまではいい。何もまちがいはない。だが、そのあとにカイパーは括弧書きでこう続けていた。「（五次元にかんしては、J・スターリングスとE・C・ジーマンの助力があった）」。スメールが助力を必要としていたなどと言うのは、ローマ法王がラテン語の家庭教師を必要とすると言うのと変わらない侮辱だった。いくら括弧書きだからといって、その失礼さが薄まるわけでもない。むしろ、よりいっそう嫌味にも感じられる。スメールがこれを知ったらかんかんに怒っていたことだろう。

だが、彼が文句を言うのも当然だったかもしれない。実際、スターリングスもジーマンもウォーレスも、一度として自分が先だとは言っていないのだ。しかし、これだけ多くのスメールの同僚が発表の順番をまちがえていたということは、スメールの言い分がもっともだったことを示している。たとえ世界の大半の人にとってはだれが先だろうがどうでもいいことだとしてもだ。一〇年後になってさえ、一部の記述にはあいかわらず誤りが見られた。一九八八年のジョン・ミルナーの記述も、スメールにとっては不正確と感じられるものだった。「一九六〇年から六一年のあいだに、$n \geq 5$のケースはスメールによって証明され、それとは独立にスターリングスとジーマンとウォーレスによっても証明された」。これまでに述べてきた事実を考えれば、大半の読者はこの書き方に何の問題も感じないだろう。だが、もちろんスメールは不快に思った。彼の見方からすれば、「独立に」という言葉は実際の流れを表現するのに十分でなかった。「スターリングスとジーマン、およびウォーレスは、このテーマにかんしてまちがいなくすばらしい仕事を果たした」と文句なしに認めている一方で――この賛辞にほんの少しの恩着せがましさが感じられるかどうかはともかく――スメールは愚痴を付け足さずにはいられなかった。「私がいま述べたような事実に数学者がもっと敏感になってくれたらと切に願うものである」。しぶしぶながら、ミルナーも調子を合わせた。「たしかに私はこう書くべきだった――ジーマンによって五次元と六次元まで補完されたスターリングスの証明は、貴兄の証明とは『論理的に』独立なものだったが、貴兄が最初だったのは明らかに事実である。同様に、こう書くべきでもあった――五次元より高い次元だけを対象にしたウォーレスの証明は、明らかにあとから出されたものであり、貴兄の証明と実質的に変わりはない」。これでスメールもさすがに満足した。

だれが先かという問題にかんして、スターリングスのほうはずっと鷹揚だった。ジーマンからの手紙に対する返信のなかで、彼は一九八八年にこう書いている。「あなたのミルナー宛ての手紙は、彼が一九六〇年にスメールとあなたと私にかんして言ったか書いたかしたことについてのものでしたね。これについてはスメールからも何か言ってきたように思いますが、そのあと研究室を整理してしまいましたから、スメールが何と言ったかはわかりません。それに私としては、もうさっさと寝なおしたほうがいいと思うんです」

それは賢明な態度だったのだろう。しかしジーマンはよき友人だったから、スターリングスとしても無視するには忍びず、覚えていることをできるだけ詳細に伝えた。そして最後に、こう綴っている。「二八年も前のあれこれをこうやって思い出していると、ちょっと笑ってしまうんですよね」。二週間後、彼はさらに率直に言った。「だれが何をいちばん先にやったかがそんなに大事だったなら、秘書でも雇って私たちのすべての会話を記録させておけばよかったですね……私はもううんざり、いいかげん聞き飽きました」

二〇〇三年には、一連の流れがすべて正しく整理された。ポアンカレ予想九九周年という状況を説明するなかで、ミルナーはふたたびこの件をもちだして、こう記述している。「スティーヴン・スメールが一九六〇年に高次元ポアンカレ予想の証明を発表した。その直後、まったく別の手法を用いたジョン・スターリングスと、スメールときわめてよく似た手法で研究をしていたアンドリュー・ウォーレスが、同じように証明を果たした」。まさにそのとおり。しかし今回は、ジーマンが置いてきぼりにされてしまった。

＊

一次元でのポアンカレ予想は単純で、とくに面白みもない。二次元でのポアンカレ予想は難物だが、対処できないこともない。そして高次元にかんして言えば、七次元以上が最も証明しやすい。それだけの高次元空間であれば、十分なゆとりができるからだ。五次元と六次元では条件がより厳しく、それだけ苦労を要するが、やはり証明は不可能ではなかった。だから一年のうちに、スメールとスターリングスとジーマンとウォーレスが、五次元、六次元、七次元、およびそれ以上の次元でポアンカレ予想を証明できた。残るは三次元と四次元だ。本当に興味深く、やっかいな問題が生じるのは、この二つの次元である。

三次元については、当時はもうほとんどの人があきらめていたので、さしあたりポアンカレ予想の証明で残されているのは四次元だけだった。

この課題を託されたのが、新世代の数学者を代表するマイケル・フリードマンだった。フリードマンは、スメールやスターリングスやジーマンやウォーレスと比べて四半世紀分ぐらい若かった。一九五一年にロサンゼルスに生まれ、一七歳でバークレーに入学したが、一年後にプリンストンに移った。最高学位を取得する要件を満たすのに四年しかからず、二二歳にはトポロジーにかんする論文で博士号を授与されていた。

M.フリードマン

西部に戻った若い講師は、バークレーの教壇で二年を過ごし――学生の何人かは彼より年上だった――その後ふたたび東部に移って、プリンストン高等研究所で一年を過ごした。再度、西部に戻ったときには、カリフォルニア大学サンディエゴ校でのポストが待っており、その後もたいへんな速さで昇進を重ねて、一九八五年には教授に任命された。その過程で、一九八四年にはカリフォルニア・サイエンティスト・オブ・ジ・イヤーを受賞、全米科学アカデミーに選出、「天才賞」と通称されるマッカーサー・フェロー・プログラムにて同フェローに選ばれ、一九八五年にはアメリカ芸術科学アカデミーに選出、一九八六年にはフィールズ賞とヴェブレン賞を受賞、一九八七年にはホワイトハウスでロナルド・レーガン大統領から科学栄誉賞を授与された。まだ三六歳という若さでの快挙だった。

一九九八年、フリードマンは環境を変えることを決意した。研究対象を広げて計算機科学に関心を移し、サンディエゴを離れて、今度は北のワシントン州レドモンドに出向いた。レドモンドといえば、マイクロソフトの本社があることで知られているが、フリードマンが向かったのはまさにそこだった。彼はマイクロソフト社の研究機関である〈マイクロソフトリサーチ〉の理論研究グループに参加して、産業界で働く初のフィールズ賞受賞者となった。

〈マイクロソフトリサーチ〉の七〇〇名の従業員は、コンピュータ・サイエンスとソフトウェア工学の基礎研究と応用研究を行なっており、その研究領域は、音声認識、情報検索、グラフィックス、機械の学習能力など、五五の分野にまたがる。そのうち理論研究グループは、計算、組み合わせ論、グラフ理論、アルゴリズム理論の代替モデルに取り組むほか、P＝NPが成り立つのかどうか、(10)量子計算がいつか可能になるのかどうかといった、理論計算機科学の基礎的な問題も取り扱う。

実際に身を置いてみて、〈マイクロソフトリサーチ〉の環境はフリードマンにとって非常に魅力的だった。教授が象牙の塔で研究するようなアカデミックな体裁を残しながら、研究結果を製品開発チームに受け渡さなければならない現実性も兼ね備えている。その一方で、理論研究グループは製品サイクルの制約から離れて長期的ビジョンに集中する自由も与えられている。この会社に入るのに一つ障害があるとすれば、それはマイクロソフト社が従業員に年金制度ではなく、ストックオプションを提供していることだろう。だが、それもフリードマンにとってはさして問題ではなかった。彼は完全なアウトドア派だったから、自分が年金暮らしになって死ぬよりは、雪崩(なだれ)にあって死ぬ確率のほうが高いと思っていたのである。

フリードマンは分類問題についての研究でフィールズ賞を授与されたが、じつはポアンカレ予想も分類問題の一部である。ポアンカレ予想とは、球面をほかのトポロジー的対象と区別するものは何であるかを決定することだからだ。しかしフリードマンの研究は、単に四次元球面がどう認識されるかを示すだけにとどまらなかった。彼が行なったのは、単連結の四次元閉多様体の完全な分類だった。

四次元空間は非常にやっかいな問題をはらんでいる。私たちが長さと高さと広さの三次元に、時間の一次元を加えた四次元に住んでいることを思えば、このことはなおさら苛立たしいかもしれない［訳注：ただし本書で話題にされているのは、長さ高さ広さの三次元にもう一つの方向を加えた四次元のこと］。しかしスメールとウォーレスのやり方も、スターリングスとジーマンのやり方も、四次元空間では機能しない。とくに多様体を球体とハンドルに分解する手法などは、スメールが五次元以上の空間で駆使したもので、とてもよくできているのだが、これも三次元と四次元では使えない。

ふつう、ものごとは低次元でのほうが単純で、高次元になるほど複雑になると考えがちだ。しかし、事実は逆なのかもしれない。次元があまりにも低いと、かえって難しい問題が生じることもある。これを理解するには、テーブルの上にコインを表にして置いてみるといい。平面上でいくらコインを動かしても、それだけでは絶対に裏にはならない。もちろん、その平面がメビウスの帯のようにねじれているなら話は別だが、テーブル面は「向きづけられて」いなければならないので、メビウスの帯にはなりえない。コインの面を裏にするには、コインを引っくり返さなければならず、そうした動きをするにはコインをテーブル面から持ち上げなくてはならない。つまり、その処置は三次元ではできても、二次元ではできないのである。

空間内の多様体の何が問題かといえば、二次元表面はかならず四次元にはめ込めるが、かならずしも埋め込むことはできない点にある。言葉を定義してから説明しよう。多様体を埋め込むというのは、その多様体を位相的に変えることなく、もっと高次元の別の多様体のなかに置くことを指す。この場合、多様体とその像は、もっと高い次元の多様体のなかに置かれると、実質的に区別がつかない。一方、多様体をはめ込むというのは、その多様体を別の多様体のなかに、交差があってもかまわないという条件のもとで置くことである。はめ込むのと埋め込むのとは、各点においては似て見えるが、全体的に見ればまったく似ていない。

たとえば、一次元の数字0がこのページに印刷されるとしよう。これは円を平面に埋め込んだものである。なぜならプリンターのインクを度外視すれば、円とその周囲は区別がつかないからだ。一方、数字8は――これをねじれた円と考えると――円がページにはめ込まれているだけで、埋め込まれてはいない。なぜなら、平面のなかにはめ込む前に、円をねじってやらなければならないからだ。つまり、ページの上で円の一部が交差しあっているのである。

スメールは自分の証明を果たすにあたって、はめ込むことではなく埋め込むことを必要とした。したがって数字の8のようなものを利用して、それを少しだけ調整し、埋め込みができるようにした。しかし、これをやるには数字のねじりを戻さなくてはならず、そのためには数字を三番めの次元に持ち上げなくてはならない（同じように、クラインの壺は三次元空間にはめ込まれているだけだが、もう一つ次元があれば、壺を少しだけねじって埋め込むことが可能となる）。実際、次元の数が十分にあったからこそ、スメールは「ホイットニーのトリック」という手法を用いて対象をねじり、埋め込むことができた。しかし余分な次元がなかったら、彼のコボルディズム理論は破綻(はたん)する。要するに、四次元空間ではフランケンシュタイン博士も手術ができない。なぜなら患者を動かす十分な余地がないからだ。したがって、ハンドル理論も***h***コボルディズム定理も、余分な次元がなければうまくいかないということになる。

　しかし一九七〇年代半ばになって、当時ケンブリッジ大学にいたアンドリュー・キャッソンが、ついにハンドル理論を四次元に適用した。その後、テキサス大学オースティン校、バークレー、イェール大と移ったキャッソンは、非常に評価の高いトポロジストだったが、あえて博士号の取得に努めることはついになかった。キャッソンが導入した「フレキシブル」なハンドルは、のちにキャッソン・ハンドルと呼ばれるようになった。このハンドルは、「ひしゃげた」ハンドル、すなわち四次元多様体に埋め込まれることができるよう、いかようにも曲げられ、自らとも交差するハンドルがいくつも結合してできている。キャッソンが構築したのは、***h***コボルディズム定理の証明をそのまま四次元で行なうための道具となるものだった。

　フリードマンはこの道への第一歩として、一九七八年に、埋め込まれた多様体のなかに多様体を埋め込む手法を考案した。この結果――以降、再埋め込み定理（reimbedding theorem）と呼ばれる――を活用すれば、新しいキャッソン・ハンドルを別の大きなキャッソン・ハンドルのなかに構築できる。しかし、この手法はすべてのキャッソン・ハンドルに適用できるわけではなかった。ほんのわずかだが、フリードマンの進攻を頑強に阻（はば）む、胞体（セル）的集合の一群が残ってしまったのである。じれたフリードマンが自分の研究をある同僚に見せると、相手はすぐに、そんなに邪魔な集合は縮めてやればいいのではないかと提案した。フリードマンは縮めるだけでは飽きたらず、徹底的な作戦をとった。やっかいな対象を「言うことを聞かない抵抗勢力」と見なし、「相手が一点になるまで叩きつぶした」。これでようやく、先に進むことが可能となった。胞体的集合を粉砕したことで、フリードマンはキャッソン・ハンドルの構築をコントロールする手段を獲得した。

しかし目的地にたどりつくまでには、さらに三年がかかった。一九八一年の秋、ついに研究の成果を世に示す準備が整った。フリードマンは全米をまわる過密な日程の巡業セミナーに乗り出した。八月にはカリフォルニア州ラホーヤで九日間のワークショップ、一〇月にはテキサス州オースティンで一〇日間の会議、その直後にはプリンストンで一週間のセミナーが行なわれた。これらのぎっしり詰まった研究会を通して、論文の専門的な細部はいっそう磨かれ、改善されていった。フリードマンは参加してくれた人々に感謝した。自分の研究に関心を寄せて批評してくれただけでなく、「時間がだらだらと過ぎていっても」耐えられるスタミナを見せてくれたと言って。

翌年、「四次元多様体のトポロジー」と題された九七ページに及ぶ革新的なフリードマンの論文が、《微分幾何学ジャーナル》に発表された。この論文により、フリードマンはフィールズ賞を受賞した。ジョン・ミルナーはこの業績に賛辞を贈りながら、結果が単純そうに思えるからといって、その証明までが単純にできているなどと考えないようにと釘をさした。「トポロジーの事例においてフリードマンが得た結果のシンプルさは、微分可能なPL四次元多様体の研究にともなうことの知られている極端な複雑さと、ぜひ対比して見る必要がある」。ミルナーはフリードマンの研究を「はなれわざ」と評した。「彼の手法はじつに切れ味がよく、これによって、すべてのコンパクトな単連結のトポロジー的四次元多様体が完全に分類され、そのような多様体のこれまで知られていなかった例が数多く生みだされたうえに、既知の多様体のあいだの、これまた知られざる同相写像も数多くもたらされた」

この論文の帰結の一つは、8章で触れた「基本予想」がつねに真ではないことである。つまり四次元多様体には、複数の相容れない三角形分割があるのかもしれない。そしてもう一つが、四次元ポアンカレ予想の証明である。

なぜかといえば、フリードマンは基本群が自明であるすべての四次元閉多様体を分類することに成功した。そして、四次元球面はそうした多様体の一つである。[11] したがってフリードマンは、その表面にあるループ——前の章で輪ゴムにたとえたもの——を引き伸ばしたり一点に縮めたりすることのできる、すべての四次元閉多様体をリストアップできたことになる。さらに言えば、その表面にある二次元ループである「パラシュート」を引き伸ばしたり一点に縮めたりできる唯一の多様体は四次元球面である。かくして、ポアンカレ予想は四次元でも正しいことが証明されたのだった。

10章　ウェストコースト風の異端審問

一九八〇年代になると、ポアンカレ予想の研究が再びにわかに盛り上がりを見せた。当時、予想の真偽はまったく確定していなかった。ならば、いっそのこと予想の証明ではなく反証を与えて有名になろうではないか。多くの野心家がそう考えた。テキサス州エルドラドのスティーヴ・アーメントラウトもそんな一人だった。

アーメントラウトは一九三〇年生まれで、一九四七年にテキサス大学に入学。四年後の卒業式では、三七一人の学士のうち、わずか四人の成績優秀者の中に名を連ねた。R・L・ムーアのさらなる教え子として博士号を取得したのが、RH・ビングに遅れること一一年。その後、アイオワ大学とペンシルヴァニア州立大学で教鞭を執った。

博士号を取ってから数年後、アーメントラウトは軽度のポアンカレ熱にかかった。ポアンカレ予想に興味を持ちはじめたのは一九六〇年代半ばということになるが、生涯この問題に魅了されつづけた。本人は明言したことがなくとも、彼を研究へ駆り立てていたものはポアンカレ予想だった。ペンシルヴァニア州立大学にいたころから、アーメントラウトは本格的な取り組みを始めている。反例の存在を証明しようというのが彼の戦略だった。しかし、実際の反例も、それをどう構成するのかも示すつもりはなく、有限なステップ内で反例が構成できることのみを示そうと考えていた。いわば、概念による証明を提示しようというのだ。それでは反例が存在する明確な証拠とはならないと思うかもしれない。しかし、数学の世界では、実際にそのものを示さなくとも、あるものが存在することを証明すれば十分と考えられている。数学の法廷では、ポアンカレ予想が真でない証拠として採用されるだろう。たとえ、明瞭な物的証拠がないにせよ。

話が込み入ってきたようなので、補足しよう。アーメントラウトは間接証明法、すなわち背理法を使うつもりだった。ポアンカレ予想が正しいという前提のもとで矛盾を生じる物体（彼はこれをMと呼んだ）が存在することを示そうとしたのだ。彼はRH・ビングのアイデアやモイーズの結論のバリエーションを作り、精緻（せいち）化することによって、Mが三次元球面であると同時に三次元球面でないことを証明しようと目論（もくろ）んだ。仮に球であって球でない物体があるとすれば、確かにそれは矛盾だ。ある前提が矛盾につながるのであれば、その前提、すなわちポアンカレ予想が誤っているということになる。

ところが、ちょっとした問題が二つあった。アーメントラウト自身の言葉を引けば、

「主な問題は二つある。第一に、Mが三次元球面であると示すこと。第二に、Mが三次元球面ではないと示すことだ」。まさにそのとおり。それさえ立証できれば、残りは屁のようなものだ。

アーメントラウトは、ある特殊な性質を持つ三次元球面を構成する方法を見出そうと考えた。つまり、縮約可能な（collapsible）細分が一つも存在しない三角形分割を持つような球面を作ればいい。そのような球面は、一点へと縮約することはできない。こうして構成される物体は、ポアンカレなら球面と呼ぶだろうが、表面上のループが一点に縮められるという球面の条件を満たすことはない。

完成途上の論文の題名は、「三次元ポアンカレ予想が偽である証明」と明快そのものだった。全六章、数百ページにおよぶタイプ原稿から成る労作である。一九八一年三月、アーメントラウトは第一章を大勢の数学者に送りはじめた。添え状にはこう記されていた。自分はこの論文が正しいと確信しているが、訂正や意見、批判、提案を歓迎する。「とりわけ論文の核心をなす結論を無効にしかねない誤謬があるのならばぜひとも知る必要がある」。ごもっともな仰せではある。

第一章に続き、残りの章が次々と送られた。ところがやがて、突然音沙汰がなくなった。アーメントラウトの同僚の一人が誤りを見つけてそっと教えてやったのか、だれもろくに論文を読みもしなかったのかは明らかでない。いずれにしても、彼はそれ以降、補助的な、あるいは派生的な研究成果は発表しても、ポアンカレ予想そのものについては何も発表しようとはしなかった。彼が反例を構築しようとした原稿も入手は困難だ。唯一その存在が知られる原稿は、カリフォルニア州パロアルトにある米国数学研究所（ＡＩＭ）の保管庫に眠っている。[1]

＊

ところで、苦労を重ねた末に反例を見つけられたとして、それが本物だという確証はどうすれば得られるのだろう。まず、数学的手法で証明するという昔ながらの方法がある。だが、最近ではコンピュータによる検証という手もある。一九九四年、オーストラリアの数学者ハイアム・ルービンシュタインが、チューリッヒで開かれた国際数学者会議（ＩＣＭ）で、ある三次元多様体が球面であるか否かを判定できるアルゴリズムを披露した。反例候補の三次元物体をそのアルゴリズムにかけるだけで、イエスかノーの答えが得られるという。ところがルービンシュタインのアルゴリズムで反例が見つかることはなかった。なぜなら、アルゴリズムにかけられた物体のうち、ループが一点に縮まり、しかも球面ではないと証明されるものが一つもなかったからだ。そのような物体が実際に出現したならばアルゴリズムが機能することを、ルービンシュタインがきちんと証明してみせたのは確かである。しかしポアンカレ予想の証明にこのアルゴリズムがまったく用をなさないのは火を見るより明らかだ。アルゴリズムは次から次へと物体を検証するかもしれない。だが一度も反例が見つからなくとも、次の物体が反例である可能性は否定できないからだ。ルービンシュタインのアルゴリズムについては、あとでまた触れることになるだろう。

*

以下にご紹介する三つの試みは、ポアンカレ予想を正面切って証明しようとするものではない。のらりくらりと攻撃をかわす定理を搦（から）め手から攻めようとするものだ。いずれも二段構えである点が共通している。まずポアンカレ予想が別の、よりシンプルで期待の持てそうな予想と同値であることを証明する。次にシンプルなほうの予想を証明するのだ。だが、どの試みも、この第二段階でつまずいている。

最初の挑戦者は、ポーランドのワルシャワに住む優秀な学生、ヴウォジミェシュ・ヤコプシェだった。一九六五年、ビング＝ボルスクの定理と呼ばれる数学の命題が、ビングとボルスクによって証明されている。この定理は特殊な空間（ここではアルファ空間と呼ぶ[2]）にかんするもので、「あらゆる一、二次元アルファ空間は多様体である」というものだ。しかし三次元アルファ空間については、この定理は証明されず、定理はポアンカレ予想と同じく予想のままになっていた。これとは別に、ジョン・ヘンペルが一九七六年にあることを証明した。それによればポアンカレ予想は、偽三次元胞体（ほうたい）が存在しないという命題と同値であるという。ここでヤコプシェは、一見したところまるで関連がないように思えるこれら二つの命題を一つに統合しようと考えた。

一九八〇年、ヤコプシェはポーランドの《数学の基礎（フンダメンタ・マテマティケ）》誌に、「偽三次元胞体が存在するならば、多様体ではない三次元アルファ空間が少なくとも一つ存在する」ことを証明する論文を寄せた。もしビング＝ボルスク予想が三次元で成立するのであれば、三次元アルファ空間はすべて多様体でなければならない。これはヤコプシェの定理によれば、偽三次元胞体が存在しないことを意味する。偽三次元胞体が存在しないのであれば、ヘンペルの定理によってポアンカレ予想が正しいということになる。したがってビング＝ボルスク予想が三次元で成立するとだれかが証明しさえすれば、ポアンカレ予想も証明されるのだ。悲しいかな、だれもそれを証明できなかった。ヤコプシェは優れた論文を何本か書いたあと、アメリカに一年滞在し、その後は数学に対する興味をまったく失ってしまった。

一九八一年、当時英国のノースウェールズ・ユニヴァーシティ・カレッジ［訳注：現在のバンガー大学］にいたトマス・L・シックスタンは、一定の条件を満たす多様体にかんする予想によってポアンカレ予想を置き換えることを提案した。彼の定理はこうだ。「S^3［訳注：三次元球面］に埋め込み可能な三次元開多様体の、写像度1の固有写像の像である、非輪状の既約な三次元開多様体がすべてS^3に埋め込み可能である場合に限って、ポアンカレ予想は成立する」

何のことかさっぱり見当もつかない方もいるだろう。そこで数学者の思考の道筋を雰囲気だけでも味わっていただくために、右の定理を適当な状況に置き換えるとこうなる。

「アルバムに貼ることのできる光沢仕上げ写真をモノクロコピーした、粒子の粗い、小さな角判の光沢仕上げ写真をすべてアルバムに貼ることができる場合に限って、ポアンカレ予想は成立する」

では、この一見何の関係もなさそうな予想——私のでっちあげた比喩ではなく、シックスタンの予想のほう——が成立すると、なぜポアンカレ予想も成立するのだろう。二つの予想にはどんな関係があるのか。それがまさに、シックスタンの証明したことだ。彼は《米国数学会会報（ブレティン・オブ・ジ・アメリカン・マセマティカル・ソサエティ）》誌の一九八一年三月号に三ページから成る記事を寄せている。この中で、二つの予想が同値であるとする論証の概略を示し、完全な証明は後日公表するとしている。これは賢明な措置だったと言わねばならない。なぜなら三年後と六年後の二度にわたって発表された完全な証明とは、合わせて優に一〇〇ページを超える大作だったからだ。一方の論文について、ある批評家がこう述べている。「論文は見事と言うほかはない。専門家のために豊富な詳細を提供しつつも、この分野に明るくない読者のために卑近な例を頻繁に取りあげている」。しかし、その後も問題が一つ残った。ポアンカレ予想に代わるものとして新たに提示された予想を、だれも証明できなかったのだ。けっきょく、シックスタンの研究はポアンカレ予想の証明にはなんら貢献するところがなかった。とはいえ、「分解予想（resolution conjecture）」と呼ばれるトポロジーの別の問題に重要な進展をもたらしてくれてはいる。現在でもこの予想の一般的証明は得られていない。

一九八三年、カリフォルニア大学ロサンゼルス校（UCLA）のデイヴィッド・ギルマンと、ブリティッシュコロンビア大学のデール・ロルフセンが、ポアンカレ予想に挑戦した。ポアンカレ予想が五、六次元で成立することを証明したクリストファー・ジーマンを覚えているだろうか。その彼が一九六三年にある別の予想を発表している。多様体の内部にある適当な経路に沿ってすべての点を移動させることで一点に縮められるコンパクトな二次元多面体は例外なく、厚み付けしたうえで三角形分割し、その三角形を順序正しく一つ一つ取り除いていくことで一点にまで縮めることができる、という予想だ。前半の操作は収縮（contract）、後半の操作は縮約（collapse）と呼ばれる。[3] 彼はこの予想がポアンカレ予想を含意していることを示した。なぜそうなるか？　まず、単連結のコンパクトな三次元物体を想定する。それを二次元の「骨格」に縮める。すなわち、肉を取り去って骨だけにする。ここで厚み付けをする。ジーマン予想によれば、この骨格は一点に縮約することができる。もしこれが実際に可能だったとしたら（ジーマン予想はあくまで予想であることをお忘れなく）、元の物体を厚み付けして四次元多様体にしたならば、これもやはり一点にまで縮約することができる。ここで仮に、（三角形分割をして、その三角形を一つ一つ取り去ることによって）四次元多様体を一点にまで縮約できるのであれば、その物体は縮める前は四次元球体だったことになる。ということは、厚み付けする前は三次元球体だったはずだ。混乱しただろうか。でも心配はいらない。ジーマン予想を証明することによってポアンカレ予想を証明する戦略は一度も成功したためしがないのだから。

というのも、残念ながらだれもジーマン予想を証明できなかったからだ。実際、この予想は真であるには強すぎると、当時も今も一般に考えられている。しかしジーマンの発表から二〇年後、ギルマンとロルフセンは《トポロジー》誌に論文を発表し、ジーマン予想の弱いバージョン（ここでは「ジーマン・ライト」と呼ぶ）がポアンカレ予想と同値であることを示した。ということは、ポアンカレ予想を証明するには、ジーマン・ライトを証明すれば事足りる。ところが、こうなってもだれも証明に挑む者はいなかったか、挑んだ者がいたにしても、だれ一人成果を上げられなかった（少し先回りすることになるが、ペレルマンが最終的に示したポアンカレ予想の証明は、ギルマンとロルフセンによるジーマン・ライトの証明にもなっている）。

＊

一九八六年三月二〇日、イギリスの学術誌《ネイチャー》が驚くべき事実を報じた。ウォーリック大学のトポロジスト、コリン・ルークと、彼が指導するポルトガルのオポルト大学博士課程の学生、エドゥアルド・レゴが、ポアンカレ予想の証明に成功したという。記事を書いたのは、著名な数学者にして数学啓蒙家のイアン・スチュアートで、ウォーリック大学のルークの同僚である。一般大衆はあまり《ネイチャー》を読まないので、スチュアートは英紙《ガーディアン》にも関連記事を書いた。これで、一気にニュースが世界を駆け巡った。ルークとレゴのご両人はしばらくは栄誉に浴した。半年後、狂想曲は終わりを告げていた。

ルークはケンブリッジ大学で一九六三年に学士号を、三年後に博士号を取得している。プリンストンの高等研究所とロンドン大学クイーン・メアリー・カレッジに二年間在籍したあと、一九六八年に当時まだ創設して二年のウォーリック大学に腰を落ち着けた。彼は空間を構成する根本的な特徴というものに興味を抱いており、トポロジストとして次第に頭角を現した。一九八五年三月、ポルトガル人の学生エドゥアルド・レゴは彼の指導のもとで博士論文を準備していた。あるとき議論を進めるなかで、レゴが自ら考え出した定理をルークに示した。ルークはただちにそれがポアンカレ予想の証明につながることを見て取った。これまでの経緯に影響されぬよう、二人は過去の証明例には目を通さなかった。そして一九八六年二月までには、自分たちが真の証明を見つけたと確信していた。

数学界は信用しなかった。八月にバークレーで開かれたＩＣＭでは、ルークとレゴの研究は話題にのぼることすらなかった。会議から三カ月後、ルークはようやくバークレーの数学科で証明を提示するよう求められた。

後日、アメリカの科学誌《ディスカバー》は、バークレーで一週間にわたって開催されたセミナーを、「礼儀正しい異端審問」と評した。鎖や拷問器具がないのはもちろんだ。しかしだれもがルークを痛めつけようと手ぐすね引いて待っていた。世界に名だたるトポロジストたちがセミナー室の前列に陣取り、熱心な院生たちが後列を埋めた。聴衆はルークが敗北感に打ちのめされるのを今や遅しと待ち受けた。けっきょく、事は彼らの期待どおりに運んだ。

もちろん、発表者の論旨に数学的に見て欠陥があれば、それを見つけるのがセミナー出席者の役目であるには違いない。ルークは四日間持ちこたえた。大半の質問に答え、即答できない質問については後日回答すると約束した。しかし、聴衆は懐疑心に満ち、空気は刺々（とげとげ）しかった。どこのだれともつかない数学者じゃないか。いきなりポアンカレ予想なんぞ解いたりできるものか。審問五日め、聴衆たちの思ったとおりであることが判明した。聴衆の一人が繰り出した他愛ない質問によって、大きなほころびが露呈したのである。この瞬間から、証明はあっという間に崩れ去った。セミナーが終わるまでには、気の毒なルークは証明には重大な問題があり、原稿は不完全であると認めざるを得なかった。その状態は今も変わらない。二〇〇六年現在、ウェブサイトで閲覧できるルークの履歴書には、

「ポアンカレ予想証明プログラム（改訂稿）」と題する本人とレゴによる論文がいまだに掲載されている。

ルークはイギリスに戻った。今となっては、すべての騒ぎが恨めしかった。とりわけ報道機関への公表が悔やまれた。彼の評判は一時的にとはいえ地に堕ち、数学者としてのキャリアはゼロからやり直しも同然だった。以降、彼の研究は数学者たちからは色眼鏡で見られるようになってしまった。しかしルークは以前より慎重にはなったものの、難問に対する興味を失うことはなかった。専門から少し外れてはいるが、彼は最新の研究で一つの仮説を唱えている。「通常の銀河は大質量ブラックホールを一つ、その中心部に含んでいて、銀河の渦状腕構造はそれが生み出している」というのだ。この研究は未完成であり、明らかな論理の飛躍があることは認めつつも、ルークは「研究者諸兄が完成に手を貸してくださることを願って」として、「宇宙の構造にかんする新しいパラダイム」と題する論文を派手な宣伝も記者会見もなく公表した。

生物学や医学や物理学と違い、数学の世界ではマスコミにすぐ飛びつくのは見苦しいとされている。スウェーデンの二二歳になる学生エリン・オクセンヒェルムが、二〇〇三年秋にヒルベルトの第一六問題を解いたと勘違いをし、報道機関に公表したことがある。彼女はのちに世間の笑いものになった。ニュースはBBCで放送され、スウェーデン各紙が彼女を稀代の才媛と誉めそやした。彼女は次々とインタビューを受けた。本も書こう。ヒルベルトの第一六問題をテーマにした映画にも主演しよう。夢は広がるばかりだった。もちろん、フィールズ賞受賞も時間の問題と考えていた。ところが、夢は数日のうちに泡と消え去り、彼女のキャリアは始まる前に終わってしまった。(4)

イアン・スチュアートは、ルークとレゴの証明のニュースを人々に届ける役目を果たしたことを後悔してはいない。自分は研究者であると同時にジャーナリストであり、この二つの仕事をまっとうするうえではクリアすべき条件が違う、というのが彼の考えだ。研究者の立場にあるときには、自分の研究結果が予稿（プレプリント）、査読（さどく）、修正、そしてやっと二年後に科学誌に掲載という伝統的な手順を踏むよう念には念を入れる。ところがジャーナリストの立場にあるときには、すぐに記事になりそうな面白い話題を見つけようとする。ジャーナリストたるもの、筆者が学術界のしきたりに従って悠長な公表過程を経るのを、ただ指をくわえて眺めているわけにはいかない。「ジャーナリストとはただ見たままを記事にし、さらなる進展を待つものだ」とスチュアートはあるインタビューで答えている。では、万が一証明が間違っていたら？　それはまた別の話で、記事がもう一本できるだけのことだ。

＊

ポアンカレ予想はいつでも人の心を惹きつけずにはおかない。思い出したように新たな挑戦者が現れるのだ。たとえば一九九三年には、中国長春にある吉林大学の何伯和（ヘー・ボーヘ）が「三次元ポアンカレ予想の証明」を得たと発表した。発表は《数学研究と公開》誌上で行なわれたが、詳細は付されていなかった。この雑誌は中国の大連理工大学が発行するもので、論文の大半が中国語で書かれている出版物の常として、それほど広く読まれているわけではない。何伯和の証明にまつわる話は二度と伝わってこなかった。

一九九九年五月九日、ローマのミケランジェロ・ヴァッカロという人物が突如として表舞台に躍り出た。その日曜の夜、彼は世界に向けてEメールを発信した。「イタリア、ローマ出身の私ことミッシェル・A〔訳注：「ミケランジェロ」をフランス語読みすると「ミッシェル・アンジュ」になる〕・ヴァッカロは、ここにポアンカレ予想を証明したことを発表するものであります。題して『三次元球面の諸特性について』」。大層な自信ではないか。彼は数段落を費やして証明の大略を記し、興味のある人にはだれにでも二六ページにおよぶ論文を印刷して送ると約束した。ところがその後証明の話は二度と聞かれず、ヴァッカロは鳴りをひそめてしまった。あの自信は口先だけだったらしい。

三年後の二〇〇二年四月、イギリスのサザンプトン大学で教鞭を執る一介の数学者マーティン・ダンウッディーが、同大のウェブサイトに「ポアンカレ予想の証明」と題する論文を掲載した。論文は大きな反響を呼んだ。またしても、報道機関は話題に飛びついた。《ニューヨークタイムズ》紙は「イギリスの天才数学者、ポアンカレ予想を証明？」という見出しで伝え、《ネイチャー》誌は「英国の頭脳、数学問題の懸賞金獲得か？」と読者の好奇心をそそった。サザンプトン大学の広報部の電話は鳴りっぱなしになった。ポアンカレ予想の証明を目論む苦難の道を歩んだ先人の轍を踏まぬよう、筆者のダンウッディーはインタビューに応じなかった。

ダンウッディーは一九六一年にマンチェスター大学で学士号を取得し、博士号はオーストラリア国立大学で取得している。ウガンダのマケレレ大学に一年間赴いたのを除けば、サセックス大学で四半世紀以上過ごし、一九九二年にサザンプトン大学に移籍した。一〇年後、退職を目前に控えた六四歳のダンウッディーが、インターネットで今回の論文を公表したのだった。華々しいことには縁のなかった彼の数学者人生もこれで有終の美を飾るはずだった。

ところが、またぞろ審問が始まった。ダンウッディーの戦略は三次元球面を識別するハイアム・ルービンシュタインのアルゴリズムに着想を得ていた。論文はわずか六ページと短く、だれにでも読めるようにウェブ上に公開された。当然のことながら、大勢の目に触れることとなり……誤りがいくつも見つかった。誤りを指摘されるたびに、ダンウッディーは改訂稿を大学のウェブサイトに投稿した。数学者が間違いだらけの証明の概要のみをウェブ上に公開し、同僚に修正してもらう。そんなやり方は安易に過ぎると目くじらを立てる人々がいた。一方で、皆で力を合わせて科学を進展させられるのなら問題はないとする人々もいた。いずれにしても、第七稿の公開中、ダンウッディーは災難に見舞われた。

コリン・ルークの参戦である。一六年前、彼は今のダンウッディーとまったく同じ立場にいた。名誉挽回のチャンスだった。どこを探せば証明の弱点が見つかるのか。彼にはわかりすぎるほどわかっていた。

弱点は数日のうちに見つかった。それは論文の最終ページ、著者があとは証明をまとめあげるだけ、と考えがちな箇所にあった。そこに「この二次元球面は……弧が……交わらないという性質を有するだろう」という立証されていない命題があった。立証されていない命題の存在は、あの忌まわしい〝論理の穴〟があることを意味する。ダンウッディーは途方に暮れた。なんとか命題を立証しようともがいたものの、果たせなかった。

そこで第八稿に残念な改変を加えるほか手はなくなった。第一に、題名に疑問符を付けた。題名は「ポアンカレ予想の証明？」となった。第二に、第一段落に一文字付け加えた。「われわれはポアンカレ予想の証明を与える」が、「われわれはポアンカレ予想の仮証明を与える」となった。第三に、これが最も重要な点なのだが、論文の冒頭にイタリック体で但し書きを付した。「コリン・ルーク氏によって、本証明には……という記述に問題があると指摘されている」。そしてこう書き添えた。「［問題を解決する］論証が存在する可能性はある（私はそう願っている！）」

彼の願いが叶うことはなかった。ダンウッディーはメルボルン大学のハイアム・ルービンシュタインの研究を下敷きに証明を与えたのだが、そのルービンシュタインが五月一〇日に自ら教鞭を執る大学のセミナーでこう発言した。「私は彼の手法に欠陥があると示すことができる。もっと綿密な方法が必要とされているということだね」。五月一五日、インターネット上のディスカッショングループの一人が断言した。「ダンウッディーはいまだに欠陥を修復しようとしている。それは難しいだろう。無理かもしれないよ」。こうしてダンウッディーの冒険は終わりを告げた。第九稿も、ポアンカレ予想の証明も、現れることはなかった。

実際のところは、ダンウッディーが脚光を浴びるまで、コリン・ルークは長い時間をかけて、自身の悲惨な経験から立ち直ろうとしていたのである。まだポアンカレ予想の研究は続けていたものの、戦略は変えていた。予想が正しいことは証明できなかったのだから、ひょっとすると……誤っていることなら証明できるのではないか。彼は例の学生と協力し、反例候補の多様体を網羅する一覧表を作成するルーク＝レゴ・アルゴリズムを開発した。このRRアルゴリズムは入力を必要としない。自走して多様体を生成し、反例候補を検索する。もしポアンカレ予想の反例が実際に存在するのであれば、このアルゴリズムが遅かれ早かれそれに行き当たるはずだ。

しかし、どうすれば反例候補の多様体が実際に反例であるとわかるのだろう。すでに述べたように、ハイアム・ルービンシュタインは、ある多様体がトポロジー的に見て三次元球面と同一であるか否かを検証するアルゴリズムを過去に開発している。これはRアルゴリズムと呼ばれる（そもそも、このアルゴリズムの影響でダンウッディーはこの道に迷い込んだのだ）。そこで、RRアルゴリズムが反例とおぼしき多様体を見つけるたびに、それをRアルゴリズムに入力すればいい。すると球面に変形できない多様体はただちに識別される。

二つのアルゴリズムをRRRアルゴリズムに統合すれば、多様体を次々と生成して検証することが可能だ。RR部が多様体を生成し、R部が検証する。ポアンカレ予想が正しくないのならば、RRRアルゴリズムは有限の時間内に反例を見出すだろう。一九九四年、ルークは以上をまとめてトルコのギョコヴァで開催された会議で発表している。「ポアンカレ予想の反証アルゴリズム」と題した彼の論文は、一九九七年に《トルコ数学雑誌（ターキッシュ・ジャーナル・オブ・マセマティクス）》に掲載された。

もちろん問題は、ポアンカレ予想が正しい場合には反例は一つも存在しないので、RRアルゴリズムは永遠に膨大な数の多様体を検証しつづけるということだ。ここで思い出されるのが、他の素粒子の質量を説明できると期待される素粒子、ヒッグス粒子を発見しようという研究である。ヒッグス粒子の存在を確認するため、欧州合同原子核研究機構（CERN）が、スイス・フランス国境に大型ハドロン加速器（LHC）を二〇億ドル以上かけて建設している。加速器はヒッグス粒子の存在を確認するかもしれない。しかし、もしそんな素粒子が存在しないのだとしたら、加速器はいつまでも稼働しつづけるだけだろう。確かなのは、ポアンカレ予想の反例を探すべくRRRアルゴリズムを実行するのは、ヒッグス粒子を発見すべく大型ハドロン加速器を稼働させるのに比べれば、とんでもなく安上がりだということだ。だが素粒子物理学者は相変わらず、途方もないコストにもまるで頓着しない。

＊

二〇〇二年一〇月二二日、「ポアンカレ予想の証明」と題する二一ページの論文が、学術論文のプレプリントを配布するウェブサイト、arXiv.org に投稿された。それからの数週間で、論文には七回以上の修正が行なわれた。一二月一〇日に第八稿が掲載されるころには六ページに短縮され、題名は「星状多様体のポアンカレ予想」となっていた。

著者はセルゲイ・ニキーチンというロシアの数学者で、モスクワ国立大学で修士号を取得し、一九八七年にモスクワのロシア科学アカデミーで博士号を取得した。一年後にはレーニン・コムソモール賞を授与されている。この賞は科学、工学、文学、芸術の分野で目覚ましい功績のあった三三歳以下の人に毎年贈られたロシアの賞だ。彼はドイツの大学で四年間過ごしたあと、一九九四年からはアリゾナ大学に籍を置いている。

今回の審問は終始インターネット上で進められた。最初の原稿が arXiv.org に掲載されるやいなや、活発な意見交換が始まり、インターネット・ニュースグループの参加者がニキーチンの論文の長所、短所について自由に意見を戦わせた。一〇月三一日、ポアンカレの母校、高等理工科学校のクリストフ・マルジェランが、最初に誤りを指摘した。「ここに私が二時間前にニキーチンに送ったEメールのコピーがあります。その中で私は、彼の主たる結論に対する（やや単純な）反例を示しました。論理構成はきわめて初歩的なもので、なんら高度な概念も論証も必要とはしません。これでニキーチンの『証明』を救う望みは潰えました」

これにも負けず、ニキーチンは証明を訂正しつづけた。最初に投稿してから数週間のうちに、彼は第二稿、そして第三～第六稿へと手を加えていった。それでも誤りは残った。一カ月後、あるニュースグループ参加者がまだ論文に意見を述べるという誠意を見せた。「論文は不正確だ。彼は定理2・1の『証明』で帰納法を誤って使っている。これが致命的だ」。筆者はコメントをこう締めくくった。「これでニキーチン氏の論文の検証は最後にしたい。ニュースグループ読者各位の了承が得られることを願う」

ニキーチンはめげなかった。第七稿が出され、一週間後には第八稿が続いた。ただし、これには冒頭にコメントが付されていた。「初稿では定理2・8が誤っており、それで証明が不完全となった。これは第二稿で訂正した。第二稿では単連結の定義が強すぎた。第三稿ではこの点を改めた。第四稿では明快かつ精確な記述を期して編集を少々加えた。第五稿では定義3を訂正した。第六～第八稿は主論の改訂稿である」

第八稿は正しいのだろうか。二〇〇二年一一月から arXiv.org に公表されたままで何の批判も受けていないのは事実だが、その信憑性は疑わしい。批判されていないのはだれももう相手にしていないからだ。しかし新たな展開によって、そんな疑問すらまるで無意味になってしまった。ニキーチンが最初に証明を投稿したちょうど三週間後、第五稿と第六稿のあいだで、別のロシア人が arXiv.org に論文を投稿した。この一篇の論文が、それまでのポアンカレ予想の証明すべてを霞ませてしまうことになる。

11章　消える特異点、消えない特異点

一九七〇年代後半から八〇年代前半にかけて、カリフォルニア大学のウィリアム・サーストン（現在はコーネル大学に在籍）が、驚くべき仮説を打ち立てた。彼はまるで子どもがレゴブロックで遊ぶように、三次元多様体をいじくるのが好きだった。やがて、あらゆる多様体はいくつかの基本的な形をもとにして構成されていると気づいた。レゴブロックをつくる会社はときおり新しい形のブロックを売り出す。子どもたちを楽しませるためだが、ブロックをもっとたくさん売りたいからでもある。ところが、こうしたことは幾何学の世界では起こらない。サーストンの仮説によると、三次元多様体には、基本となる幾何構造は八つしかない。つまり、いかなる多様体もこれら八つの基本的な幾何構造からできているはずである。残念なことに、サーストンはこの仮説を証明することはできなかった――ただの直観だったのである。しかし一流の数学者の学識に裏づけられた直観なのだ。

断じて気のせいなどではない。それは予想と言ってよかった。こうして、この仮説はサーストンの幾何化予想として知られるところとなった。[1]

サーストンは一九四六年にワシントンDCで生まれ、フロリダ州サラソタにあるニューカレッジに入学した。学士号を取得した後は、カリフォルニア大学バークレー校の大学院へと進んだ。彼の才能は見る間に開花した。一九七二年にはモリス・ハーシュとスティーヴン・スメールの指導のもとに学位論文を完成させている。彼の研究は並外れて優れていたため、一九七四年に二八歳の若さでプリンストン大学の教授に任命された。[2]同年に葉層構造に関わる研究の功績によりスローン財団フェローシップを授けられ、一九七六年には幾何学のヴェブレン賞を手にしている。その後、再び低次元トポロジーに目を向けた。ある元同僚によると、この領域における彼の研究は奥が深いだけでなく、息を呑むほど独創的だったという。

W.サーストン

当然、数学の分野では最高の栄誉とされる賞の候補となった。フィールズ賞委員会は、一九八二年春の会合で、サーストンにフィールズ賞を授与することを決めた。同年秋にワルシャワで開催される予定の国際数学者会議

（ＩＣＭ）で正式に発表されるはずだった。ところが、政変が勃発した。
一九七八年、ヨハネ・パウロ二世（本名カロル・ヴォイティワ）がカトリック教会の最高位に着座した。彼はポーランド人初の教皇であり、イタリア人以外が教皇に選出されたのは実に一六世紀以来のことだった。これに触発されてか、ポーランドでソリダルノスチ（連帯）と呼ばれる新たな社会運動が勢いを増していった。リベラリズムが台頭するなか、ソビエト連邦は求心力を欠くようになり、一九八一年一二月一三日、ポーランドに戒厳令が敷かれた。クレムリンに近いヤルゼルスキ将軍が新たに権力を握った。ＩＣＭのメンバーの多くは、こうした状況で重要な会議を開催するのは不適切と考えた。いずれ事態は打開されると予想した国際数学連合（ＩＭＵ）の幹部会は、ＩＣＭを一年後の一九八三年八月まで延期した。

　期待されたとおり事態は鎮静化し、会議が開かれた。こうしてサーストンは一年遅れとはいえフィールズ賞を手にした。受賞者決定と授与式のあいだに遅れがあったため、だれが受賞するのかはすでに周知の事実だった。例年なら、受賞者の氏名はＩＣＭの開会式まで伏せられる。しかし、受賞者がわかっていたからといって、彼らの栄誉にいささかの傷もつくわけではない。幾何学に関するサーストンの洞察力は激賞された。「彼のアイデアによって二、三次元におけるトポロジーの研究は革命的な変容を遂げ、解析学とトポロジー、幾何学のあいだに実り（みの）多き新たな相互関係がもたらされた」

　では、その革命的なアイデアとはいったいどんなものだったのだろう。サーストンにはもともと、ほかならぬ空間が取りうるすべての形を発見したいという野望があった。だがその前に、あらゆる多様体は組み合わせてそのもとを形作るもの、すなわち、基本的な構成要素に分割することができる——つまり、いかなる多様体もこれらの要素を使ってつくることができると立証しなければならない。このためには「素(そ)」の概念が必要となる。以下、本書では独自にこれを、「素多様体」と呼ぶことにする。ご存じのように、素数は1とそれ自身によってのみ割り切れる数だ[3]。同様に素多様体は、球面と同値な多様体と、元の多様体と同値な多様体には分解できても、それ以上は分解できないものである。

　さて、素多様体がどういうものであるかはおわかりいただけたとして、ここでそれがどう役立つのだろう。一九二九年、ドイツの数学者ヘルムート・クネーザーが、三次元多様体はすべて素多様体に分解できることを証明した[4]。自然数すべてが素数を掛け合わせて得られるように、多様体は素多様体をたくさん組み合わせて得られることになる。つまり、素多様体とはあらゆる多様体を構成する要素なのだ[5]。クネーザーの定理によって三次元トポロジーは大幅に簡素化された。多様体の問題はことごとく素多様体の問題に還元されたのだ。

　では、素多様体をどう組み合わせればもっと複雑な多様体が得られるのだろう。ここで注意してほしいのは、ただ柔らかいベーグルをこね合わせるように素多様体どうしを貼り合わせてもうまくいかない点だ。自然数の場合を思い起こしてみよう。ただ素数を足し合わせただけでは大きな数は得られない。もっと複雑な計算、つまり素数を掛け合わせるという操作が必要になる。トポロジーでは、二つの多様体を貼り合わせることを「手術」という。この操作がこう呼ばれるにはそれ相応のわけがある。一個の素多様体を別の素多様体と組み合わせるには、双方を仮想の細いメスで切り開かなければならない。それぞれの表面を一部切り取るのだ（切り取られた部分は二次元では円板、三次元では球体となる）。そのうえで切り口を縫い付ける。このとき切り口の向きを間違えてはいけない。ファスナーを思い出していただくといいが、ファスナーがちゃんと閉まるように布に取り付けるには、左右に分かれた部品を正しい向きに縫い付けねばならないものだ。切り取った円板あるいは球体は捨てられる。(6)

以上を頭の中で想像するのはやさしいが、それも二次元までの話である。ベーグルは素多様体だ。どこをかじっても、元のベーグルと、かじった部分が残る。かじった部分は、さきほどの円板のように捨て去られる（私がここで言う「かじる」というのは普通のひとかじりであって、かじったあとのベーグルがもはやひとつながりではなく、曲がった円筒になってしまうほど派手にかじりとることではない）［訳注：もう少し正確に言うと、ベーグル上におかれた円に沿ってベーグルを切り開いたとき、ベーグルが二つの部分に分かれるならば、それぞれの切り口に円板を貼り付けると、ベーグルと球面しか得られない］。ここで二個のベーグルを

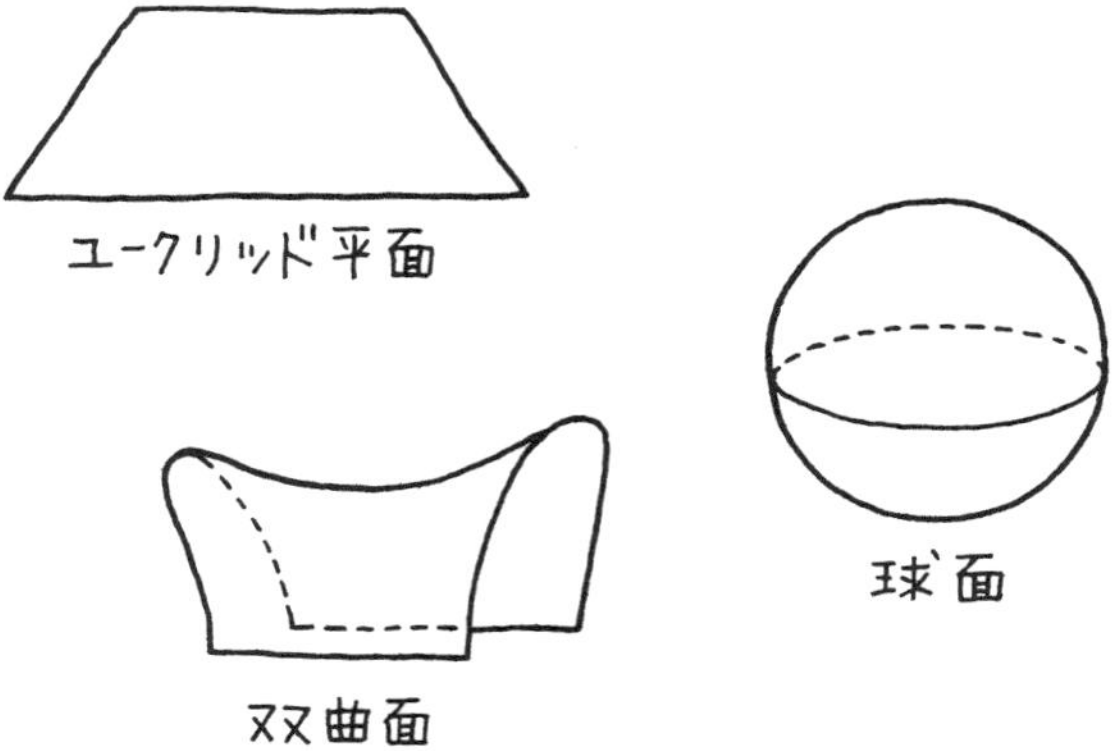

かじり、かじった跡を向かい合わせて貼り合わせると仮定しよう。すると8の字の物体が得られるが、これは素多様体ではない。二個のベーグルからできているからだ。もう一個ベーグルを足すと、今度はプレッツェルとなり、これもやはり素多様体ではない。

一九〇七年、ポアンカレとドイツの数学者パウル・ケーベが独立に、いわゆる一意化定理を証明し、二次元多様体を分類した。この定理によれば、二次元においては三種類の基本的な幾何構造しか存在しない。ユークリッド幾何、球面幾何、双曲(そうきょく)幾何だ。

ケーベの定理を使うと、曲面の素多様体への分解を完璧に記述できる。しかしこれは幾何学での話だ。トポロジストとは違って、幾何学者はものの形を好きなように変えたりはしない。彼らは曲率を重んじ、たとえば楕円面と球面はまったくの別物と考える。形状を決定するものはなんと言っても曲率だ。どの方向にも丸い球面は正の曲率を有する。平面は平らだから、曲率はもちろんゼロだ。双曲面は馬の鞍か山あいの地形のような形をしている。双曲面はトポロジーでは平面と変わらないが、幾何学ではそうはならない。負の曲率を持つからだ。

一意化定理によれば、これら三つの基本的な幾何構造を使って二次元のトポロジー的な物体すべてをつくることができる。言い換えれば、あらゆる物体は、これら三つの幾何構造を組み合わせてつくれるにちがいない。穴のない球面は種数0の曲面だ。平面は丸めて貼り合わせればベーグルになる。もうちょっと工夫すればクラインの壺にだって変身させられる。だから、これら二つの物体は平坦であると考えていい。しかし穴が一つあるので、種数1の曲面となる。最後に種数2以上のプレッツェルやその他の曲面は、双曲面から多角形を切り取り、適当な辺どうしを貼り合わせれば得られる。少なくとも穴を二つ持つ二次元曲面、すなわち、種数2以上の曲面はすべて双曲面体に属する。

三次元になると話はもっと複雑になる。サーストンが彼のトポロジーにおける見事な業績に着手した当初、彼が利用できたのは二次元におけるケーベの一意化定理だけだった。サーストンは何年も費やして三次元多様体の構造を理解しようとした。さまざまな可能性を検討しては排除していくことで、とうとう自分は聖杯を見つけたと確信した。三次元においてもやはりいくつかの幾何構造しか存在しないのだ。彼はこれらの幾何構造がどのような形をしているか突き止めたと考え、世界に向けて幾何化予想を発表した。この予想によると、すべての三次元多様体を構成する素多様体のバリエーションは、わずか八種類のよく定義された幾何構造でまかなえるという。ケーベ同様に物体の形状を利用することで、サーストンはいわば裏口から幾何学をトポロジーへと再び持ち込んだのだ。

では、その八つの幾何構造とは何だろう。どんな形をしているのだろうか。すでに述べたように、二次元素多様体は球面、平面、馬の鞍の形をしている。三次元多様体でも同じ形が現れるが、いずれも一つずつ次元が上がっている。つまり、三次元球面（四次元球の表面）、三次元ユークリッド空間、それから……私たちの目にどう映るかはわからないけれども、馬の鞍が一次元上がった形だ。[7] これらの素多様体は等方（とうほう）性を有する。すなわち、これらの構造の上に立つと、どちらの方向を向いていても風景は同じに見える。

これでやっと三つだ。サーストンは三次元多様体を構成する幾何構造はあと五つあると予想した。残りのうち最初の二つは割合すぐに見当がつく。つまり、一、二次元の素多様体から得られる円筒だ。説明しよう。私たちがよく知る二次元の円筒は、一次元素多様体、すなわち、線分二本から成ると考えることができる。一方の線分は円の形に曲げられ、もう一方が円から垂直に延びる。円と線分をいわば「掛け算する」ことで円筒が得られる。

同様に、三次元の円筒も低次元の構成要素からつくることができる。具体的には、二次元素多様体（球面や平面や馬の鞍）に一次元素多様体（線分）を掛けることによって、高次元の円筒を得ることができる。ここで平面と線分の積は除外する。なぜならば、こうして得られるのは先に挙げたユークリッド空間にほかならないので。しかし球面と線分の積、そして馬の鞍と線分の積は間違いなく新しい構成要素となる。ちなみに、これらの構成要素は等方的ではない。方向によって、表面は曲がって見えたり平らに見えたりする。[8]これらの「円筒」が残りのうち二つの素多様体だ。

これで五つだから、あと三つ。だが説明はここまでにしよう。というのも残りの構成要素はこれまでの説明よりさらにわかりづらいからだ。二つはニルとソルと呼ばれ、三番めに至っては呼び名すらない。ここでは、この三つの形状は二次元の構成要素の積である、[9]正確にはねじれ積であると述べるに留めておこう。

サーストン予想の証明はポアンカレ予想の証明に比べてもさらに野心的な企てであると言える。ポアンカレ予想が球面と同値の多様体を求めようというのに対し、サーストン予想はすべての多様体を分類しようとするからだ。サーストンはいくつかの前提を設けて弱めた定理を証明することには成功している。ある意味において十分に大きな多様体については彼の予想が成り立つと示したのだ。この定理は難解で長ったらしかったため、サーストンのモンスター定理という異名を取った。しかし、彼の一般予想（大きさの前提を外したもの）は証明されぬままだった。

サーストンは自分の一般予想を証明できなかったが、外堀は少しずつ埋められていった。

何かが立証されるたびに、それはただちにサーストンの功績に加えられた。彼が最初に予想を立てたからである。彼は「だからそう言っただろう」とでも言わんばかりの態度に終始したため、この数学の領域全体があたかもサーストンの独壇場であるかのようになってしまった。しかし、皆が皆こうした状況に納得していたわけではない。一九八八年、ジョン・スターリングスはある書簡の中で「サーストンとその一派の罪」に遺憾の意を表している。彼によると、サーストンらの罪は、「きちんと解釈すれば正しいはずの見解を十分な論証なく主張し、数学の一領域全体とその領域の定理すべてを私物化し、他の熱心な研究者の仕事を正当に評価しないことだ」という。とはいえ、サーストンが結果的にはポアンカレ予想の解決につながる構造を生み出したことに間違いはない。

＊

建物の外装ができあがったら、次に暖房システムをどうするかを決めねばならない。素多様体を組み合わせて多様体を構築するときにも同じことが言える。サーストンをレンガ工にたとえるならば、暖房エンジニアはリチャード・ハミルトンだった。

ハミルトンは一九四三年にシンシナティの外科医の家に生まれ、幼いころから両親や優秀な教師に薫陶（くんとう）を受けた。幸いなことに、早くから三次元幾何学を好むようになり、長じても幾何学に対する愛着心が失われることはなかった。ある有名な数学の賞を授与された

R.ハミルトン

とき、本人は高校時代の幾何の教師ベッカー夫人のおかげだと語っている。イェール大学で数学を学ぶと、弱冠（じゃっかん）二〇歳で卒業した。わずか三年後の一九六六年にはプリンストン大学で博士号を取得している。若き教授となってからはカリフォルニア大学のアーヴァイン校、サンディエゴ校、バークレー校と西海岸にこだわって教職に就（つ）いた。さらにコーネル大学、ニューヨーク大学クーラント数理科学研究所、プリンストンの高等研究所にも在籍している。ハワイ大学でもしばらく教えたが、これはハワイがカリフォルニアに負けないサーフィンの本場だったからのようだ。つまり、ハミルトンは数学者と聞いて私たちがすぐ頭に思い浮かべるような学究肌ではなかった。することと成すこと派手で、趣味は乗馬とウインドサーフィン、少なくともある高級週刊誌からは「女友だちの切れ目がない」と評されている。[10]

　しかし人生はウインドサーフィンと女性関係ばかりではない。ハミルトンは熱心な数学者であり、一九九六年には米国数学会からオズワルド・ヴェブレン幾何学賞を授与されている。現在ではもうサーフィンの都合で職場を選ぶことはしなくなり、コロンビア大学の数学教授に収まっている。一九九九年にハミルトンを会員に選んだ米国科学アカデミーは、彼を「『デザイナーズ』発展方程式の創造者にして宗匠」と呼んでいる。メンズスーツの魔術師がジョルジオ・アルマーニなら、ハミルトンは多様体の魔術師だ、というわけだ。

　発展方程式を「デザイン」する彼の仕事ぶりは、著名な数学者、丘成桐（ヤウ・シン・トウン）の注目するところとなった。サーストンと同じ年にフィールズ賞を射止めたヤウは、一九八三年にワルシャワで催（もよお）されたＩＣＭで、微分幾何学と偏微分方程式の分野におけるきわめて高度で影響力の大きい研究を讃えられている。[11]

S.T.ヤウ

　ヤウの生涯は小説さながらだ。一九四九年に香港の片田舎の農村に生まれ、三人の息子と五人の娘のいる子だくさんの家庭で育った。父親は中国文学と西洋哲学の教授で、香港中文大学の創設に力を注いだ人物だった。家は貧しく、食べ物は少なく、電気も水道もなかった。子どもたちは風呂代わりに川で体を洗った。

　五歳のとき、ヤウは有名公立学校の入学試験を受けるが、数学の点数が悪く不合格となった。そこで村の小さな学校に通った。この学校の子どもたちは粗野で、最初は彼らとは距離を置いていたヤウだったが、いつしか浮浪児のリーダー格になった。

やがて中学に入った。成績が上がりはじめたのは、学校の教え方が良かったからではなく、ヤウが学生と討論する父親の言葉に注意深く耳を傾けるようになったからだった。高校に入ると幾何学を学びはじめた。簡単な公理を使ってエレガントな定理を証明する魅力に嵌まったのだ。代数に興味が湧くと、すぐに数学に対する深い愛情が芽生えた。

不幸なことに、ヤウが一四歳のときに父親が亡くなった。もともとけっして良いとは言えなかった家庭の経済事情はさらに悪化した。母親の強い意思と、父親の友人や教え子の助力がなければヤウは学業を続けられなかっただろう。本を買う余裕はなかったため、書店で何時間も本を読んで過ごした。一五歳のとき、年少の子どもたちを教えて金を稼ぎはじめた。

一九六六年、ヤウは香港中文大学に入学した。歴史にとても興味があったし、数学の成績が一番良いわけでもなかったのに、数学を専攻科目に選んだ。この選択が吉と出た。「大学で学んだ数学が私の目を覚ましてくれました。数学の真髄が理解できたとき、私は興奮のあまり、この喜びを伝えようと教授に手紙を書いたほどです」とヤウは述懐する。

ときおり、カリフォルニア大学バークレー校やプリンストン大学の若手数学者たちが香港に教えにくることがあった。彼らはヤウの能力に感嘆し、バークレー校へ入学できるよう手引きしてくれた。ヤウは香港で学部を修了していなかったが、大学院に入学を許可された。知識に飢えていた彼は、数学のクラスなら片っ端から、朝の八時から夕方の五時まで出席した。講義のさなかに昼ご飯を食べることもしばしばだった。だんだんと非自明な問題を証明するようになり、それが教授たちの目に留まった。論文を何篇か書いたころには、世界的に有名な幾何学者でやはり中国人の陳省身（チャーン・シン・シェン）が、学位論文の指導教官になることに合意した。実際のことを言うと、ヤウは博士号取得のためにそれほど努力する必要はなかった。それまでにヤウがやり終えていた研究に感じ入ったチャーンは、彼が過去に書きあげている論文がすでに博士号取得の条件を満たしていると判断した。

　晴れて博士となったヤウは、チャーンの助言によりプリンストンの高等研究所に職を求めた。二倍の俸給を出すというハーバード大学の誘いを蹴っての決断だった。その後ニューヨーク州立大学とスタンフォード大学で教鞭を執（と）り、このころから重要な問題に解決を示すようになっている。たとえば、ヤウは当初、あの有名なカラビ予想が誤っていると主張した。だれもがこの予想は誤っていると信じていた。ところが、みな間違っていたのだ。その後まもなく、ヤウは自分の論理に穴を発見してしまった。ヤウは苦境に陥り、何週間も眠れぬ夜を過ごした。しかし、やがて軌道修正し、カラビ予想の証明に成功したのだった。この証明は空間が一〇次元であるとするひも理論の進展に寄与することになる。カラビ予想によれば、私たちにおなじみの四次元時空の外に、余剰次元がカーペットのループのようにびっしりと丸まっているという。この六次元空間が今日（こんにち）カラビ＝ヤウ多様体と呼ばれるものだ。

やがてヤウは一般相対性理論の正質量予想を証明した。そうした成功譚が次々と聞こえてきた。たとえば他の研究者と共同で、幾何学的非線形解析を確立した。この解析法は幾何学、非線形解析学、代数幾何学、数理物理学を統合する豊かな概念で、自然の理解に欠かすことができない。こうしてヤウは数学に対して多大な貢献をし、さまざまな形でその栄誉を讃えられている。フィールズ賞以外にも、一九八一年にオズワルド・ヴェブレン幾何学賞を授与され、一九九三年に米国科学アカデミー会員に選ばれ、一九九四年にスウェーデン王立科学アカデミーのクラフォード賞に輝いている。

このあとの章で見ていくように、少々胡散臭いやり方だったとはいえ、この中国人数学者がポアンカレ予想の最終的な解決に大きな役割を果たすことになる。いずれにしてもヤウとハミルトンは友情を結んだ。ヤウがハミルトンに惹かれたのは、ハミルトンの数学の才能もさることながら、彼と一緒だと水泳をしても何をしても楽しかったからだ。

サーストンがつくった多様体をいわば暖めるため、ハミルトンは一九八〇年代初期にリッチ・フローの概念を導入した。この概念は物体中の熱の流れを模倣するためにハミルトンが特別に考案した微分方程式だった。一九世紀の数学者グレゴリオ・リッチ＝クルバストロにちなんで名づけられたこのフローが、ポアンカレ予想の証明に重要な役割を果たすことになる。

ハミルトンはとてつもないことをやらかしそうだ。ヤウはすぐにそう見てとった。四半世紀後、ハミルトンは「リッチ・フロー……がポアンカレ予想の証明の糸口になるかもしれないとヤウが当時すでに指摘していた」と述べている。特にヤウが注目したのは、リッチ・フローによって多様体を素多様体に分解できるかもしれないという可能性だ。もちろん、これは単なる思いつきに過ぎない。実際に証明するには生半可な研究では足りないだろう。しかしヤウはリッチ・フローがポアンカレ予想だけでなくサーストン予想の証明にもつながると確信し、このまま研究を続けるようハミルトンに勧めた。

ここで話を振り出しに戻そう。そもそもハミルトンはなぜこのフローにリッチの名前を拝借したのだろうか。リッチ＝クルバストロは一八五三年にルゴで生まれた。この町は現在のイタリアにあたり、当時パパル州と呼ばれた地域にあった。父親は有名な技師で、家族の社会的地位は高かった。リッチ＝クルバストロと弟は学校には通わず、自宅で家庭教師に教育を受けた。一六歳でローマ大学に入学したとき、彼は十分に知識を備えていた。しかし政情不安のために、入学して一年経つか経たぬかのうちに故郷の町に戻った。その後ボローニャ大学とピサ大学に通っている。ピサではエンリコ・ベッチの知遇を得て、彼に学位論文の指導教官になってもらった。リッチ＝クルバストロの能力に教師たちは舌を巻いた。一八七七年には海外で一年勉学するための奨学金を獲得し、ドイツのミュンヘン工科大学に留学した。そこには当時数学の巨星だったフェリックス・クラインがいた。彼はあの奇妙なクラインの壺の発見者であり、リッチ＝クルバストロは彼を大いに尊敬していた。クラインのほうでも、イタリアからやって来たこの学生を高く評価した。ピサに戻ったリッチ＝クルバストロは助手となり、やがて数理物理学教授となった。そして一九二五年に亡くなるまで、この職に留まった。

リッチ＝クルバストロの功績で一番後世に名高いのはテンソルだ。この概念は一九〇〇年に教え子のトゥーリオ・レヴィ＝チヴィタと合同で書いた論文で導入された。テンソルはスカラー量、ベクトル、行列をまとめた概念であり、物理量や幾何学量を記述する数字の配列から成る。〇階のテンソルは、物体の質量や温度などを表す。一階のテンソルはベクトルであり、物体に作用する力などを表す。二階のテンソルは行列で、三次元物体内に生じる応力（おうりょく）の三方向の成分などを表す。幾何学では、方向によって異なった歪み（ゆが）方をするような空間の歪みを記述するのに使われる。

二人のイタリア人が書いたこの論文は、数学界にほとんど気づかれることもなく、長いあいだ埃をかぶったままだった。気づいた者にしても実用的な工夫に過ぎないと片づけてしまった。しかし論文が世に出て十数年後、アルベルト・アインシュタインが重力を幾何学的現象に還元する際にテンソルを使いはじめた。[12] このときから、リッチ＝クルバストロのテンソルは——実際にそうだったのであるが——奥深い概念だと見なされるようになった。アインシュタインが特殊相対性理論をさらに拡張する試みの中でリッチ＝クルバストロの方法をいかに重視していたかは、一般相対性理論の数学がまるごとテンソルを用いて定式化されていることからもわかる。実のところ、傑出した功績を残した物理にくらべれば数学の能力が見劣りしたアインシュタインは、テンソルを自力で見出したのではなかった。アインシュタインが——多少の苦労は自分でもしたにせよ——テンソル代数への扉を開けることができたのは、友人の幾何学者であるマルセル・グロスマン、あるいはレヴィ＝チヴィタの助力あってのことだった[13]。

テンソルのアイデアはリッチ・フローのアイデアにつながる。すでに述べたように、リッチ・フローは熱力学にヒントを得た微分方程式だ。料理用の鉄板の下にロウソクの炎を当てると、熱が拡散しはじめる。しばらくすると、鉄板は一様な温度に達する。地下室のストーブをつけて少し経つと、家中が暖かくなる[14]。寒さに震える登山者が熱いお茶かウォッカを飲むと、体の中から温まってくる。鉄板、家、人体の中の熱の流れと分布は、一八二二年にジョゼフ・フーリエが「熱の解析的理論」と題する論文で導入した偏微分方程式によって記述される。

リッチ・フローの働きもこれに似ている。ただし、この場合は拡散するのは熱ではなく曲率だ。これには少々困惑を覚えるかもしれない。どうやって幾何学的な属性が拡散するというのだろうか。では、まず曲率の概念から説明しよう。

平面内で曲がる線の曲率の意味はすぐにわかるだろう。曲線がきつく曲がれば曲がるほ

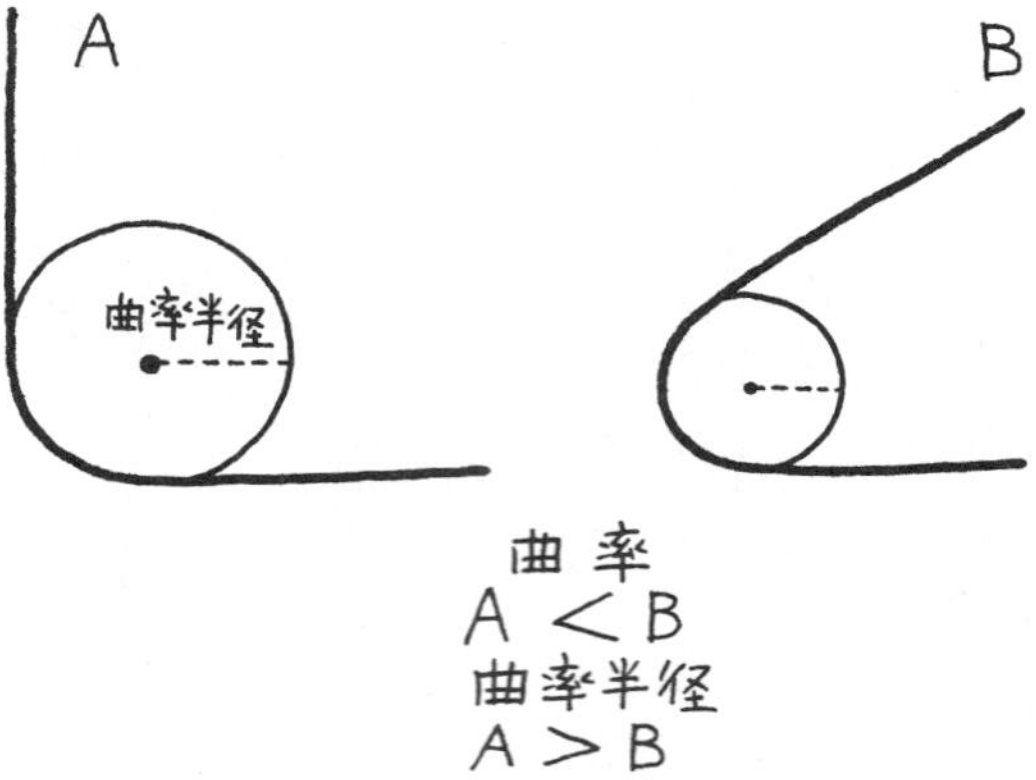

ど、曲率は大きくなる。逆もまた真なりだ。直線の曲率は言うまでもなくゼロだ。曲線の各点における曲率は、一つの数で与えられる。すなわちこの点に接する[15]円、つまり、この点の曲線を最もよく近似する円の半径の逆数で示される。曲がり方がきつくなればなるほど、曲率半径は小さくなり、曲率は大きくなる。しかし、平面ではなく空間内で蛇のようにくねくねと曲がる曲線の場合、一つの数では曲率を表しきれない。そうした曲線は二つ以上の方向に曲がるからだ。したがって空間内での曲線の曲率を表すには、一方が x 方向の曲率、もう一方が z 方向の曲率を表す[16]、二つの数が必要となる。空間内に浮かぶ曲面の場合も同様だ。たとえば円筒は一方向に曲がっているが、他方向には平らであり、この方向の曲率はゼロとなる。ということは、三次元以

上の空間内の曲率を記述するには、すべての方向における曲がり方の程度を考慮しなければならない[17]。

　高次元空間に浮かぶ三次元多様体の曲率となると話はもっと複雑になる。もう二つの数では足りない。多様体上の各点ごとにたくさんの数が必要とされる。これを可能にするのが、リッチ＝クルバストロやレヴィ＝チヴィタが数学に取り入れた、テンソルという道具にほかならない。

　ここで時間が経つにつれ形を変える多様体を想定しよう。たとえば水中を優雅に漂うクラゲを想像してほしい。クラゲの形の変化は多少なりとも周期的なものだが、多様体にはある一定の形に向かって進化してもらわねばならない。ジョゼフ・フーリエの熱方程式があくまで自然によるキュー出しを受け、物体の上のあらゆる点における温度変化を記述するのに対し、ハミルトンが創りあげた（デザインした）リッチ・フローは、物体の各点における形の変化を規定する。ハミルトンが目論（もくろ）んだのは、多様体をいわば整形することだった。つまり、熱が部屋中にまんべんなく行きわたるように、多様体を曲率が均一にならされた物体に変形しようとしたのである。そしてリッチ・フローにかんする最初の論文で、まさにこれをやってのけた。彼はある種の特殊な三次元多様体は球面に変形すると示したのだった。

　つまり、ハミルトンの場合、「インテリジェントなデザイン」［訳注：アメリカで生まれた、進化論を認めない「インテリジェント・デザイン」（ＩＤ）説に掛けた表現］は進化という考え方と相容れないものではなく、進化のためのものなのだ。ハミルトンが創りあげたリッチ・フローとは、多様体を一定の形に進化させるためのものである。リチャード・ハミルトンという人の姿を借りた大創造主が、最も複雑な多様体をも、最も単純な形へ変形させる微分方程式を創りあげたのだ。余談になるが、SF作家を名乗るティナ・S・チャンという人物が書いた短篇小説では、神々がリッチ・フローを使って宇宙を意のままに支配する。まさにマッド・サイエンティストの世界だ。

　これはリチャード・ハミルトンの優れた予見力と言えるかもしれないが、リッチ・フローが多様体におよぼす変化は、ボトックス注射が老いゆく映画俳優におよぼす変化に似ている。ボトックス注射は、俳優の眉間（みけん）や額のしわやカラスの足跡を消し、若かりし頃のはつらつとした肌を取り戻してくれる。しかも少しの傷も残さない。処置の前後で俳優は同一人物であり、ただ見た目が変わるだけだ。ボトックス注射は患者を傷つけないのでアメリカ食品医薬品局（FDA）に承認され、美容整形の専門家に絶大な人気を博している。彼らは何百万という人々にこれを注射して若返らせ、荒稼ぎする。

　リッチ・フローの場合も状況は似ている、とまあ……そう言えなくもない。リッチ・フローは多様体のしわや歪みや折り目を伸ばすように作られている。その際に、多様体を千切ったり切り裂いたりすることはない。多様体は処理の前後で同一のものであり、ただ幾何学的な見てくれが変わっているだけだ。こうしてリッチ・フローはトポロジーの専門家に認められ、絶大な人気を博した（残念なことに、リッチ・フローはいまだに金は生み出してはいない。ただ14章で述べるように、一〇〇万ドルが待っている可能性はある）。

ボトックスの有効成分であるボツリヌス菌の毒素が神経インパルスを遮断し、しわをつくっている筋肉を一時的に麻痺させる過程についてはここでは詳しく述べない。ただ、リッチ・フローの働きについていま少し説明しておこう。リッチ・フローとは、リッチ・テンソルを多様体のスケールの変化に関連づける微分方程式である。ご記憶のように、リッチ・テンソルは多様体の曲率を示し、スケールは多様体上の距離の尺度となる。[18]注目すべきは、リッチ・フローが各点におけるこれら二つの量をマイナス符号をもって関連づけることだ。言い換えれば、多様体は曲率が負であるときに膨張し、曲率が正であるときに収縮する。多様体からあらゆる出っ張りと凹(へこ)みがなくなるまでこの過程は続く。では、その後はどうなるのだろうか。

多様体が全体に正の曲率を持つと仮定しよう。ただ局所的には曲がり具合が異なってもよいとする。曲率とスケールのあいだの負の相関から、曲がり具合の大きな場所ほど、スケールは小さいことになる。スケールが小さくなると、近い点どうしは互いにさらに引き寄せられ、曲率が大きくなる。この結果、正の曲率を持つ多様体はますます丸まり、急速に収縮する定曲率の多様体となる。[19]こうなると、この多様体はどんどん丸みをきつくし小さくなりつづける。しばらくすると、すっかり小さくなった球面が、もうそれ以上小さくなれない局面に至る。するとそれは、煙のごとく「パッ」と消え去ってしまう。

　このように、ハミルトンのアイデアは実にシンプルなものだった。どんなによれよれの多様体でも、ひしゃげた多様体でも、ねじれた多様体でもいい、リッチ・フローによって変形する様子を見守る。[20]どんな形になるだろうか。もし八個の素多様体のうちの一つか、その組み合わせになれば、サーストン予想が正しいことになる。さて、ここが話のサワリである。どんなによれよれでも、ひしゃげていても、ねじれていても、すべての単連結な多様体が最終的に跡形もなく「パッ」と消えたなら、ポアンカレ予想が証明されたことになるのだ！

　どれほど複雑に歪（ゆが）みねじれた多様体でも、リッチ・フローは歪みとねじれを取り去り、単純でわかりやすい形に変えてくれる。ある意味、遊園地にあるビニールのお城を思い出させる手法と言えよう。朝、遊園地の入口が開く前には、丸いビニールのシートのようなものが地面の上に乱雑に置かれているだけだ。その形はわからない。空気で膨（ふく）らませて初めて、それがどんな形をしているのかがわかる。

　しかし、多様体が次々と膨れるのをずっと眺めていられるほどの暇人がこの世にいるだろうか。実際に暇を持てあました人がいたにしても、そして、その人がどれほど暇であろうとも、すべての多様体をひとつ残らず調べるのは無理な相談だ。この無理な相談につきあうかわりに、私たちにできるのはただひとつ、いかなる多様体もサーストンの構成要素の一つかその組み合わせを目指して進化し、その多様体が単連結であれば最終的に「パッ」と消えて影も形もなくなる、と厳密に証明することだ。

ハミルトンがこのようなことを考えはじめたのは一九七九年のことだった。三年後の一九八二年にはリッチ・フローを数学界に発表した。「正のリッチ曲率を持つ三次元多様体」と題する彼の論文は《微分幾何学ジャーナル》に掲載され、大きな反響を巻き起こした。この論文で彼は、リッチ・フローの働きにより、一様でない正の曲率を持つすべての多様体は、方向にかかわらず一定の曲率を持つ多様体に進化することを証明した。こうして難物のポアンカレ予想を証明するための第一歩が踏み出された。リッチ・フローを使う証明戦略を示唆することで、ハミルトンは一大飛躍をなしとげた。つまり、ある領域（トポロジー）の問題を、別の領域の道具（微分方程式）で解こうと提案したのだ。[21]

ヤウの勧めもあり、ハミルトンはさまざまな多様体をリッチ・フローで変形させてみた。もちろん、すべての多様体がサーストンの構成要素のうちの一つかその組み合わせに変形し、単連結の多様体が最終的に「パッ」と消えてなくなれば万々歳だ。しかしこれを成功させるには、ある条件を満たさなければならない。ボトックス注射は絶大な効果を発揮するかもしれない。しかし、たまさかにでも患者が処置中に死ぬようなことがあれば、FDAがボトックスを承認することはあり得なかった。リッチ・フローによるしわ伸ばしにしても、他の病状を招来（しょうらい）するようでは元も子もない。

そして、やはり問題はあった。多様体は角やくびれを生じるかもしれないし、いくつかに分裂してしまうかもしれない。理想的な腰のくびれを追い求めて拒食症に陥るかもしれない。そう、リッチ・フローには副作用があるかもしれないのだ。それもはなはだ深刻なものかもしれない（ボツリヌス菌の毒素も必ずしも安全ではないことを思い出してほしい）。数学では、そうした病的な症状を示す部分を特異点と呼ぶ。

ハミルトンの前に特異点が壁のように立ちはだかった。比較的楽に対処できたのは、リッチ・フローの操作によって多様体の体積が変わってしまう問題だった。出っ張りや凹みがならされると体積が増減する。どこまでも膨張させられる多様体がある一方で、あまりに速く一点に収縮するため、球面のように丸くなったかどうか確認できない多様体もあった。しかし、この問題は多様体を「くりこみ（renormalizing）」しつづけることによって克服された。くりこみとは、多様体を必要なだけ膨張または収縮させることで処理前後の体積を一定に保つ操作だ。

しかし他の特異点はそうたやすくは対処できなかった。こうした特異点は曲率が方向によって異なる速度で変化することによって生じる。たとえば、円筒について考えてみよう。円筒は一つの方向には丸いが、もう一つの方向には真っ直ぐだ。これをリッチ・フローで変形させると、曲がった方向についてはスケール――つまり長さの尺度自体――が小さくなるため、円筒は丸まっていく。ところが、円筒の真っ直ぐな部分ではスケールが大きくなるため、円筒はその方向に膨張する。結果として、それはどんどん細い管になる。最後にはものの見事に消えてなくなるものの、消える前の形は丸くはないため、球面ではない。とはいえ、形が管に見えはしても、実は伸びた球面である可能性はある。しかし球面であることを確認する前に跡形もなく消えてしまうのでは、球面と同一であると自信を持って主張するわけにはいかない。自白がないため傍証によってのみ有罪判決を得ようとする殺人事件の裁判のように、多様体が消えるまで目を凝らして特異点の形状を観察しなければならない。どちらかと言えば、この条件は裁判より数学のほうが厳しいくらいだ。「合理的な疑いを入れない」どころの話ではなく、どんな些細な疑いでも存在するならば、有罪判決は得られない。

葉巻の形

　二つの球面が一本の柄でつながったダンベル型の多様体を考えてみよう。これは実は真ん中がくびれた一個の球面にほかならない。柄の太さは両端の球面の直径より小さく、より大きな曲率を持つ。このため柄の部分は他より速く収縮する。しばらくリッチ・フローがその摩訶不思議な力を発揮したところで、柄は無限にくびれ、ダンベル多様体は特異点を形成する。そして球面どうしは離れてしまうのだ。この症例は首つかみ(ネックピンチ)特異点と呼ばれる。

ネックピンチ特異点が「変性」を起こすケースもある。このケースは、ダンベル多様体の二つの球面の大きさが揃っていない場合に起きる。柄と球面の大きさがある一定の比率であるとき、リッチ・フローで多様体を変形させても、球面どうしは離れない。柄と小さいほうの球面が一緒に小さくなっていき、大きいほうの球面のみが残る。ただし残った球面には小さな突起がある。虫眼鏡で見ると、この突起は乳頭によく似ている。

さらには「葉巻型特異点」もある。これがなんともいまいましい代物(しろもの)なのだ。葉巻の端(はし)を切り落とす前の状態を想像してほしい。もう読者の方々にはおわかりのように、葉巻の表面は二次元物体だ。ここでそれに一次元の線分を掛けて四次元空間に浮かんだ三次元物体をつくる。[22] 葉巻の表面に線分を掛けたものをリッチ・フローで変形させたらどうなるだろう? 葉巻の端部は曲がっているため、曲率が増え、どんどん曲がって小さくなり、ついには収縮しきってしまう。ところがもう一つの方向では、線分は真っ直ぐで動かない。こうして物体は二つの次元では縮むが、残りの次元ではそのままになる。シャボン玉のように「パッ」と消えてなくなるのではなく、腹を裂かれた風船のように「パフッ」としぼむ。後に残るのは平たくて中が空っぽのシート様(よう)のものだ。こうしてリッチ・フローによって物体がつぶれる。完全になくなってはいないけれど、そこにあるわけでもない。

ハミルトンは特異点問題の解消におよそ一〇年という歳月を費やした。そしてとうとう解決法を見出した。彼は父親が外科医であることを思い出し、思い切った処置法を選んだ。やっかいな病変部は切除し、あとは元の生活に戻してやるのだ。すなわち、特異点が現れる寸前までリッチ・フローを走らせ、止める。望ましくない部分を切り取る。残った多様体の断端に半球状の蓋をあてがって傷跡を閉じる。フローを再開する。多様体が特異点を再び形成しそうになったら、もう一度手術を行なう。必要とあらば何度でも際限なく手術を行なう。切り取った部分については術後の経過を追う。病理学者が腫瘍を調べるように、切り取った部分は検査する。

一九九五年、ハミルトンは「リッチ・フローにおける特異点形成」と題する一四〇ページにおよぶモノグラフを発表した。この中で彼は、特異点問題を解決するための手術法について述べている。フローを走らせる、止める、切り取る、傷跡を閉じる、走らせる、止める、切り取る、傷跡を閉じる。切り取った部分は経過を追い、検査する。何かが「パッ」と消えるかどうか見守る。これを最初から繰り返す。

だがここで、彼はもう一度壁にぶつかった。葉巻型特異点だけは手術によっても排除できなかったのだ。

＊

　私は二〇〇六年六月にチューリッヒでハミルトンに会っている。彼はパウリ・レクチャーをするために、ドイツ語表記の頭文字を取ったETH（Eidgenössische Technische Hochschule）の略称で知られるスイス連邦工科大学に招かれていた。私は、自分がイスラエル特派員を務めている日刊紙のサイエンス・エディターから、このレクチャーの取材を命ぜられていた。チューリッヒでのハミルトンの講演は、二カ月後にマドリードで開催されるICMの会合で行なわれる予定の基調講演の予行演習だった。最初の講演の夜、サッカーワールドカップのドイツ大会でイタリアがガーナとの試合に臨んだ。二日めの講演の夜は、スイスがオープニングゲームでフランス相手に戦った。スイスはサッカーが盛んな土地柄で、何百万という人がテレビに釘付けになった。それにもかかわらず、ETH最大の会場は二夜とも満員だった。空席は一つも残っておらず、遅くやって来た人たちは階段に座らねばならなかった。ハミルトンはワイシャツ姿で手書きのスライドしか持参していなかったが、講演は刺激的だった。ちょっと意外だったのは、彼が――信じられないかもしれないが――自分のパソコンのことを「マフィン」と呼んだことだった。ただ、彼が洒落者なのは前にもお話ししたとおりである。

　チューリッヒ湖のほとり近くにあるベルヴォワール・パーク・レストランで、ハミルトンのために晩餐会が催された。彼は愛想良く振る舞ってはいたものの、ポアンカレ予想については報道関係者に漏らそうとはしなかった。「あまりに重要な問題だからね」と彼は説明した。「まだ仲間と詳細を詰めているところだ。自分じゃ証明できないご同業が当てにして待ってるんだ。絶対に間違いないとわかるまでは何も言えないよ」。ハミルトンは講演の内容に触れただけだった。彼は講演ではリッチ・フローと特異点の問題について話した。ある日のこと、無名のロシア人数学者がウェブに論文を投稿した、と一人の研究仲間が教えてくれたのだという。論文はポアンカレ予想を証明したと主張していた。しかしこれまでにでたらめな報道があまりにたくさんあったことから、ハミルトンはいい加減うんざりしていた。それでも、けっきょく論文に目を通してみた。驚いたことに、今回は偽物ではなかった。「今度は本物かもしれない」と彼は仲間に語ったのだそうだ。

だが、早まった結論に飛びつくのは禁物だよ、マフィン。

12章　葉巻の手術

ハミルトンは立ち往生していた。これまで二〇年間、研究は順調に進んできたのだが、ここにきてどんなに奮闘しても前に進めなくなっていた。葉巻型特異点が、どうにも動かせない障害だった。そのとき、どこからともなく、グリゴーリー・ペレルマンという名のロシア人数学者が登場した。

ペレルマンは人付き合いがきわめて苦手だ。1章で述べたように、彼は人前に出るのを嫌い、栄えあるフィールズ賞を辞退し、マスコミを避けている。彼は灰色にくすんだサンクトペテルブルク近郊の高層アパートに、母親と一緒に住んでいる。二〇〇五年一二月には、ロシア科学アカデミーのステクロフ数学研究所も辞職してしまった。パリ近郊にある高等科学研究所（IHES）の数学者で、数年間ペレルマンと一緒に働いたことのあるミハイル・グロモフは、彼の行動に同情を示して電子メールのメッセージの中でこういっている。「彼は科学でも一般社会でも、倫理的な問題にとても敏感です。私の見るところでは、彼は数学界の道徳基準が低下していることに批判的です。しかし論争に巻き込まれるのがいやなので、仕事以外のつきあいを制限しているのです」。別の数学者は、「ペレルマンは魅力的な人物ですね。彼の清廉で孤高なところに敬服しています」と熱っぽく語っている。二一世紀の数学の象徴のひとりに――否応なしに――なろうとしているこのミステリアスな男とは、いったいどんな人物だろうか？

G.ペレルマン

家族や友人から「グリーシャ」と呼ばれていた彼は、子どものころから大科学者になるよう運命づけられていたかのようだ。彼はサンクトペテルブルク（当時はレニングラード）から移住してきたユダヤ人夫婦の、二人の子どものうちの長子で、父親は電気系技術者、母親は数学の教師をしていた。グリーシャは幼いときから父親に論理クイズや数学パズルで鍛えられ、そうした問題を解くことに熟達するようになった。彼は、特に有能な子どもたちを対象に設立されて一〇年になる理工系専門校の市立第二三九中等学校に通った。一六回めの誕生日のちょうど一カ月後、彼は初めて国際的な注目を集めることになった。ブダペストで開かれた国際数学オリンピックで六つの質問すべてに完璧に回答し、四二点の最高点で金メダルを獲得したのだ。

　その年、彼は大学へ入学願書を提出した。当時ユダヤ人学生に対して厳しい人数制限が行なわれていたが、彼はサンクトペテルブルク州立大学で数学を勉強するための入学許可を、あっさりと取得した。ここで博士号を得たペレルマンは、ステクロフ研究所の幾何学・トポロジー部門で地位も賃金も低い研究職についた。やがて彼は上司の幾何学者ユーリー・ブラゴと衝突し、偏微分方程式部門に異動させられた。ブラゴは口論になった理由についてはロを閉ざしたが、電話によるインタビューにこう答えている。「われわれがうまくいかなかった原因は、ペレルマンの気難しい性格にありました。おわかりでしょうが、優れた個性の持ち主にはよくあることでしてね」。しかし、研究所でのこのいさかいには少なくともひとつの有益な結果があった。ペレルマンが幾何学と微分方程式の両方の部署で得た経験が、あとで大いに役立ったのだ。

　グリーシャの妹エレーナは、兄と同じサンクトペテルブルクの学校に通い、同じように数学者になった。彼女は、離婚してイスラエルに移住した父を追ってイスラエルに渡った。そしてワイツマン科学研究所で博士号を取得した。彼女は結婚とともにスウェーデンに移り、ストックホルムのカロリンスカ研究所で生物統計学者として働いている。

　ステクロフに二年間勤めたあとペレルマンは海を渡った――大半の科学者や数学者と同

様、彼の行先もアメリカだった。彼は一九九二年の秋にニューヨークのクーラント研究所に勤め口を得ると、一九九三年の春はニューヨーク州立大学ストーニーブルック校で迎えた。彼と同僚の中国人教授、田剛（ティエン・ガン）はしばしばプリンストンまでドライブして、高等研究所のセミナーに出席していた。そんなあるときリチャード・ハミルトンが招かれて、リッチ・フローにかんする講演を行なった。ペレルマンは、テーマに直接の関心はなかったがハミルトンの論文は読んでいたので、講演の終了後、ある疑問点を解明してもらおうとハミルトンのところへ行った。ハミルトンは親切で気前がよく、まだ公表していない結果まで話してくれた。

一九九三年秋、ペレルマンはカリフォルニア大学バークレー校で二年間のミラー奨学金を受けることになった。彼は幾何学ではめざましい業績をあげていたので、すでに多くの同僚たちは彼の才能を認めていた。特に、二〇年間も未解決のままだった問題を驚くほど短くエレガントな証明で解いてしまったことで、仲間うちで彼は次代のきらびやかな担い手と目（もく）されていた。じつをいえば、彼は発表できるような形で結果を書き留めようとしないことが多かったため、彼が手にした珠玉の成果は、懸命に探さなければ見つけられなかった。証明など些細（ささい）なことであり発表する必要などないと感じていたのか、あるいは単に同僚に告げるだけで済んだと思っていたのかもしれない。彼は終身在職権も昇進も求めていなかったし、栄誉のためだけにさらに別の論文を発表することは、彼の信念に反していた。今日(こんにち)の大学に広がっている「論文を出さずば去れ(パブリッシュ・オア・ペリッシュ)」という空気の中で、ペレルマンはさわやかな例外だった。

バークレーでは、ペレルマンはある意味では仲間たちに完全にとけ込んでいたと言えるが、明らかに浮いているところもあった。彼は髪を長くのばしていて、それは特に変ではないが、爪まで切らないままにしているのは異常だった。この性癖は、髪や爪が切られることは自然が意図したことではないという、彼の信念ゆえのものである。特にその自動車嫌いは、カリフォルニアの住人にはまったく似つかわしくないものだった。ある日バークレーのスーパーマーケットで、彼は少し前に知り合ったばかりのイスラエル人の同僚、ズリル・セラに出会った。カリフォルニアへ移ってきたばかりのセラは、ペレルマンに通路のわきに連れて行かれて、彼のしつこい講義を三〇分間も聞かされるはめになった。講義のテーマは、車は不必要で、なしで済ますべきものだから、セラはどんなことがあっても車を買うべきではない、というものだった。

このイスラエル人数学者がペレルマンに抱(いだ)いた印象は、取り憑かれたかのように一(ひと)つ事(こと)に――それは数学とは限らない――入れあげる、話のしやすい同僚というものだった。セラによれば、彼は多くのものに興味を持っていて、決して無口でも反社会的でもなかった。そして政治の進展、特に父親の住むイスラエルの政治についての情報をいつも聞きたがった。ペレルマンの車嫌いは筋金入りで、彼はいつでもどこへでもバックパックに本を入れて徒歩で行くことにしていた。生活は質素で、いつも同じ服を着て、ある大きな理由のためにできるかぎり出費をおさえていた。研究奨励金の一部は、サンクトペテルブルクに住む母親と妹を援助するために家に送っていた。節約できるものはすべて節約して、将来のためにたくわえていたのだ。

彼はそのつましさのために危険な状況に陥ったこともあった。ある夜ドイツ人の同僚とキャンパスを歩いていると、暗闇から強盗が現れ、銃をつきつけて現金を要求した。同僚はすばやく財布を渡したが、渡す気のないペレルマンは財布がなかなか見つからないふりをした。ぐずぐずできない強盗は、ペレルマンが貯めこんだ金には手をつけないまま、結局逃走した。

一九九四年にチューリッヒで催された国際数学者会議でペレルマンは講演し、専門家たちから大いに注目を浴びた。彼には金がなく、ステクロフ研究所も旅費を出さなかったため、スイスの航空会社スイスエアが無料航空券を提供した。二年後、ヨーロッパ数学会は彼に賞を授与した……というか、授与しようとして果たせなかった。四年ごとに、将来を約束された一〇名の若い数学者が学会から栄誉を与えられる。ステクロフ研究所での高名な年上の同僚であるアナトーリー・ヴェルシクは受賞者選考委員会にペレルマンを推し、委員たちもペレルマンが確かにふさわしい人物であることを認めた。しかし、もしヴェルシクが若いペレルマンのために動いてやったと考えていたなら、それはまちがいだった。

ペレルマンは受賞を辞退したのだ。

ヴェルシクは、ペレルマンがどのように辞退を弁明したのかを詳しく述べている。彼への授賞の対象となった仕事はまだ未完成であり、したがってふさわしくないと彼は主張したのだ。ヴェルシクはそんなことはないと言って彼をなだめようとした。するとペレルマンは、授賞にふさわしいと決めた審査委員会のメンバーはだれかとたずねた。ヴェルシクが名前を伝えると、ペレルマンはその人たちは彼の仕事を理解していないし、賞は単なるお祭り騒ぎにすぎないと言い張るのだった。これ以上彼に考えを変えさせようとしても成果がないことがわかった。ヨーロッパ数学会のウェブサイトでは、いまだにペレルマンの名が受賞者のひとりとして名簿に載っているが、じつは賞は授与されていない。

バークレーにいるあいだに、ペレルマンはポアンカレ予想に興味を持ちはじめた。ハミルトンはリッチ・フローについて講演するために何度か西海岸を訪れていた。講演のなかで、彼はこの微分方程式によるアプローチがポアンカレ予想の証明を導き得ると確信していると強調した。実際に立ちはだかるのは葉巻型特異点だけである。しかしこれが手ごわい障害物なのだと。ある講演のあとで、今度はペレルマンが、自分の成果のいくつかをハミルトンに伝えた。まだ未発表のものばかりだったが、ペレルマンはそれらの成果が葉巻型特異点に対して使えそうだと考えていた。のちにペレルマンが、彼が面会に応じた数少ないジャーナリストのひとりに打ち明けたところでは、そのとき自分が説明しようとしたことをハミルトンが理解していないのがはっきり感じられたという。

低次元トポロジーはペレルマンが専攻する分野ではなかったが、いまや微分方程式との関連がわかってきたため、彼はこの分野にも興味を持ちはじめた。彼は自分の能力の高さをよく自覚していたので、それに見合った問題を探した。二〇世紀を通じて多くの第一級の数学者を挫折させてきた九〇年来の難問こそ、まさに彼が探し求めてきた挑戦だった。だれにも自分の秘密に踏み込ませることなく、彼はこれまでのポアンカレ予想証明の試みについて周囲にたずねはじめた。その主題にとつぜん関心を持ちはじめた理由はだれにも伝えなかったし、彼の主要な関心がトポロジーにはなかったこともあって、彼の意図に気づいたものはいなかったようだ。

奨学金期間の終わりが近づくと、ペレルマンはアメリカの友人や同僚たちに別れを告げた。スタンフォードやプリンストンのような第一級の大学からポストを提供したいとのオファーを受けていたが、すべて辞退した。そして自国へ戻った。ステクロフ研究所に戻ると、彼は行方をくらましたも同然になってしまった。ほぼ完全にひとりで、彼は熱心にポアンカレ予想に取り組みはじめた。安月給はアメリカで貯めた金で補った。六年間、彼は秘密をだれにも伝えず、ひとりで働いた。ときおり情報が必要になると、特定の質問を書いた電子メールを同僚に送った。そのころペレルマンと多少でも接触を持ったことのある人はだれもが、彼の質問には深さがあり、彼は才気にあふれていたと認めている。彼は、友達のダーチャ〔訳注：郊外にある菜園付き別荘、ただし手作りの木造小屋〕で冬の数カ月をまったくひとりで過ごしたこともあった。友達が来るのは、たまに食料と暖房用の燃料を運んでくるときだけだ。ペレルマンには何の義務もなかったし、教鞭を執る必要もなかった——ステクロフ研究所は研究機関である——ので、ひどく寒い小屋でのプライバシーは願ってもないものだった。

この研究に足を踏み入れてほぼ八年後、ペレルマンは時機が到来したことを感じた。専門家の審査を受けるどころか、読ませても調べさせてもいなかったが、ペレルマンは問題を解いたと確信していた。彼はポアンカレ予想と、さらに野心的な幾何化予想をも解いてしまうことになる、連続した三篇の論文を書きあげるために机に向かった。

*

この三篇の論文の中で、ペレルマンはハミルトン・プログラムに従ったが、ハミルトンの方法は特定の多様体の集合にしか作用しないため、彼はあらゆる多様体に作用するよう、その方法を拡張した。ペレルマンの手法は要するに、コンパクトな単連結多様体上でリッチ・フローを作動させることと、特異点が生じるまで観察することを組み合わせたものである。生じうる特異点のリストは、すでにハミルトンによって短いリストにまで削られ分類されている。問題の葉巻型以外に存在していた特異点は二種類のみ、球面と長細い円筒だった。[1] サーストンによって仮定された基本構成要素の一つである球面は、問題を起こさないため簡単に取り除ける。これにひきかえ、円筒はちょっと面倒だ。円筒は多様体の二つの部分を連結する部分であるか、さもなくば一方の端で多様体に接続されもう一方の端にキャップをかぶせられた付属物である。リッチ・フローのプロセスにおいては、円筒が形成される最初の兆候がないかに注意して観察する。病変が生じた部分は完全に特異点になってしまう寸前に、予防的手術によって多様体から摘出する。手術の手順は、これらの円筒を終端近くで切り離し、次にすべての開口部にキャップをかぶせて閉じることである。球面特異点を取り除いたあと円筒型特異点を切断し、開口部にはキャップをしてリッチ・フローを再開する。

手術のこの手順は、必要な限り、もしかすると永久に繰り返されることになる。それぞれの段階で、切り離した部分がサーストンの素(そ)多様体のうちの一つに相当することを確認する。これ以上特異点が生成されなくなったら多様体の残りを検査して、これらもサーストンの八種類の幾何構造のうちの一つであることを確認する。ここで作業は終了である。時間を遡(さかのぼ)ってみると、多様体から取り除かれたすべての断片がサーストンによって予測されたタイプのいずれかにあてはまることがわかる。したがって、もとの多様体はサーストンの素多様体から構築され、もしそれが自明な基本群を持つなら、それは球面に違いないことになる。したがって、ポアンカレ予想は成り立つ。[2]

このプログラムでの要となるのが、標準近傍定理である。その中でペレルマンは、強く湾曲した領域が、右でお目にかけた球面や円筒型特異点と類似していることを示した。結局このような領域は、球面や円筒の形に少しずつ近づけていくことができ、やがて球体へと変形させるか切り離すことができる。

ここまでで球面と円筒への対処は終わったが、ではあれほど皆を苦しめた葉巻はどうなのだろう。ハミルトンは、葉巻型特異点は手術で取り除くことができない以上、もしこれらの特異点がいったんできてしまったら、彼のプログラムが進められなくなることを十分に理解していた。だから、彼はそのような特異点が生じないことを強く望んだ。しかし、医学では信頼と希望が何らかの役に立つかもしれないが、数学ではどちらも十分ではない。証明が必要なのだ。ペレルマンは、すべての病状の中で最も病的なもの、葉巻型特異点の出現があり得ないことを示した。つまり、そんなものは多様体が生まれてから消滅するまで、現れようがないのだ。彼がどのようにそれを行なったかという話は、史上でも稀なエピソードである。

まずペレルマンは特別な道具をいくつか必要とした。多様体が「パッ」と消えるまでの過程を見張るうえで彼が使ったクールなトリックとは、じつは数十年も前から使われてきた手法で、ハミルトンもすでに使っていた。それは放物型リスケーリングと呼ばれ、多様体の変化する様子を、もっぱら特異点の生成に注意を払いつつ、顕微鏡を用いて撮影していくようなものである。[3] 多様体が縮んでいくにつれて、多様体の映像はスローモーション化され、同時に拡大されていく。スローモーション化も映像の拡大も間断なく続くが、そこには偏りがある。つまり、映像がスローモーション化されつつ拡大されるとき、それぞれの時間スケールでの拡大率は線形——すなわち二倍、三倍、四倍……という増加のしかた——となる。しかし距離は、$1/\sqrt{2}$, $1/\sqrt{3}$, $1/\sqrt{4}$ というようなスケールダウンのしかたをする。

次にペレルマンは、多様体が放物型リスケーリングを受けるときに不変となる計量を考案した。その数学的な特性が統計物理学のエントロピーに似ているので、彼はこの計量をエントロピーと呼んだ。物体が加熱されると分子の不規則性が増加する場合と同様に、多様体がリッチ・フローによって変形されるとペレルマンのエントロピーは漸次(ぜんじ)増加していく。多くの数学者が放物型リスケーリングのもとでも不変な便利な計量を求めていたが、最初にそれを見つけたのはペレルマンだった。彼はもうひとつのクールなトリックでこれを行なった。リッチ・フローが、熱の流れ(フロー)を説明する微分方程式から求められたことは覚えておいでだろう。ペレルマンは、逆転されたリッチ・フロー——つまり時間を遡るわけである——を観察し、多様体の「温度」がどのように変化するかを調べたのだ。時間を遡ったとき温度がどう変わるか、想像してみてほしい。部屋は均等な温度から始まり、ラジエーターの近くではより暑く、窓辺ではより寒くなって終わる。

こうして新しいエントロピーの概念が得られたので、葉巻と対決するペレルマンの準備は整った。放物型リスケーリング効果のある顕微鏡のもとでは、球面特異点は――増幅されたときでも――不動の球面のように見え、円筒型特異点は静止した円筒のように見える。しかし、葉巻型特異点だけは活発な変化を見せる。それはどこまでも強く湾曲していく。そして他の特異点とは異なり、最後には崩壊してしまう。

だが、ペレルマンはそこで帽子からウサギをとりだした。ペレルマンは、彼流のエントロピー概念と込み入った数式とを使って、多様体があまり強く湾曲できないことを証明したのだ。「パッ」と消え失せる多様体を除けば、潰れていく落下傘の布のあいだにエンドウ豆が挟まるように、小さなボールが残る余地は常に十分にあるに違いない。したがって、放物型リスケーリングという条件下で見た場合、多様体はリッチ・フローのさなかに崩壊できないことになる。全面的に潰れ込むのをエンドウ豆が妨げるのだ。前章の用語を使えば、多様体は「パッ」と消えることはできても「プシュー」としぼんで潰れることはできない。

この、局所非崩壊定理と呼ばれることになった定理は、葉巻型特異点に対処するうえで欠かせない、要の要素である。前章で見たように、リッチ・フローの法則によれば、葉巻は最終的には崩壊するはずである。その一方で、ペレルマンは崩壊があり得ないことを証明した。この二つの事実を組み合わせると、葉巻型特異点の出現は数学的にあり得ないということになる。フロイトも「葉巻はただの葉巻にすぎないこともある」と言っているではないか。ハミルトンは、せめて有名な精神分析医に悩みの種について相談していればよかったのだ。トポロジーの葉巻は想像の産物にすぎず、リッチ・フローの現実に根ざしたものではない。だが、これらの心配事を追い払ってくれたのが、このロシア人数学者だった。

　さて、これでペレルマンはハミルトンのプログラムに戻ってリッチ・フローを走らせ、特異点を削除する作業を始めることができるようになった。だが、次なる困難が立ちはだかった。つまり、無限回の手術を有限時間内に完遂しなければならないのかどうか、という問題である。ペレルマンは、そんな必要はないことを証明した。

　リッチ・フローのもとでは、多様体の負の曲率を備えた部分は叩き出しをされる（正の曲率を備えた部分は叩き延ばされるわけだが、こちらについては当面気にしなくていい）。多様体が叩き出しをされれば、その部分はふくらみ体積は拡大する。一方で、多様体の一部は手術中に取り去られる。したがって、多様体の体積は減少する。ペレルマンはこの二つの事実を統合した。第一に彼は、どんなに長くとも有限な時間内の、叩き出しによる体積増加も有限であることを証明した。したがって、多様体の体積はその時間内に無限に大きくなることはできない。第二に——布のあいだに挟まったエンドウ豆を覚えているだろうか——手術ごとに一定量の体積が取り去られる。したがって、有限時間内であれば、多

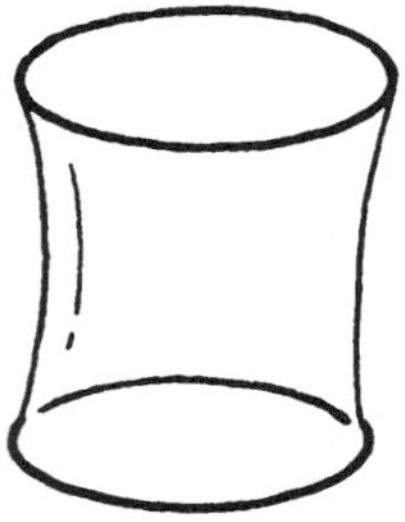

石けんの膜

様体の体積がゼロまで減ってしまう前に、有限な数の特異点しか取り除くことができない。そして、体積は負の値はとり得ないので、無限回の手術は有限時間中に可能ではない。

したがって、所定時間内の手術の回数は有限におさまるに違いない。しかし、プログラムを永久に続けられるように、その所定時間の端と端をつなげられないだろうか？　ここが困難なポイントだった。サーストンの幾何化予想を証明するために、ペレルマンは仮想外科医に手術を無限回、ほぼ永久に続けさせることのできるプロセスを述べた[5]。これは一〇〇％満足のいくものではなかったので、ペレルマンは三番めの論文の中で、部分的な成果への近道（ショートカット）を提案した。「自明な基本群を持つ多様体は無限回の手術を必要としない」というものだ。このショートカットは、すべての多様体を包括する一般的なものではない――したがって、サーストンの幾何化予想を証明しない――が、ポアンカレ予想を証明するには十分である。そして、ペレルマンはこの偉業を――信じる信じないは勝手だが――石鹸の膜を使ってなしとげたのだ。

ご存じのとおり、針金の枠に張られた石鹸の膜は、最小面積の曲面となる[6]。ペレルマンは、手術中に発生する可能性のあるネックと呼ばれる物体を測定するために、この「極小曲面」というものを使った。ここで数学者が駆使する手法は、繊細な外科手術から、もっと荒っぽい切断へと変わる。ネックというのは、ペレルマンが多様体を真っ二つに切断する箇所である。神話にでてくるいくつもの頭を持ったヒュドラに多様体を、彼女を殺したとされるヘラクレスにペレルマンを、あてはめてみよう。彼が頭を切り落としても、ヒュドラからは新しい頭が生えてくる。しかも球形の頭だけでなく、ときにはあいだに首（ネック）のついた新しい完全な胴体まで生えてくる。球面は最後に「パッ」と消えるので、彼女が球形の頭を生やすだけならペレルマンにとって問題ではなかっただろう。しかし、彼にはヒュドラが余分な胴体を生やすのをどうしても防ぐ必要があった。

ヘラクレスは切り口を焦がすことで、ヒュドラが新しい胴体を生やすのを防いだ。われらが現実のヒーローは、それとは対照的に、ヒュドラには胴体を生やせなくなることを証明する（だからこそ、ヘラクレスとヒュドラが神話の世界に属しており、ペレルマンと多様体は……まあ、少なくともペレルマンは……現実の世界に属しているのだが）。切り裂かれたネックの面積はどこまでも小さくなりうるが、二つの「胴体」をつなぐネックの面積は一定の大きさがなければならない。結局、ヒュドラには新しい胴体を生やすに足るだけの皮膚がなかったのだ。(7) 最悪の場合でも、彼女はほんの小さな小さな頭を生やすことができるにすぎない。これらはごく小さな球面で、無視してもいいようなものだ。なぜなら

――そう、なぜなら、そういうものは「パッ」と消えてしまうからだ。

ヒュドラが結局は胴体を生やすことができなくなると示すことによって、ペレルマンは、ヘラクレスが永遠に頭を切り落としつづけなければならないとしてもヒュドラは位相的にもう変化しないことを証明できた。したがって、ヒュドラが実際には球面であることを有限時間内に確かめることができ、ひいてはポアンカレ予想も証明される。(8)

ここまでを振り返って、ペレルマンのなしとげたことを確かめてみよう。最初に、彼は生まれつつある特異点を見つけるための道具を開発した。次に、彼は予防手術に適した瞬間を選ぶ方法を発明した。三番めに、彼は有限回数の手術しか必要がないことを証明した。かくして彼は、リッチ・フローによって変形され、手術によって特異点をすべて取り除かれたコンパクトな単連結多様体が、最終的に単なる球面の集まりになることを証明したのだ。時間を遡って球面と球面を貼りもどせば、もとの多様体そのものも球面だったことがわかる。まいったか、ポアンカレ予想。

*

二〇〇二年の秋と二〇〇三年の春のこと、ペレルマンは科学的成果をスピーディーに配布させるために研究者たちによって特別に構築されたインターネット・アーカイブへ、一篇ずつ三篇の論文を投稿した。arXiv――中央の文字Xはギリシャ文字のカイであり、アーカイブという英単語のもとになったギリシャ語の単語ではこの文字が使われている――と呼ばれるそれは、学術雑誌に掲載前か、多くの場合は投稿すらしていない論文のための、オンライン貯蔵庫(レポジトリー)である。一九九一年に開設され、数学、物理学、非線形科学、計算機科学(コンピュータ・サイエンス)および計量生物学の論文が収納されている。数学だけでも毎月約七〇〇篇の論文がアップロードされている。このarXivにはだれでも投稿可能だ。査読者(さどくしゃ)はいないが、最近になって承認システムが設定された。くず論文の大洪水に遭(あ)ったあとでarXivの諮問(しもん)委員会が、これまでarXivに投稿したことのある少なくとも一人が彼または彼女の論文に承認を与えない限り、投稿はできないと決定したのだった。

もちろん、まだ屑(ジャンク)ものの論文が投稿されることはあり得るし、投稿論文の一部は実際にそうなのだが、いっぱしの数学者なら運まかせに誤りのある論文を投稿して恥をかくようなことにはならないだろう。数学者は論文を投稿する前に、たいへんな注意を払って誤りがないことを確認するものである。ふつう数学者は、ある定理が証明できたなら、arXivをとおして論文を公開する前に、国内あちこちの数理学部でさまざまな聴衆を前に講演する地方まわり(ロードショー)に出発する。これによって、自分のアイデアを専門家の前で披露し、意見をもらい、論文が公開される前に誤りがあればそれを正すことができる。哀れなコリン・ルークの、バークレーでのさんざんな体験をお忘れではあるまい。それでも彼は少なくとも、もっと公(おおやけ)の場所で恥をかくのは免(まぬが)れたのだ。他のそれほど用心深くない人たちは、すぐに記者会見を行なって業績を発表するから、そのあとで要らないことに対処しなければならなくなる。(9) ペレルマンはそうではなかった。もちろん、彼の頭のなかには記者会見のことなどかけらもなかった。また、彼は自分の主張の正しさを確信していたので、地方まわり（ロードショー）の必要性も感じなかった。さらに、彼は以前 arXiv に投稿したことがあったので、承認を要求されることもなかった。その結果、彼の論文は彼がインターネットに産み落とすまでだれも——ただの一人も——目を通してはいなかった。

もしも彼がまちがいを犯していたら、あるいは彼の論文に証明されていない些細な主張や、証拠のないこまごまとした仮定が含まれていたら？ サンクトペテルブルクでペレルマンを捜し出した《ニューヨーカー》誌の二人のジャーナリストに、そんな心配はしなかったと彼は言った。少なくとも投稿すればほかの人たちが穴を見つけて栓をしてくれるし、こうして人間の知識は向上するのだと、彼は説明した。すばらしいではないか。これは科学のための最高級の無欲さ——火あぶりにされたジョルダーノ・ブルーノなどはもちろん別格として——以外の何物でもない。

自分の発見を数学界に広めるペレルマンのやり方を少々傲慢だと思う人は、このことを考えてみてほしい。arXiv に投稿された三篇のなかに、ポアンカレ予想の名前はまったく——ただの一度も——出てこない。ペレルマンは自分がポアンカレ予想を証明したと、ことさらに主張してはいない。読者が自分で気づくのに任せているのだ。さらに野心的なサーストンの幾何化予想については、第一の論文の中でついでのように言及している。最初の言及は三ページめで控えめに、「このように、ハミルトン・プログラムの実行は三次元閉多様体にかんする幾何化予想を包含するだろう」。そして次のページに、「最後に、第一三節で幾何化予想証明の簡単な概要を示す」と書かれている。ペレルマンがこれらのページにこれほどまで重大な業績を発表していたことを、論文の概要を見ただけで言い当てた人はいなかったのではなかろうか。

ペレルマンが自分の成果を大きく取り扱おうとしないのは、傲慢さから生じたものではない。ポアンカレ予想にかんする限り、ペレルマンが論文の対象として考える人々はそこから派生するものの意味に気づくだろうし、それがわからない人々はそもそも彼の論文を読むべきではないのだ。ならば、なぜこの予想で大騒ぎする必要があろうか？

二〇〇二年一一月一一日月曜日付けの最初のarXivへの投稿は、三篇中最長で三九ページあり、「リッチ・フローにかんするエントロピー公式とその幾何学的応用」というタイトルがついていた。ペレルマンは最初のページの一番下に、所属団体をステクロフ数学研究所サンクトペテルブルク支部と記載し、脚注に次のように書いている。「一九九二年の秋のクーラント研究所、一九九三年の春のニューヨーク州立大学ストーニーブルック校および一九九三‐九五年のミラー奨学研究員としてカリフォルニア大学バークレー校に滞在中に貯まった個人的貯蓄に、ある意味私は支えられたところもある。こうした機会を私が利用できるよう力になってくれた皆さんに感謝する」

ペレルマンはいささか仰々しいほど実直な自分のセンスを忠実に守り、論文全体にわたって非常に几帳面にクレジット――功績を認めることで、金融に関するものではない――を、それに値するすべての人に捧げた。彼は実際に、一三節のうち一〇節にアスタリスクをつけて段落を追加し、彼の前にだれが何をしたかという歴史的所見を記している。ハミルトンの一〇篇の論文も引用文献のリストに入っている。

論文末尾の第一三節の標題は、「三次元リッチ・フローの大域的描写」となっている。アスタリスクのついた段落の直前でペレルマンは、「このように、もとの多様体のトポロジーを多様体の連結和として復元することができる」という言葉で、この節と論文自体を締めくくっている。こうして、幾何化予想の証明という、近年の数学史上最も意義深い偉業の梗概は終わっている。自慢も満悦もなく、ただ事実だけを述べて。

四カ月後の二〇〇三年三月一〇日に、ペレルマンは第二の論文「三次元多様体上の手術付きリッチ・フロー」を投稿した。二二ページあって、さらに専門的である。最初の論文の続篇として、いくつかの不正確な部分が修正され、第一論文第一三節の「幾何化予想証明の簡単な概要」の中で彼が行なったほとんどの主張が確認されている。やはりここでもハミルトンの論文のうちの五篇が引用されており、そのなかには六二ページめに証明されていない主張が存在するとペレルマンが指摘する、一九九七年の九〇ページあまりの論文も含まれている。二〇〇三年七月一七日に、ペレルマンは最後の論文「一定の三次元多様体上のリッチ・フローの解に対する有限消滅時間」を投稿した。先にヒュドラとの戦いになぞらえてご紹介した論文だ。これはサーストンの幾何化予想全体ではなくポアンカレ予想の証明に向けたショートカットを提供するものである。ペレルマンは七ページを使って、リッチ・フローが有限時間内に一定の多様体を「パッ」と消すことを証明している。

三篇の論文中の途方もなく新しい数学は別にして、ペレルマンの英語を使いこなす力はじつに驚くべきものかもしれない。論文を読むと、これまで八年間ほとんど英語を話さずに過ごしたロシア人によって書かれたというよりは、あたかも専門家によって編集済のもののように思える。次の九二ワードの文をみてみよう。「さもなくば、Ω_ρの点を含んでいないΩの構成要素を取り除き、残りの各構成要素のそれぞれのε-ホーンの中に半径hのδ-ネックを見出し、真ん中の二次元球面のところで切断して、ホーン型をした先端を取り除き、ほぼ標準型のキャップを接着する。このとき、曲率ピンチが保存され、同時に、キャップの中心近くに寄せた半径$(\delta')^{-1}h$の計量ボールが因数h^{-2}によるスケーリング後に、第二節で検討した標準キャップつき無限円筒中の対応するボールに対してδ'-近似となるようにする」。たぶん、到底わかりやすいとはいえないだろうが、ペレルマンの単語が数学的に正確だと言えこそすれ、構文については何の不備もない。

これらの論文はトポロジスト向けではなく、幾何解析の専門家向けに書かれたものだ。

しかも、その専門家たちでさえ、これらの論文を研究するには大変な努力が必要だろう。実際に、すべて正しいかどうかを明らかにするだけで、13章で触れるが、二人ずつ三つのチームがそれぞれ三年間かかっている。

ペレルマンは自分の投稿が同僚や知人の目に留まるようにと、友達数人に電子メールを送った。彼は「ご機嫌いかが」とか「天気はいかが」のような挨拶に時間は割かず、単刀直入に用件に入った。たとえば、クーラント研究所では彼の同僚でその後マサチューセッツ工科大学（MIT）に移ったティエン・ガンは、ペレルマンが最初の論文を投稿した翌日の一一月一二日火曜日に次のようなメッセージを受け取った。

日付：二〇〇二年一一月一二日（火）
差出人：グリゴーリー・ペレルマン
宛先：ティエン・ガン
件名：新しい予稿（プレプリント）

ティエン殿

概要（アブストラクト）：

arXiv の math.DG 0211159 に私の論文を載せたのでお知らせします。

すべての次元で曲率仮定なしで有効なリッチ・フローのための単調性公式を示す。これは、ある種のカノニカル集合のエントロピーとして解釈しうる。いくつかの幾何学的応用が与えられる。具体的には、（1）リッチ・フローは、微分同相写像とスケーリングを法とするリーマン計量の空間上では、非自明な周期解（すなわち固定点以外）を持たない。（2）特異点が有限時間内に生成される領域では、単射性を保つ半径は曲率にコントロールされる。（3）リッチ・フローはほとんどユークリッド的な領域を、そこから離れた領域でどんなことが起ころうと、強く湾曲した領域へすばやく変えることはできない。

さらには、三次元閉多様体に関するサーストン幾何化予想証明のためのリチャード・ハミルトンのプログラムと関連するいくつかの主張を確認し、局所的な曲率の下界での崩壊にかんするこれまでの成果を利用して、この予想の折衷的な証明の概要を示す。

敬具

グリーシャ・ペレルマン

興味をそそられたティエンだったが、ペレルマンからは何年も便りをもらっていなかったものの彼をよく覚えていたので、さっそく論文をダウンロードしてみた。「すぐにその重要性に気がつきました。グリーシャは非常に鋭い数学者で、数学をとても慎重に扱う人です。その彼がたいへん大きな定理を主張していたのですから、この論文はとんでもないものをはらんでいるに違いないと思いました」。ちょうど三日後に、ティエンはペレルマンに返事を送った。

日付：二〇〇二年一一月一五日（金）二〇時五九分二三秒　-0500（東部標準時）
差出人：ティエン・ガン
宛先：グリゴーリー・ペレルマン
件名：返信：新しい予稿

拝啓、グリーシャ、
あなたの論文を読んでいます。たいへん興味深い論文です。
この成果についてMITで講演する気はありませんか？
よろしく！

ティエン

議論を重ねるにしたがって、同僚たちはますます熱心になっていった。最初の投稿からさらに数日後、ひとりの同僚はペレルマンに電子メールを送って、彼の論文と、このあと続いて投稿される論文で幾何化予想が証明されているというのは本当かとたずねた。返事は簡潔だった。「そのとおりです。グリーシャ」

ペレルマンの功績についての情報は、まるで映画俳優をあげつらったテレビのニュースのように世界を駆けめぐった。実際、主な報道機関はすべて網羅され、見出しは多彩をきわめた。「名高い数学問題を解いたとロシア人が報告」《ニューヨークタイムズ》、「重要数学問題が解決か」《ウォール・ストリート・ジャーナル》、「ポアンカレ証明の可能性に数学界は騒然」《サイエンス》、一部の雑誌はまるでお祭り騒ぎだった。電子メディアも一様にすごい持ち上げ方だった。「偉大な数学パズル解決」《BBC》、「偉大な数学ミステリーをロシア人が解決か」《CNN》。もっと慎重なオンライン数学百科事典《マス・ワールド》は、ちょっと時間を置いてから、「ポアンカレ予想解決――今回は本物」と報告した。論文が arXiv へ投稿されるたびに、それから数日以内には、だれもがペレルマンの最新の論文を話題にしていた。

ハミルトンでさえ目をとめた。はじめ、彼はこの投稿を無視していた。前章で詳しくご紹介したとおり、誤った証明が過去に数多くあったため、たとえペレルマンの投稿のように控えめに系統だてて述べられていたとしても、数学者たちはこうした主張に用心深くなっていたのだ。しかし、しばらくして興味をそそられたハミルトンは、もっとよく調べてみた。他の多くの人たちも、興味をもった。そして興奮が高まってきて、この騒ぎの大本である人物の話を直接聞いてみたいと数学界が熱望するようになった。ペレルマンは彼の主張する証明について講演するために、アメリカに招待された。彼は喜んでひきうけた。

最初の講演は二〇〇三年四月七日、九日および一一日に、マサチューセッツ工科大学（MIT）で予定されていた。多くの人々が、不思議なロシア人によって投稿された謎めいた論文について伝え聞いており、だれもが歴史的瞬間を逃したくなかった。そのなかの一人、マサチューセッツ大学のロブ・クスナーは、このじめじめした月曜の午後にアマーストからケンブリッジまで、二人の学生たちと車でやってきていた。三人はそのときの模様を、自分たちの数理学部のニュースレターに次のように描写している。

MITの階段講堂は満員だ。遅くきた者は床に座るか、うしろで立っている。何百人もの人々――数学のあらゆる分野からの、若い学生たち、老教授たち、多くのニューイングランド地域の数学者たち――が、ニュースを待っていた。ロシアのサンクトペテルブルクにあるステクロフ数学研究所の数学者グリーシャ・ペレルマンは、長いあごひげをはやしダークグレイのスーツを着ていた。講演を待つ二枚の大きな黒板の前を、彼はゆっくり行ったり来たりしている。聴衆が静まるまでに、さらに数分かかった。そしてようやく、MITのヴィクター・カッツにより、ペレルマンが紹介された。

ペレルマンはマイクロホンをテストして、順序立てて話すのがへたなので、活気ある講演にするために明快さは犠牲にするつもりだと言った。会場が沸いた。次に彼は、特大の白いチョークを手にとって、一九八二年にリチャード・ハミルトンによって導入されたリッチ・フローの定義を黒板に書いた。

このような錚々（そうそう）たる聴衆の前で話をするのは気力がくじけるもので、小心者なら怖じけづいてしまったことだろう。しかし、ペレルマンは落ち着いていた。彼は、メモのたぐいはいっさい見なかった。ズボンと、古いスニーカーを履き、上着（ジャケット）の下にはジッパーのついたジャージを着ていた。長髪と長くのびた爪のため、どう見ても小ぎれいとはいえなかった。「もし小銭を乞うための紙コップを持ってハーバード・スクエアに立っていたら、彼はそこらへんをうろついているホームレスのように見えたでしょうね」とは、母校へ講演を聴きにきたという卒業生の評である。しかしペレルマンが話しはじめると、たちまちすべてが変わった。

確かに、パワーポイントを使った滑らかなプレゼンテーションとはまったく違っていた。講堂の二面の巨大な黒板のうちの一面にリッチ・フローにかんする方程式を書くと、彼はその後の四五分間ほとんど何も書かなかった。講演が終わると、聴衆は一斉に拍手喝采した。カッツは演者に感謝の言葉を贈った――チョークを節約してくれたことに。最初の講演に続き、二日にわたりさらに二つの講演が行なわれた。ペレルマンはだれをも感動させた。彼は熱心に自分の新しい考えを説明し、挑戦は巧みに受け流し、質問には躊躇(ちゅうちょ)なく答えた。ある講演後のプライベートな夕食会で、アメリカにとどまって研究を続けるよう何人かがペレルマンを説得しようとした。彼がその気になることはなかった。

四月一六日はプリンストンの番だった。講堂はあらゆる年代の著名な数学者たちで埋めつくされた。フェルマーの最終定理を証明したアンドリュー・ワイルズは三列めに、ノーベル賞受賞者ジョン・ナッシュはその二列うしろの席に座っていた。普通ならセミナーに出席するのは一〇人から二〇人程度にすぎないだろうが、この時は一〇〇人以上が、ペレルマン本人による革新的な仕事の解説を聴くために集まっていた。

翌週、講演はニューヨーク州立大学ストーニーブルック校のサイモンズ・レクチャー・シリーズの一環として行なわれることになっていた。サーストンの幾何化予想を解こうと、異なるアプローチを長年試みてきたマイケル・アンダーソンが、ペレルマンに丁重に講演を依頼していたのだ。[10]「リッチ・フローと三次元多様体の幾何化」と標題のついた講演は、最初の週に三〇分のコーヒーブレークがついた二時間ずつ三回と、翌週さらに三回の非公式のセッションで行なわれた。後者は質疑応答とディスカッションのために設けられたものだった。講演に数週間先立ち、興味を持った一般の人たちを対象とするリッチ・フロー概論の予備講演が行なわれた。

その日――二〇〇三年四月二一日――がやってくると、再び一〇〇人を越える数学者たちがストーニーブルック校の講堂に集まった。初日とそれに続く二回の講演でペレルマンは、高まる栄誉をただ浴びるのではなく、自分の業績を伝えることにどれほど心から興味を持っているかをあらためて示した。厳しいチェックとディスカッションの第二週も、同じようにうまくいった。リッチ曲率にかんする研究をしていたニューヨーク市立大学リーマン・カレッジおよび大学院センターの助教授であるクリスティーナ・ソルマーニは、講演を聴くために車で毎日ストーニーブルック校へ通った。彼女はクーラント研究所の大学院生のころからペレルマンを知っていて、彼女の記憶の中の彼は、彼女の下位履修分野(サブフィールド)だった数学にやたら入れあげている客員研究者だった。

今回は、彼は不本意にせよ人気上昇中のスーパースターなのだ。ソルマーニの目には、彼が結構はにかみ屋で、マスコミばかりかトポロジストたちをも警戒しているように映った。彼がよりくつろいだ気分になれるのは、幾何学者といるときと、リッチ曲率とリッチ・フローについてすでに精通している専門家たちの質問に心を集中しているときのようだ。彼女はペレルマンの謙虚さに感動した。彼は、自己宣伝も、ハミルトンが享受してきた大いなる名声と同じものを得ることも、望んでいるようにはまったく見えなかった。そして講演のなかで、彼はハミルトンの証明の一つを「実に奇跡的な成功」と呼んだ。

ソルマーニは講演の最初の週のノートをとり、同僚が第二週のノートをとった。それら講演ノートはインターネットに投稿され、そのころペレルマンの論文を細かく調べていたハミルトンにも提供された。ペレルマンは毎日の正式講演のあとで、午後に何時間も厳しく尋問されることを気にしなかった。「私は彼に多くの質問をしましたが、彼は図解をまじえながら、詳細かつ的確に答えてくれました」とソルマーニは回想する。彼がただ一度冷静さを失ったのは、聴衆の一人がやや基本的な質問をしたときだった。彼は憮然として、その質問を無視した。もしリッチ・フローについてゼロから説明しなければならないとすれば、彼が自分の発見の説明を始める前に、ハミルトンの成果を説明するだけで一週間かかってしまうだろう。

その次の週も、ペレルマンはニューヨーク大学のクーラント研究所で講演した。この時は数学者に混ざって記者たちが聴衆のなかにいたので、ペレルマンは機嫌が悪かった。彼は記者たちの質問に答えるのを拒否し、自分の仕事のもつ意味をどう考えているかと彼らがたずねると、手を振って黙らせた。彼は少し気が短くなっていた。一人のカメラマンのフラッシュが光ったときにはぴしゃりと言った。「やめてください!」。注目を集めることへのペレルマンの嫌悪は、MITとプリンストンで彼の講演中にこっそり撮られた二枚を除いて、彼の写真が存在しない理由である。

ペレルマンが姿をあらわすたびに人々は彼を褒めたたえた。人々は遠くから、いろいろなところから集まっていたが、一人だけ著名な不参加者がいた。リチャード・ハミルトンがどの講演にも姿を見せていなかったのだ。彼はＭＩＴにもプリンストンにも、ストーニーブルックにも来なかった。彼はマンハッタン一一六番街のコロンビア大学からグレニッチヴィレッジのクーラント研究所まで車で来ることさえしなかった。ペレルマンは自分を彼の弟子の一人だと考えていたので、これにはがっかりした。自分で選んだ専門分野の新しい進展について、ハミルトンがどうやら知ろうとするつもりがないらしいのは、許されないことだとしても理解はできる。彼が立ち往生して公然と助けを求める状態であることが周知の事実となってから、長い時が経っている。にもかかわらず、彼がポアンカレ予想と幾何化予想を解こうと二〇年の大半を過ごしてきたあとに、どこからともなくふらりとあらわれた髪の長いロシア人が最高の賞を掠（さら）っていくのを指をくわえて見ていなければならないのは、さぞつらかったことだろう。

　コロンビア大学のジョン・モーガンは、別の方法を試してみることにした。彼はそれまで予告されていなかった追加講演を、ハミルトンも教えたことのある自分の数理学部で開くことにし、土曜の朝に組み入れた。この時は、遅れはしたもののハミルトンが姿を見せた。彼は、ディスカッションの時間中もそのあとの昼食会でも、まったく質問をしなかった。しかし、講演中に彼のとなりに座っていた物理学者はその後自分のブログに、ハミルトンが明らかに感動していたと書いている。

　あとは皆さんもご存じのとおりだ。その後三年間、ペレルマンがarXivに投稿した三篇の論文に重大な誤りは一つも見つかっていない。不明瞭というか、もっとしっかりした説明が必要な概略だけの部分はあったが、誤りはなかった。本書の1章で報告したとおり、ペレルマンは二〇〇六年八月に国際数学者会議でフィールズ賞を授与された。彼は辞退した。

いまペレルマンはどこでどうしているだろう？　ロシアの日刊紙《イズベスチヤ》は彼を科学の隠者と評した。《ニューヨーカー》誌の特派員たちは彼と話をすることに成功し、彼はとても近づきやすい印象だったと言っている。しかし、彼はほとんど同僚さえ避け、電子メールにも答えようとしない。ステクロフ研究所を辞職したことで、彼は学究的世界との最後の公式なつながりを断ったので、もうだれにもどんな説明をする義務も負うことはない。彼を知っている人たちは、彼に会う最良の方法は、偶然の出会いを期待してオペラに行くことだという。オペラは彼が興味を示す数少ないものの一つだ。しかし、彼と彼の証明のためにしつらえられた劇場は、ペレルマンには我慢がならないのだ。彼を動かすものはどうやら、数学的真実の追求のほかにはないらしい。噂によれば、彼は数学から完全に退いたという。しかし彼はあるいは、もしかして、本当は何かほかのことをしているのではないだろうか？　ソルマーニは大胆に推測する。「ペレルマンは、もう全然数学はやっていないというふりをしながら、週五〇時間以上を数学の研究に費やしているんじゃないかと思いますよ」

13章　四人組プラス2

あわただしいアメリカ・ツアーを終えて、ふたたびロシアの荒野――現実にはサンクトペテルブルク市――に姿を消したペレルマンは、おびただしい数の新しい道具と手法をあとに残して、多くの数学者を何年間も忙しく働かせた。二人一組の三つのチームが彼の遺産に集中的に取り組みはじめた。コロンビア大学のジョン・モーガンとマサチューセッツ工科大学の田剛（ティエン・ガン）、ミシガン大学のブルース・クライナー[1]とジョン・ロット、そしてペンシルヴァニア州リーハイ大学の曹懐東（ツァオ・ファイ・トン）と中国中山大学の朱熹平（チュウ・シー・ピン）だ。「数学知識の発展と普及に貢献する」ボストンの非営利事業施設であるクレイ数学研究所も、一〇〇万ドルの授与を保留して、ペレルマンの証明の精査を行なっている。リチャード・ハミルトンもまた腕まくりをして、ドイツのベルリン近郊にあるマックス・プランク宇宙物理学研究所のゲルハルト・ヒスケンおよびスイス連邦工科大学（ETH）チューリッヒ校のトム・イルマネンとともに、仕事に取りかかった。三年間どのチームも、ペレルマンがインターネットに掲示したすべてのページ、すべての単語を、読み、研究し、詳細に分析した。これが二〇〇六年の夏まで続いた。

ペレルマンの論文は極度に圧縮された、簡潔なものだった。要点だけしか書かれていなくて、言及されていないことが多かった。一般に、最先端の論文は教科書ではない。著者は対象となる読者が基礎的な事実を知っていて当然だと考えているのだ。科学の進歩はつねに先達（せんだつ）の学者の業績に基礎を置くが、すべての論文をアダムとイブから始めることはできない。数学も例外ではない。たとえば微分方程式を含んでいる論文は、ニュートンとライプニッツによる微積分の発明には言及しない。

しかし数学的慣習を考慮に入れてもなお、ペレルマンのインターネット投稿はきわめて簡潔だった。詳細でもっと近づきやすい論文を書きあげるのを拒否する彼の態度は、同僚たちの一部から自分本位だとか無精だとか批評されてきた。もし当代の大数学者の一人から、チェックしてほしいと書きかけのアイデアだけが送られてきたとしたら、ペレルマンはどう反応するだろうと、業を煮やしたある研究者はもってまわった問いかけをしている――そうなれば、ペレルマンの論文に興味を持つ者すべてが直面せざるを得ずにいる気の遠くなるような困難さを、彼も理解してくれるかもしれない、と。

二〇〇四年の八月後半と九月前半に、四人組（モーガン、ティエン・ガン、クライナーおよびロット）はクレイ研究所の支援を受けて、プリンストン大学で二週間のワークショップを開催した。参加者はペレルマンの論文を詳細に研究した。ペレルマンがポアンカレ予想の解明に向けてきわめて重要な前進をとげたことは明らかだったが、彼の証明が正しいかどうかは依然として未解決の問題だった。このプリンストンでの集まりで出された結論が、今後の検証作業に大きくものを言うことになる。ワークショップの出席者は、論文をしらみつぶしに査読（さどく）していった。すべて正しかったと断言することはできなかったが、ペレルマンが重大な失敗を犯していなかったことは、ますますはっきりした。「このワークショップは、ペレルマンの主張が不足もなく正しいものだったとわれわれに確信させるために、重要な役割を果たした」と、モーガンとティエンはあとで書いている。

翌年になると、四人組は自分たちが着実に成果を挙げているという手ごたえを得て、もっと広範囲な聴衆にペレルマンの証明を提示できそうだと考えた。クレイ数学研究所と数理科学研究所（その略称であるMSRIは時々「悲惨（ミゼリー）」と発音される）の支援で、彼らは二〇〇五年六月と七月にバークレーでリッチ・フローにかんするサマースクールを開催した。プログラムは博士号を取得して五年以内の大学院生と数学者を対象に立案された。「リッチ・フローと三次元多様体幾何化の周辺、特にグリーシャ・ペレルマンの最近の業績について」という内容だった。四人組にハミルトンらが加わったメンバーが講師を務めた。

モーガンがペレルマンに会ったのは、彼が二〇〇三年の講演旅行を行なっているさなかだった。そのロシアからの訪問客は、見るからに社交が苦手らしいのに、数学の話題になると協力的で辛抱強くなるのだった。そして彼の才能と途方もない洞察力は、たちまち明らかになった。ティエンは一九九二年にニューヨーク大学クーラント数理科学研究所で、ペレルマンと知り合った。そのとき彼はまだ若い教授で、ペレルマンはポスドクのロシア人数学者だった。ティエンは二〇〇二年一一月にペレルマンから電子メールを受け取って、arXiv への最初の投稿を知った。

最初ティエンは、自分の研究に役立つものが論文中にあるかどうかを確かめたいだけだった。そこで彼はペレルマンの新しいテクニックを学ぼうと考え、二〇〇三年の春にマサチューセッツ工科大学でセミナーを立ちあげて、そこでペレルマンの仕事を詳細に研究した。次にプリンストンで、ペレルマンの仕事にかんする一年間の講座を持った。少しずつだが、モーガンとティエンは、ペレルマンが本当に大成功したと確信するようになっていった。さらに彼らは二人ともいつしか、論文の美しさにも魅せられるようになっていた。だが、だれかが基本をチェックする必要があった。ペレルマンが自分の所見を説明する論文をこれ以上書くつもりがないのは、すでにはっきりしていた。「私は、彼の論文をそのままにしておくつもりはありませんでした」と数年後のインタビューでモーガンは語った。そしてティエンが付け加えた。「ペレルマンの論文はあまりに概略的で、素人には難しくてとても読めるものではありません。ジョンと私は、もし私たちが詳細な証明を本にすれば、数学界にとってとても役に立つだろうと考えました。私たちは二〇〇四年九月までに彼の論文に精通していましたので、私たちにとっても大きな意味があったのです」

数学界への奉仕として、モーガンとティエンはこの骨の折れる仕事を引き受けた。彼らは目標を明確な疑問だけに絞った。ペレルマンはポアンカレ予想を証明したのか、そうなら、どうやったのか？　サーストンの幾何化予想証明の検証は、クライナーとロットに委ねられた。しかし、その絞りこんだ目標でさえ、注ぎ込まなければならない労力は想像を超える大きさにふくらんだ。「もしもこれがどれほどの仕事量になるかがわかっていたなら、おそらく私たちは違った決断をしていたでしょう」と、モーガンはこの仕事を終えたあとで言っている。

彼らの作業は三年近くにもわたった。障害にぶつかると、「こいつめ、どんなやり方を使ったんだ？」と思いながら、じっと座っていることも多かった。ペレルマン宛てのメッセージは、ステクロフ研究所の彼の電子メールアドレス経由で急送された。返事はいつも速く正確で適切だった。明らかに、ペレルマンは自分の考えが理解されることを望んでいた。モーガンとティエンが証明を理解すればするほど、その科学的精密さと簡潔さに感動が深まっていった。

しかし、ティエンとモーガンは徹頭徹尾苦戦を強いられた。二人で議論し、ハミルトンや他の同僚たちと相談し、さらに多くの質問をサンクトペテルブルクへ送った。微妙な点が最終的に理解できるまで何週間もかかることもあった。ペレルマンの仕事を扱うにつれて、しだいに簡潔さは気にならなくなった。「私が何かを言うためにたった一つの段落しか与えられていなくて、いま理解しているだけのものを持っていたら、まさにペレルマンが書いたとおりに書くでしょうね」とモーガンはコメントした。余計な単語はなかったが、重要なものが欠けていることもなかったのだ。

プロジェクトをはじめて一年を過ぎたころから、コロンビア大学と、一方ではマサチューセッツ工科大学およびプリンストン大学（ティエンの異動先）のあいだの、他方ではステクロフ研究所とのあいだの連絡が減りはじめ、結局どちらも途絶えてしまった。そのときまでにモーガンとティエンは論旨を理解していて、数学上の問題で緊急に連絡をとる必要はなくなっていた。親しく雑談を交わすのをペレルマンがよしとせず、電子メールの交換も止まった。「ペレルマンは数学界から自分を孤立させてしまったのです」。モーガンはため息をついた。「私はそうならないように願ったのですが、それが彼の意向だったので」

専門家のために書いたペレルマンとは対照的に、モーガンとティエンは自分たちの仕事の対象を、ポアンカレ予想がどのように克服されたかを確かめることに興味を持つ、大学院生と一般的な数学者に定めていた。二人は序文に書いている。「ここで議論した結果が重要であり注目されていること、そしてこれらの結果を証明したという誤った主張が過去に多数あったことから、われわれは論旨を理解し詳細に紹介することがわれわれの義務であると感じた。われわれのゴールは、論旨を明瞭かつ説得力のあるものにし、より幅広い読者がさらに容易に近づけるものにすることだった」。したがって、ペレルマンの論文が全部で六八ページであったのに対し、モーガンとティエンの解説書はその七倍の長さとなった。

一二五ページに及ぶはじめの五章は、論文を自足した、独立して読めるものにするための入門用資料と説明だけに費やされていた。それでも、断じてこれは『サルにもわかるポアンカレ予想』ではなかった。残る三四八ページで、モーガンとティエンは数学の深遠まで掘り下げたのだ。二〇〇六年七月に、四七三ページの論文「リッチ・フローとポアンカレ予想」がarXivに投稿された。この論文はクレイ数学研究所の後援を受けて、本として出版されることになっている。モーガンとティエンは、ペレルマンのアイデアを説明する以上に意義のある業績をあげたと賞賛されるのを拒(こば)んでいる。ペレルマンの発見を開梱(かいこん)し並べなおす以上のことはしていないと、彼らは強調する。

モーガンとティエンがペレルマンの論文に打ちこんでいた三年のあいだ、クライナーとロットは彼らなりの解説づくりに取り組んでいた。それはのちに『ペレルマンの論文の註釈』というタイトルをつけられたもので、最終的に一九二ページと、モーガンとティエンの本より実質的に短くはなったが、けっして正確さで引けをとるものではなかった。彼らの焦点はサーストンの幾何化予想の証明にあてられていた。

興味を持つ人々が最新の事情に通じていられるようにと、クライナーとロットはミシガン大学にウェブサイトを開設した。それはリッチ・フローとペレルマンの仕事専用の、学術情報レポジトリーとなった。さまざまな新見解について彼ら自身が論文を適宜掲示し、それに友人や同僚はコメントをつけることができた。

ペレルマンの素晴らしい証明は簡潔だが概略的だったと、『註釈』の冒頭でクライナーとロットは書いている。自分たちの仕事は、間隙（ギャップ）をみつけてはそれを埋めていくことだと彼らは思った。「これら註釈の目的は、抜け落ちている詳細を提供することである」と二人は書き、そしてモーガンとティエンと同様の、学者としての技量を遺憾なく発揮した過不足のない解説を作りあげた。「ペレルマンの証明に詳細を提供することに加えて、説明資料も概観と付録の形で加えた」のだ。しかし、過度の期待はいけない。解説資料の介在があってさえ、クライナーとロットの『註釈』を読むことは公園を散歩するようなわけにはいかない。自分の書いたもののむずかしさをよく知っている著者たちは、潜在的な読者に警告することに骨を折った。彼らの『註釈』は、はっきり「PG＝専門家の指導（プロフェッショナル・ガイダンス）を推奨」と指定されている。「幾何解析についてしっかりした素養のある」数学者向けに意図されたものなのだ。

モーガンとティエンの仕事はあらゆる詳細を含み、大学院生や一般的な数学者に近づきやすい本として企画されたが、クライナーとロットは彼らの『註釈』をそれだけで独立して読める解説にするつもりはなかった。ペレルマンの論文の手引書として、論文といっしょに読まれることを想定していたのだ。『註釈』はペレルマンの仕事の構成を厳密にたどって、キーボードのひと打ちごとに、とまではいかないが、行ごと、節ごとに、解説と解釈を提供する。ごくまれには、内容の順序が入れ替えられていることもある。彼らは多くの困難と、いくつかの誤りにも出会った。「ペレルマンの論文にはいくつかの誤った主張と不完全な議論が含まれており、われわれはそれを読者に指摘しようと考えた」と彼らは書いている。しかし、これらのギャップの中に、証明のどんな部分でも無効にできるほど重大だと考えられるものは、ひとつもなかった。ペレルマン自身が、最初の論文に忍び込んでいたいくつかの誤りを二度めの投稿で訂正しているが、それら以外はすべて、道具や方法を追加する必要もなく修正できるものだった。「重大な問題――つまりペレルマンによって導入された手法を使って修正できない問題――は発見されなかった」。したがって、クライナーとロットの熟考のうえでの見解によれば、ペレルマンはサーストンの幾何化予想の証明に必要な要素をすべて提供している。彼らは二〇〇六年五月にarXivへ『註釈』

を投稿した。モーガンとティエンが自分たちの解説を掲示する二カ月前のことだった。

*

そのあいだにも、多くの数学者の知らないところで、さらに二人の学者がペレルマンの投稿した論文を解明しようとしていた。中国人の数学者曹懐東（ツァオ・ファイ・トン）と朱熹平（チュウ・シー・ピン）である。

ポアンカレ予想の証明を彼らが検証したことについての話は、四人組が繰り広げた苦闘ほど簡単に紹介できるものではない。実際、それは陰謀渦巻くドラマチックな話となったのだ。告発と主張の投げあいが続き、非難には非難の応酬が繰り返された。弁護士にさえ端役（はやく）がまわってきた。それは醜い事件になったが、それによってブログばかりか世界中の主要なマスコミまで惹きつけてしまった。

一九五九年生まれのツァオは、一九八一年に北京の清華大学を卒業し、一九八六年にプリンストン大学で博士号を取得している。彼は、ハミルトンが奮起するきっかけを作った数学者、丘成桐（ヤウ・シン・トウン）が指導した四〇数人の大学院生のうちの二人めだった。ツァオのリッチ・フローへの関心を目覚めさせたのもヤウだったわけである。ツァオはコロンビア大学でポスドクとして研究を終え、スローン奨学金を受け、テキサスA&M大学で教鞭を執（と）ったあと、二〇〇三年にリーハイ大学で教授に任命された。さらに二〇〇四年には、グッゲンハイム財団の奨学金を受けている。彼は全経歴を通じてリッチ・フローにかかわる著（いちじる）

しい業績をあげている。

チュウは中国国外ではあまり有名ではなかった。彼は一九八二年に中山大学を卒業し、その二年後に同じ大学から修士号を取得した。博士号は一九八九年に中国科学院の武漢数学物理研究所で取得した。偏微分方程式にかんする彼の研究は中国ではよく知られていて、二〇〇四年には三年ごとに四五歳以下の中国の数学者に授与される勲章である晨興（モーニングサイド）メダルを受賞している。現在は、母校の中山大学の数学教授である。

ペレルマンの掲示がウェブ上に突然あらわれたとき、ヤウはめんくらった。彼はハミルトンのプログラムが最終的に成功するものと、ずっと信じていた。同時にまた、残された問題点についてもよくわかっていた。だからペレルマンの論文がインターネットに出現した時、それは驚き以外のなにものでもなかったのだ。しかしarXivへの掲示は詳細を欠いていたので、ヤウはもっと詳細な説明がまもなく出ることを期待した。しかしそうならなかったので、ペレルマンの証明を詳しく調べてみるよう、チュウとかつて指導したことのあるツァオに助言した。才能ある二人の数学者はほぼ三年をかけて、厚さが四センチ近くにもなる原稿を完成させた。彼らは全力を尽くして多くのハードルを越えた。どういうわけか、二人はペレルマンに助けを求めなかった。それどころか、彼らは四人組も遭遇した困難のうちのいくつかについて、それらを回避する方法を独自に考案したのだ。

ついに彼らは、ポアンカレ予想の完全証明を手にしたことを確信した。そのテストランのためと、残る不明な点を整理するために、ヤウはハーバード大学にセミナーを開設した。二〇〇五年九月から二〇〇六年三月まで、チュウは先輩の数学教授陣との厳しい三時間のセミナーに毎週出席した。難解な議論と鋭い質問のあいだに、投げかけられるすべての疑問点をなんとか払拭（ふっしょく）し、それによってツァオと彼が本当に有効な証明を書きあげたことを参加者に納得させた。二〇〇五年一二月、セミナーがまだ最高潮の状態にあったときに、論文は《エイジャン・ジャーナル・オブ・マセマティクス（亜洲数学）》誌に投稿された。そして同誌編集部に正式に受理された。

　要するに、こんな話なのだ。しかし、見たところ穏やかな表面の下では、怒りが沸き上がりはじめていた。

「ポアンカレおよび幾何化予想の完全な証明――リッチ・フローに関するハミルトン＝ペレルマン理論の応用」という記事で、三二六ページあるこの雑誌の六月号はすべて埋められた。《エイジャン・ジャーナル・オブ・マセマティクス》誌の次号予告の目次に一つの記事しか入っていないことがわかったとき、中国のマスコミは狂喜した。

「中山大学の朱熹（チュウ・シー・ピン）平教授、一〇〇年来の数学の謎を解く」という標題の、中山大学による発表を引用する（逐語的なので、多少特異な文法が含まれている）。

　数学の公開問題で最も有名なもののうちの一つで、約一〇〇年間存在してきたポニカレ［原文ママ］予想が、最近科学者たちによって完全に解決された。ハーバード大学教授でフィールズ賞受賞者の有名な数学者丘成桐（チョウ・チェン・トン）［ヤウ・シン・トゥン］は、中山大学の朱熹平（チュウ・シー・ピン）教授とペンシルヴァニア州リーハイ大学の曹懐東（ツァオ・ファイ・トン）教授が、先行するアメリカおよびロシアの科学者の研究業績に基づいて予想を完全に証明したことを、六月三日に中国科学院の晨興（チェンシン）数学センターで発表した。「これは、ビルディングの建設にたとえることができます。先駆者は基礎を築き、最終段階の仕事『骨組みの完成』をするのは中国人です」と丘成桐（チョウ・チェン・トン）は語った。「あのゴルトバッハ予想よりはるかに重要な、すばらしい業績なのです」

中国の《新華社》はすばやくこのニュースをとりあげた。「北京発、六月四日——中国の代表的な数学者楊楽（ヤン・ロー）がこの日曜日に語ったところでは、世界で最も難しい数学問題の一つの解明に成功したことはすばらしい成果である……二人の中国人数学者朱熹平（チュウ・シー・ピン）と曹懐東（ツァオ・ファイ・トン）が、一世紀以上にわたり世界中の科学者を悩ませてきたパズルの解答の最後の部分を完成した……ペレルマンはポアンカレ予想を証明するためのガイドラインを発表したが、この難題を解く方法を明確に指摘していなかった」。そして《人民日報》は「一流数学者、ポアンカレ予想解決での中国人の業績を認める」と報じた。ニュースはインドにも伝わった。《インディア・eニュース・ウェブサイト》は「数学の最難関を解決——中国人数学者のすばらしい成果」と報じた。そして世界中の中国の大使館も「中国人数学者が世界的な難問を解いた」と大喜びした。

このマスコミの騒ぎようは、数学界に衝撃をあたえた。どうやらツァオとチュウは、自分たちの功績を主張しているらしい。だれも別の証明があり得るなどと考えてはいなかったし、中国人数学者たちのポアンカレ予想を解いたという主張はばかげた話に思えた。四人組は何も知らなかった。あるいは、知らないふりをしていたのか？　ハーバード大学での一学期にわたるセミナーに気づかなかったとは信じがたい。しかし、クライナーとロットのウェブサイトにも五月の彼らの論文にも、当時まもなく公表されるはずだったツァオとチュウの記事への言及はなかった。モーガンとティエンは七月に投稿した新しい論文で言及しているが、彼らが驚いているのは明らかだった。「われわれが論文審査のためにこの原稿の予稿を提出したあとで、H‐D・ツァオとX‐P・チュウから、ポアンカレ予想とサーストンの幾何化予想にかんする記事が発表された」

では、栄誉を横取りしようとする行為が本当にあったのだろうか？　それとも、ペレルマンの証明を明快にしようというツァオとチュウの純粋な努力が、曲解されて黙殺されたのか？　ティエン・ガンは最近ツァオと共同執筆していたこともあって、ツァオの仕事のことを知っていたのは間違いない。ツァオはコロンビア大学で自分の仕事を公表してもいる。さらに、クライナー＝ロットはツァオ＝チュウの論文にはっきり気づいていたが、自分たちのウェブページ上のリストに載せようとはしなかった。数学界は騒然としていた。このあとさらに展開していくこの論争について理解するためには、ツァオとチュウの論文を詳しく見ていかなければならない。

二人の著者は冒頭でハミルトンとペレルマンの仕事に言及し、彼らの業績を認めるべきときには認めているように見える。「この証明は、リッチ・フローにかんするハミルトン＝ペレルマン理論の無上の達成と見なされるべきである」と彼らは概要（アブストラクト）のなかで書いている。さて、これは英語にあまり堪能（たんのう）ではないアジア人学者の誤解によるのかもしれないが、「この証明」という言い回しからは、これまでのものはすべて完全な証明ではなく、これこそが最終的な証明である、という微妙な印象が伝わってくる。また「無上の達成」をしたのは「この証明」の提供者であり、リッチ・フロー理論を導入した人物ではない。

さらに続けよう。論文の最初の段落は賛美の言葉、「大きな寄与をしたのは疑いなくハミルトンとペレルマンである」で終わっている。しかし、これはすぐ前の、「われわれはポアンカレ予想とサーストンの幾何化予想の完全な証明の、初めて文字化された解説を提供する」という文章によって、そのはるか後ろに追いやられてしまっている。

次の段落では批判は隠されているが、その意図は垣間（かいま）見えている。「われわれは、われわれの特異点構造定理の証明がペレルマンの証明とは異なることを指摘したい……その違いは、これらの点においてペレルマンの論旨を理解するのが困難なことである」。さて、これはどう取るべきなのだろう――ツァオとチュウはそんなに賢くないので論旨を理解するのに苦労したという意味か、それとも、ペレルマンの論旨は不正確だから理解不能だという意味なのか。だれも自分が賢くないことは認めそうにないから、この発言の言外の意味は明らかだ。おそらく、ツァオとチュウが正しい証明をした人物なのだと、いいたいのだろう。

ペレルマンは証明を約束しながら「いまだに文献として利用できるようにしてくれない」から、自分たちでやらなければならなかったのだと、ツァオとチュウは他の箇所で不満そうに述べている。「われわれはその証明を行なうが……ただし［一つの異なる］結果を用いる。これは、ポアンカレ予想の別証明となる」。さらに別の箇所で彼らは、ペレルマンが明示的に証明しなかった主張があって、それに自分たちはなんとか証明を与えたのだと主張する。「さらにわれわれは、［この主張より］ずっと弱く、しかも幾何化という成果を十分に導き得る主張も、手に入れることができるのである」。彼らはペレルマンの証明を不完全だと示したあとで、自分たちなりの証明を行なったと示唆しているのか？

ここまでくれば意図は明白だろう。しかしこの著者たちは、まだのみこめていない人たちのために、序文の終わりにかけてさらにあからさまになる。「以前に指摘したように、ペレルマンの主要な論旨のいくつかはわれわれの研究に基づく新しいアプローチに置き換える必要があるが、これは幾何化プログラムの完成に必要なペレルマンの論旨がわれわれに理解不可能であったためである」。そして、他のだれもがその貢献にふさわしい注目を得てもそれ以上のものを手にしないよう念を入れるために、クライナーとロットによって書かれた註釈を「幾何化プログラムに必要とされる材料の一部を担う」ものであると、読者に指摘している。

序章は、著者たちにリッチ・フローという「おとぎの国」を手ほどきし、論文執筆を提案し、展望や、多くの提案や一貫した激励を与えてくれたヤウへの、ご大層な感謝の言葉、「彼なしでは、われわれがこの論文を完成することは不可能だっただろう」で終わっている。そして「リッチ・フローを作成し全プログラムを開発したリチャード・ハミルトン教授に大きな恩恵を受けた」とも付言してはいる。ペレルマンは数のうちに入っていない。

ペレルマンへの謝辞はもっと隠れたところにあった。そのうちのいくつかは序文の中ほどに掲げてある。「ペレルマンは、ハミルトンのプログラムに残った主な障害を克服するための新鮮なアイデアを持ち込んだ」。そして彼らの仕事は、「ハミルトンの基本的アイデアとペレルマンの新しいアイデアの組み合わせに基づく、ポアンカレ予想と幾何化プログラムの証明が、ひとつにまとまるかどうか」を理解しようとする数学界の「試みが後押しとなって生まれた」のだそうだ。序文のもっと数学的な部分では、彼らはペレルマンの仕事を「めざましいもの」と評し、また論文の全体にわたって、個々の観察、声明および証明を、これはペレルマンによる、と指摘している。それにもかかわらず、序文だけをちらりと見て中国の報道機関による報道を耳にした多くの数学者たちは、腹を立てて論文を読むことすらしなかったのだ。

この論文は二〇〇五年一二月一二日に提出され、二〇〇六年四月一六日に受理された。この事実を知れば、数学史家の頭の中では警告灯が明滅することだろう。四カ月という期間は、定型的な中型の数学論文を審査するなら、かろうじて十分かもしれない。だが、三二六ページの論文をそのような短期間で真面目に査定することなど、到底不可能だ。また、審査にあたったのが《エイジャン・ジャーナル・オブ・マセマティクス》誌編集部だったという事実を知って、二つめの警告灯が明滅しはじめる。ツァオの博士論文指導にあたり、チュウの指導教官でもあったヤウ・シン・トゥンが、編集長として名を連ねているのだ。そして三番めの警告灯は、二月に《エイジャン・ジャーナル》誌に受理された他の原稿が九月号まで待たなければならなかった一方で、ツァオとチュウの原稿は前へと押し出され、六月に……受理からわずか六週間後に出版されたことに、読者諸君が気づいたところで明滅しはじめる。ペレルマンのフィールズ賞受賞がマドリードの国際数学者会議で発表される前に出版されるようタイミングがはかられたのは、明らかだろう。

論文の著者たちとヤウとの個人的関係は周知のことだったとはいえ、ツァオとチュウの記事を出版する決定は、《エイジャン・ジャーナル》誌の編集委員会メンバー二六名の意見を求めることなく下されていた。委員たちは論文どころか概要さえ示されず、独立な立場の査読者に査読が依頼されることもなかった。実際には、論文受理の決定は編集長によって強引に押し切られ、編集委員たちが出版予定を通知されたのは雑誌の当該号が発行されるほんの数日前のことだった。少なからぬ数学者に事態をさらに印象悪くみせたのは、編集委員のだれ一人として抗議をしたようには見えなかったことだ。事件の余波のなか――すべての事実が公（おおやけ）になったとき――でさえ、委員の中で辞任するべきだと考えた者は一人もいなかったのだ。

　常識とされてきたやり方が崩れたことで動転したコロンビア大学のジョーン・バーマンは、《米国数学会通信（ノーティシズ・オブ・ジ・アメリカン・マセマティカル・ソサエティ）》に落胆と怒りをぶつけた。二〇〇七年一月に掲載された投書の中で彼女はこう書いている。「私たち数学者は、風変わりな行動に対しては並外れた耐性を持っています。しかし、私たちのこの特性には裏側の暗い側面、すなわち悪事に対する寛容というものがあり、それはその行動に問題ありとされる人物が高い才能の持ち主である場合に著しくなります。平たく言えば、私たちは身内に甘すぎるのです」。ツァオ＝チュウ論文の事件では、「知的職業の健全さに不可欠である正規の査読（ピア・レビュー）プロセスが、窓から投げ捨てられた」のだった。彼女の悲しい結論は、「その結果、知的職業全体に、世間一般に知れ渡るほどのたいへんな汚点がついてしまいました[2]」ということだった。

　ツァオ＝チュウ論文が公刊された二週間後の六月一九日から二四日まで、国際物理学会議〈ストリング二〇〇六〉が北京で開催された。企画したのは、数学上の業績でひも理論の発展に寄与したヤウだった。会議は人民大会堂で盛大なファンファーレとともにはじまった。理論物理学の伝説的アイドル、スティーヴン・ホーキングのオープニング・スピーチが、六〇〇〇人の聴衆を前に行なわれた。会議二日めの夜の講演は、「ヤウ教授の特別講演」または「ヤウ教授による彼の新しい研究成果の発表」のいずれかと予告されていた。時間がせまると会議ホールは満員になった。会議参加者とは別に中国人ゲストも招待されていた。一台に英語版の、もう一台に中国語版のスライドが入った二台のオーバーヘッド・プロジェクターをつかって、ヤウは第一級のパワーポイント・プレゼンテーションをはじめた。「皆さん、本日私は、いかにして数学の一章が終わり、いかにして新しい章がはじまるかという物語をお話しするつもりです。まずは、いくつかの基本的な事柄を述べさせてください」

そのあと彼は、ポアンカレ予想への一般的解説へと話を進めた。二人の主演俳優ハミルトンとペレルマンが聴衆に向かって正式に挨拶するはずのところまでは、すべてはうまくいった。しかしこの時点を境にプレゼンテーションの質が低下した。もちろんペレルマンは人民大会堂付近のどこにもいなかった。サンクトペテルブルクにいる彼が、中国での集まりについて知っていたかどうかすら疑わしい。そこでヤウは、ペレルマンの論文からの引用をだれかに読ませた。これらの引用は、ペレルマンがハミルトンの仕事を高く評価していて、実際にはハミルトンのプログラムを実行しただけと思えるよう、巧妙に選び抜かれたものだった。

次はハミルトンが挨拶する番だった。だが、彼もまた北京にはいなかった。会議が始まるまではそこにいたが、ヤウが講演をはじめたときにはすでに立ち去ったあとだった。そこでハミルトンは、前もって録画されたビデオ画像を通じて聴衆に話しかけた。録画はかなり素人っぽく照明もへたで、突然のカットや、同じ場面が二度くり返されることもあった。ハミルトンは挨拶のなかで、ヤウが証明したはなばなしい数学的業績、彼が教えた優秀な学生、それに中国の数学者が微分幾何学に果たしている重要な役割を強調した。彼の話は、「すべての中国人は、微分幾何学における中国人数学者たちの功績と、ポアンカレ予想の証明を完成させるうえで彼らが果たした偉大な貢献を誇りにしていい」と結ばれていた。

ヤウは講演の四分の三までできたところで、彼がペレルマンによるブレイクスルーと呼ぶ部分にさしかかった。ペレルマンによりはなばなしく課題を完遂されたハミルトン・プログラムによってポアンカレ予想と幾何化予想が証明されたとヤウが考えているのは、ヤウがペレルマンの貢献を重要で決定的なものであると特徴づけていることから明らかだ。しかし彼は、講演を通して彼が最も心に掛けていたことに触れて、プレゼンテーションを終えた。「ペレルマンの仕事では、証明の鍵となる多くのアイデアの概略や輪郭が示されていますが、証明を完成させる細部の記述がしばしば欠けています。二〇〇五年に《エイジャン・ジャーナル・オブ・マセマティクス》誌に提出されたツァオ＝チュウの最新の論文は、ポアンカレ予想と幾何化予想の証明を完全かつ詳細に説明する、初めてのものです。彼らはペレルマンのいくつかの論旨を、彼ら自身の研究に基づく新しいアプローチによって置き換えたのです」

ここでヤウは、四人組のうちの二人を批判せずにはいられなかった。「クライナーとロットは［二〇〇四年に］ペレルマンの仕事の一部にかんする註釈を、彼らのウェブページに掲示しました。しかし、それはとても完全とはいえないものでした。ツァオ＝チュウの仕事が二〇〇六年四月に《エイジャン・ジャーナル》誌で発表されたあとで、クライナーとロットはもっと完成度の高い説明を収めた註釈を掲示しました。アプローチはツァオ＝チュウとは異なっています。彼らの註釈は、いくつかの重要な点で概略が与えられているにすぎないようなので、要旨を理解するにはある程度の時間がかかるでしょう」

翌日の晩餐会のあとで、一部の会議参加者が制作した、ヤウのビデオ・プレゼンテーションをもじった奇妙なビデオが上映され、ヤウは愕然とした。ひどい照明や奇妙なカメラ・アングル、それに架空の科学者へのあふれんばかりの称賛まで、完璧に前夜のビデオを真似た映像スタイルをとっていた。内輪のジョークであり、ヤウの講演を聞かなかった人たちには何のことかわからず、またあの場にいた人たちも笑っていいものかどうかわからず、的を外した結果となった。後日、このビデオ上映の首謀者の一人、スタンフォード線型加速器センターのエヴァ・シルバースタインは、複雑な気持ちを語った。「私たちのビデオはほんの軽い冗談だったのです。必要な技術は私たちが持っていたラップトップだけで十分でしたから、このジョークを考えて……晩餐会のあとのスピーチに間にあわせることができて、愉快でした」。しかし、彼女はそれが意図しない問題を引き起こしたかもしれないことを後悔した。「申し上げるまでもなく、このようなジョークは深刻な意図のものではありません」と、彼女は半年後にヤウに手紙を書いた。ヤウ自身は面白くなかった。晩餐後のパフォーマンスをどう思うかとたずねられて、これは彼が理解し得ない種類のユーモアであると答えている。

《ニューヨークタイムズ》の科学記者、デニス・オーヴァバイは、六月一九日に「ホーキング、北京を奪取――科学はこれに続くか？」という見出しのレポートを北京から急送した。その二日後には、《インターナショナル・ヘラルド・トリビューン》が「中国、宇宙の中心に躍り出んとする」という見出しの記事を掲載した。記事は、中国が今後とるつもりの先導的な科学的役割について報告している。中国の科学界にこのゴール達成を実現させるため、中国政府は国内総生産の約二・五パーセントまで研究費を引きあげることを計画している。(3)

弟子たちを世間に認知させようとしてヤウが躍起になるのも、これが理由なのかもしれない。一九九〇年代のなかごろ、中国共産党書記長兼中華人民共和国国家主席であった江沢民に、ヤウは何度か面会している。話しあわれた内容は、文化大革命中に破壊された国家科学機関を蘇生させる問題だった。祖国の科学的復興はヤウにとって重要であり、また彼がこの崇高な目的に熱心でないはずがない。中国人数学者たちの業績は、この大望を実現するための出発点として役立つだろう。では、生粋のアメリカ人リチャード・ハミルトンは、中国の壮大な計画のなかでどんな役割を演じているのか？　ヤウは彼の旧友であり、数十年にわたって彼を助け、支え、刺激され、激励してきた。じつはハミルトンは、同じやり方でこれに応えたにすぎない。それが中国人数学者たちへの少々極端な賛辞になったとしても、別にかまわないではないか。

四人組の意見は合意で決まる。ツァオ＝チュウの論文についてマドリードのＩＣＭで記者にたずねられたとき、モーガンはこう答えた。「私には、初めから終わりまで、先行する成果への適切な言及を行ないながら誠実に書かれているように見えますし、それにすべての論争は、この論文からではなくそれをめぐる騒音から生じているのではないでしょうか」。しかし、その一方でツァオとチュウは証明を明確にさせただけで、なんら実質的なものを証明に加えてはいないと、彼は主張する。彼らは、証明のいくつかの部分を単純化したかもしれないが、概念的ギャップを一つも満たしていないのだ。クライナーとロットも、証明の手柄はハミルトンとペレルマンだけのものだとしている。ツァオとチュウは、クライナーとロットがペレルマンの残したギャップのいくつかを埋めたのと同じことで、自分たちが理解できなかった部分を自分たち自身の論旨で置き換えたにすぎない。自分より若い中国人の同僚たちがすべてを吸収して独自の説明を発表したことを、たいへん印象的な手柄だとヤウが思ったのは明らかだ。しかし彼らの論文もクライナーとロットの論文もモーガンとティエンの論文も、いずれもとりたてて称揚すべきものがあるわけではない。優先権（プライオリティ）の点では、三者はすべて番外なのだ。

ハミルトン自身はもう少し寛大だ。彼にとっては災難だった、北京でビデオの画面から行なった講演のなかで、彼はツァオとチュウが独自のアイデアを紹介し、それによって証明の理解がより簡単になったと断言した。それが、すべての側（がわ）に公平な、最も穏当な言い方かもしれない。しかし、ツァオとチュウが証明を単純化したとして、あるいは彼らが説明中のいくつかのギャップを埋めたとして、はたしてそれが、彼らがこの証明にかんして少なくとも部分的に称賛されるべきだということになるのか？　そんなことはない。科学の発展は無からは生じず、すべての進歩は先達（せんだつ）の仕事の上に築かれるのだ。アイザック・ニュートンが「私がより遠くまで見ることができたとしたら、それは巨人たちの肩の上に立ったからだ」(4)と言ったのは、単なる詩的な気分からではない。

しかし、巨人たちであろうと番外の者であろうと、彼らの仕事が利用されるたびに賛辞をうけることはない。もしもツァオとチュウが、ペレルマンの主張の一つが間違っていたことを反例を示すことで証明し、そのあと自分たちの論述には同様の欠陥がないことを実証していたならば、彼らの論文は本物の貢献として称賛されなければならないだろう。だがそうでなければ、それは四人組の仕事と同様に、単純化と解説の収集物(コレクション)の範疇(はんちゅう)に入れられる。

こうした出来事が起こっているあいだに、《ニューヨーカー》誌上にペレルマンとポアンカレ予想にかんする一篇の記事が掲載された。シルヴィア・ナサーとデイヴィッド・グルーバーによるこの記事は、ペレルマンへの非常に興味深いインタビューのほかに、ヤウの関与と彼の動機にかんする調査結果にも触れている。彼らは、高齢でうぬぼれが強く権力志向の強い教授が、自分の地位と名声のために戦う姿を、生々しく描いた。一四ページにわたる記事には、ヤウがペレルマンの首からフィールズ賞のメダルをもぎ取ろうとする漫画がついていた。この記事の載った《ニューヨーカー》誌は、ＩＣＭの初日である二〇〇六年八月二二日に発行されている。

ヤウは今度も面白くなかった。あの漫画がことに、彼の怒りに油を注いだ。フィールズ賞を受け取る資格があるのはペレルマンだと皆に納得させるために最善を尽くしてきたというのに、ヤウにしてみればじつにまったく不公平であった。

ではツァオは、彼とチュウの論文をめぐって繰り広げられている空騒ぎをどう思っているだろう？　「残念なことに、メディアの興味の一部は、数学についての議論よりも別の方向を向いてしまっているようです。私は数学的な部分だけに注目しています」と、彼はマドリードの国際数学者会議で主張した。「チュウとの共同論文の中で詳細に説明してあります。ハミルトンとペレルマンは最も重要かつ基本的な仕事をしました。彼らは巨人でありわれわれのヒーローです！……われわれはハミルトンとペレルマンの足跡をたどり、そして詳細を説明しているにすぎません。われわれの論文を読んでくれるすべての人々に、われわれが公正に振る舞っていることを認めていただきたい」

言葉の響きはいいけれど、宮廷で劇を見せられて「いかにも誓いの言葉がくどすぎる」とこぼしたハムレットの母のように、読者の皆さんも妙な気持ちがしてくるかもしれない。論文の一部の言葉遣いや関係者の行動から考えれば、すべてをマスコミのせいにするのはどうだろう、と思う人もいるのではないだろうか。

腹の虫が治まらないヤウは、弁護士に《ニューヨーカー》誌への反証と訴訟をほのめかす一三ページの文書を作成させた。さらに、彼はPR面にも力を入れた。九月一六日にウェブサイトdoctoryau.comが立ち上げられ、「ハーバード大の数学教授、《ニューヨーカー》誌の記事を名誉毀損として、訂正を要求」というタイトルで二日後に稼働を開始した。これに続き、九月二〇日には弁護士がインターネット放送（ウェブキャスト）で、反駁（はんばく）文書の大部分を世界中に向けて読みあげた。クライマックスで弁護士が、「ヤウ博士は名誉の回復を望みます」と嘆願するのである。一週間後、ハミルトンがdoctoryau.comに二ページの人格証言をもって仲裁にあらわれた。「私は、記事の中でヤウ・シン・トゥンを描写した《ニューヨーカー》誌の公正を欠く態度に、とても当惑しています。彼の性格があまりにもひどく誤り伝えられたことは残念です」。さらに多くの投稿が続き、このウェブサイトは二〇〇六年の終わりまでに、ヤウ博士が偉大な人物であると主張する同僚たちからの一五通以上の手紙を公開した。

そして、厄介な出来事が起こった。ツァオとチュウの論文を研究の題材に使っていた、南カリフォルニア大学のポスドク、スジット・ナイルは、論文の一部に妙に見覚えがあることに気づいた。詳しく調べてみて、どうりで見覚えがあるわけだと得心がいった。いくつかの部分が、クライナーとロットの論文第一稿から、逐語的に盗用されていたのだ。はて、さて。北京でヤウから「完成にはほど遠い」と非難された論文から、彼の弟子が盗用をはたらくとは。「われわれはポアンカレ予想の完全な証明の、初めて文字化された解説を提供する」という声明の得意げな調子が一瞬にして、うつろにしか響かなくなっていた。

そのすぐあとに、《エイジャン・ジャーナル》誌のウェブサイト上に訂正謝罪文が現れた。「われわれはブルース・クライナーとジョン・ロットが、彼らの註釈第一稿の中に本来あった議論にわれわれの注意を向けてくれたことに感謝したい」。何が起こったのかというと、ツァオとチュウは、ペレルマンがarXivへ投稿した論文を研究しながら、クライナーとロットの最初の論文を調査し、自分たちのためにノートを大量にとっていた。そして二年後、最終的に《エイジャン・ジャーナル》誌向けの論文をまとめるとき、彼らはもともとの出所を忘れたまま、自分たちのノートをもとにして書いてしまったのだ。「われわれは、この議論がクライナーとロットのものであることを、誤ってわれわれの論文中に明記しなかったことに対して謝罪する。われわれの方法が、改良を加えてはあるが、クライナーとロットの二〇〇三年六月版の註釈から導かれたものであることを、われわれはここに認める」と謝罪文には書かれていた。

二〇〇六年一二月一三日に、一篇の論文がツァオとチュウによってarXivに投稿された。そのタイトルは「ポアンカレ予想と幾何化予想のハミルトン＝ペレルマンによる証明」となっていた。脚注には「これは《エイジャン・ジャーナル・オブ・マセマティクス》誌に掲載された同一著者による記事の改訂版である」と説明があった。新しい論文の概要（アブストラクト）の中では、もとの大げさな「われわれは初めて文字化された解説を提供する」は、はるかに謙虚な「われわれは本質的に自己完結した、詳細な説明を提供する」に置き換えられ、また「ポアンカレ予想の完全な証明」は「ハミルトンとペレルマンの方法に沿ったポアンカレ予想の完全な証明」というようにことばを加えられた。

序節ですべてが語られている。「この修正で、われわれは参考文献と典拠表示を更新することにより、さらなる見落としの修正を試みた。一方、われわれはタイトルを変更し、ポアンカレ予想の証明の功績は全面的にハミルトンとペレルマンにあるというわれわれの見解をよりよく反映させるために、概要（アブストラクト）も修正した。われわれは、前のバージョンで生じたすべての見落としを残念に思うとともに、この修正によってこれらの不注意が正されていることを期待する」。かくしてここに、arXivにはまったく新しい目的が見出された。これまでは、従来型の雑誌に投稿され掲載される前に同僚たちが誤りや漏れを指摘できるよう、研究者はこのインターネット・レポジトリーに論文を投稿してきた。ところが今回の投稿は、論文が発表されたあとでその内容を変更し、誤りを正すために行なわれたのだ。もしツァオとチュウが最初からこのルートをとっていたなら、多くの悪意と恨みが避けられたかもしれない(5)。

二〇〇七年一月に、米国数学会（AMS）の第一一三回年次会議と、米国数学協会（マセマティカル・アソシエーション・オブ・アメリカ〔MAA〕）の第九〇回年次会議が、ニューオーリンズの二軒の高級ホテルをつかって合同で開催された。計画されたハイライトの一つは、ポアンカレ予想と幾何化定理にかんするスペシャル・イベントだった。だが、イベントは行なわれなかった。〝チュウ・シー・ピンと演説者として同じテーブルに着くのを拒否する〟とジョン・ロットが明らかにした時点で、このイベントは中止しなければならなくなったのだ。AMSのウェブサイトに碑文のような発表があった。「われわれは、ポアンカレ予想と幾何化定理にかんするスペシャル・イベントが取り消されたことを残念に思います。うち続く論争がこのスペシャル・イベントをむしばんでいたことが、明らかになりました」

ヤウは、二〇〇七年四月に発行された《米国数学会通信(ノーティシズ)》の読者投稿欄で、もう一度論争に加わった。彼は、ツァオとチュウの論文が「《エイジャン・ジャーナル》誌の標準の編集手続き――もし編集長の推薦から数日以内に反対の声があがらなければ、自動的に受理されたことになる――に従って受理された」ことで、彼がおそらく望んでいたことよりも、《エイジャン・ジャーナル》誌の独裁的な行為のほうが、意図せず明らかになってしまった、と書いている。しかし、次の文が示すように、とにかく彼に細かい区別は無意味だったようだ。「編集委員全員の同意を必要とする《エイジャン・ジャーナル・オブ・マセマティクス》誌のこの手続きは、編集長が論文の主題に最も詳しいほんの少数のメンバーの意見を聞くという、いくつかの代表的な数学専門誌［の手続き］より厳格である」。この声明を数学的に分析してみると、ヤウは「だれからも反対がない」ことが「全員の同意を得る」ことと同じであり、それは「少数の意見を聞く」ことより好ましいと、明らかに信じているのだ。この当否についての判断は読者に任せよう。数行あとに彼は「要請された重要な論文の」審査手続きを早めることが悪いとはまったく思わないと主張しているが、われわれはこれによって、ツァオとチュウの論文が実際に彼らの恩師から要請されたものであったことを、はじめて知らされたことになる。

こうした大騒ぎを見る限り、世間と距離を置くことを望むペレルマンを、だれにとがめだてができるだろうか？

＊

優先権争い（プライオリティ）は科学そのものと同じくらい古く、数学も例外ではない。三〇〇年前に、アイザック・ニュートンとゴットフリート・ライプニッツは、どちらが微積分を先に発明したかで激しく議論した。また現代でさえ、一般相対性理論にかんするすばらしい論文を最初に書き、修正し、投稿し、発表したのがアルベルト・アインシュタインだったのかダーフィト・ヒルベルトだったのかで、科学史家たちの意見はまとまっていない。しかし、優先権論争からはいいことも生まれる。もしも科学者たちがだれが一番乗りするかを気にしなかったら、彼らはゆったりと研究に取り組んだだろう。そしてそれが、科学の進歩のためにならなかったことは確かだ。

二〇〇六年八月のマドリードにおけるＩＣＭは、一世紀を経た英勇伝に、ふさわしい終着点を提供した。ペレルマンは、もちろん、そこにはいなかった。スペイン国王のファン・カルロス一世が会議場を退出してすぐに、ジョン・ロットがペレルマンのフィールズ賞受賞への称賛スピーチを行なった。午後の本会議の最初の講演者はリチャード・ハミルトンだった。彼はゲルハルト・ヒスケンとトム・イルマネンとともに証明をチェックし終えていた。再び手書きのスライドがあり、彼はまたしても自分のコンピュータをマフィンと呼んだ。ハミルトンは、背景をなす理論と、長年にわたる自分の苦労と、そしてペレルマンの偉業を、すべて説明した。チュウとツァオに言及することも忘れなかった。しかし、彼の最大の称賛は、出席していないペレルマンのために取ってあった。「グリーシャのおかげで、われわれはもう『非崩壊』を心配する必要はありません」。彼は声を高めてそう言うと、次の言葉で講演を終えた。「私はグリーシャがこのすべての仕事を完成させてくれたことに、とても感謝しています。私は本当にしあわせです」

数日後、今度はジョン・モーガンの番だった。彼の講演は特別講演と発表されていた。彼が最初に「グリゴーリー・ペレルマンがポアンカレ予想を解明しました」と明言すると、称賛が湧き起こった。「彼の前では大勢が岩に乗り上げて失敗しました。これはペレルマンだけでなく数学にとっても無類の業績です」。モーガンは、一九七〇年代の数学者のうち、ポアンカレ予想が正しいと考えた人と誤りだと考えた人を数えあげたら両者の割合がほぼ半々だったが、その一〇年後には、実質的な進歩も新しい証拠もないのに、数学界の人々の意見は九割までがポアンカレ予想支持に変わった、ということを述べている。「いま、ついに、これは単なる見解の問題ではなくなったのです」と彼は結論を下した。

ほとんどの数学者は、ポアンカレ予想が証明されても、多くは変わらないと考えている。「ほっとしたという、すばらしい感覚があるだけです」とモーガンは言った。名前さえ変わらないと彼は思っている。ペレルマンは予想を定理に変えたが、人々の心の中では常に

「ポアンカレ予想」のままだろう。しかし多くのトポロジストたちは、一種の産後抑鬱症のような、せつない寂しさを感じている。一九〇四年の発端から、多くの浮き沈みを見届けてきた偉大な冒険は、一世紀にわたって何百人もの数学者を忙殺し、また多くの経歴を作り、そのほとんどを破滅させてきたが、ここについに終結した。

14章　もうひとつの賞

マドリードで開かれた国際数学者会議でこの壮大な物語は幕を閉じたのではなかったのかって？　いやいや、ポアンカレ予想を証明した者のために用意された一〇〇万ドルの話がまだ残っている。

数学者の多くが各自の研究に捧げる献身的な努力を思うと、この賞は物語の何より取るに足らない側面かもしれない。彼らは金目当て（かね）に定理を証明するわけではなく、なかには名誉も求めない者もいる。おおかたの数学者は、問題が解けたということだけで十分に報われたと感じる。とはいえ、「一〇〇万ドル」と聞けば、人は耳をそばだてるものだ。それこそが懸賞を出す側（がわ）の狙いである。

懸賞は、一八世紀と一九世紀の科学界で重要な役割を果たしていた。駆け出しから古参まであらゆる学者を誘惑して、研究の流れを形作っていたのである。4章で紹介したポアンカレのオスカル賞もその好例だ。当時、学問の中心はパリとベルリンとサンクトペテルブルクの科学アカデミーだった。パリのフランス科学アカデミー（アカデミー・デ・シアンス）は一七一九年以降、懸賞問題を二年に一度出題しているし、ベルリンの科学アカデミーも一七四五年に懸賞を始めた。懸賞には、数学界の著名人が何人も応募している。ダニエル・ベルヌーイは、フランス科学アカデミーの賞を、一七二五年を皮切りに、父ヨハンとの共同受賞や兄ヨハン二世との共同受賞を含めて、一〇回も獲得した。(1) レオンハルト・オイラーは、各国の科学アカデミーから一二回も賞を授与されているし、ジョゼフ＝ルイ・ラグランジュは、フランス科学アカデミーの懸賞を一七六四年、一七六六年、一七七二年（オイラーとともに受賞）、一七七四年、そして一七七八年に獲得した。5章で登場したシモン・リュイリエは、一七八六年のフランス科学アカデミーで懸賞のかけられた、「数学において無限と呼ばれるものにかんする明確で厳密な理論」というテーマに応募して受賞を果たしている。

当時の懸賞は、テーマが事前に決められて期限とともに告知されたという意味で、先を見据えたものだった。懸賞の主催者たち――彼らも当代一の科学者だった――は、こうした形で、その後少なくとも数年間の研究課題とすべき基本的な問題を決めることができた。逆に今日（こんにち）のノーベル賞やアーベル賞は回顧（かいこ）的だ。つまり、このふたつは受賞者の――多くの場合、生涯にわたる――それまでの仕事に対して贈られる。フィールズ賞はその中間に位置する。それまでの仕事に対して贈られるのは同じだが、受賞者は若くてはならない。彼ないし彼女が将来に挙げるであろう優れた業績を期待してのことだ。今、「彼ないし彼女が」という表現を用いたので、一九世紀の有名な女性受賞者をふたり紹介しよう。ソフィー・ジェルマンは、審査員のひとりで、彼女の論文の第一稿に目を通しているシメオン＝ドゥニ・ポアソンが自分も論文を応募するというスキャンダルがあったにもかかわらず、一八一五年に受賞がかなった。[2]また、ソフィア・コヴァレフスカヤは、フランス科学アカデミーが主催するボルダン賞を一八八八年に受賞している。

懸賞が必ず成功裏に終わったわけではない。一八一五年、フランス科学アカデミーはボルダン賞の問題としてフェルマーの最終定理を告知したが、応募者なしに終わった。そこで期限を二年延ばしたが、それでも応募者がなく、問題を取り下げている。ベルリンの科学アカデミーは、一九世紀にもっとばつの悪い思いをしている。一八三六年、彼らは多項式方程式の数値的解法にかんする問題を出題したが、四年経っても解答がひとつも寄せられなかったので、問題を差し替えた。それでも応募がなかったので、一時中断を決定し、一八五二年にもう一度出題したが、また応募がなかった。一八五八年にまた別な問題を告知したときには、応募が一通届いたが、悲しいかな、満足できる解答とはほど遠かった。六年後、いらだった審査員団は、そのなかのひとりの指導を受けていた学生の論文に設問を合わせることで、一八六六年にようやく賞を授与した。その後、またしばらくあいだをおくことにし、一八九四年に微分方程式にかんする問題を出題したところ、なんと、また応募がなかった。四年後に同じ問題を別な形で出題したが、それでも応募がなかったので、業を煮やしたベルリン科学アカデミーは、ある数学者にその「数学への貢献」に対して賞を授与した。そして、問題を再び言い換えたが、それでも応募がなかった。最後の手段として、一九一〇年、パウル・ケーベに一意化定理（11章を参照）に対して賞を授与した。そして懲りずにまた新しい問題を提示したが、また応募がないまま第一次大戦が始まり、以降、彼らにはほかに心配事ができたようだ。

一九〇〇年八月八日、パリで開かれた国際数学者会議で、アンリ・ポアンカレと並ぶ当時の数学界の牽引役だったダーフィト・ヒルベルトは、数学に関連してそれまで行なわれたものとしては例を見ないほど有名な、ある演説を行なった。そのなかで、この解決こそは緊要だと思われる二三の未解決問題が挙げられたのである。賞金もメダルもかかっていなかったが、掲げられただけで十分だった。それによって、二〇世紀前半の数学界が進むべき道筋が示され、何百という数学者がこれらの問題に何十年ものあいだ頭を悩ませることになる。ヒルベルトが挙げた問題のいくつか、たとえばリーマン仮説は、いまだに解決されていない。一九〇四年に世に出たポアンカレ予想が含まれていないのは当然のことである。

「数学の問題に懸賞をかける」というアイデアを現代に甦らせようと考えたのが、ハーバード大学のランドン・T・クレイ数学・理論科学教授である、アーサー・ジャフィだ。ジャフィは科学にかんする教育を幅広く受けた人物である。一九五九年にプリンストン大学で化学学士号を取得、二年後にはイギリスのケンブリッジ大学で数学学士号を――マーシャル奨学生として――取得したのち、プリンストンに戻って一九六六年に物理学の博士課程を修了している。場の量子論を中心に一六〇本を超える学術論文を書いているほか、共著を含めて四冊の著書があり、七冊の本の編者を務めている。ハーバード大学数学科の学部長と国際数理物理学会の会長と米国数学会の会長を務めたこともあるし、ダニー・ハイネマン賞を数理物理学部門で受賞し、コレージュ・ド・フランスからはメダルを授与され、米国科学アカデミーの会員に選ばれている。その人物の程がおわかりいただけただろうか。ドイツ語も堪能(たんのう)で、同業者に会いにドイツやスイスへよく出かけている。学者仲間とのつきあいのいい、彼の趣味のひとつが写真だ。私は彼のウェブページに自分の写真を見つけて驚いたことがある。

数学上の偉業を称揚する懸賞を創設するというジャフィのアイデアは、二段構えになっていた。寄付教授職にあるジャフィの享受(きょうじゅ)する栄誉として、二週に一度、寄付者と昼食をともにできる、ということがある。その寄付者、ランドン・T・クレイは一九二六年生まれで、四〇年代後半にハーバード大学に通い、一九五〇年に学士号を取得した。やがてボストンに本社を置く大手投資信託会社、イートン・バンス社の社長となり、富を蓄えて億万長者になった。長年にわたり、的確な投資で何十億ドルも稼ぎ出したのだ。その投資先のひとつ、コンピュータチップメーカー向け装置の製造メーカーであるADEコーポレーションでは、会長を務めている。報酬については何も公にされていないが、部下の手取り年収が目安になるかもしれない。ちなみに同社最高経営責任者の手取りでも八〇万ドルを超えている。なるほど、ランドン・T・クレイが金に糸目をつけず、巨万の富のかなりの額を慈善活動につぎ込めるわけである。

実際、クレイはそうした活動に手もそめた。彼は、母親が創立者のひとりである非営利団体、カリビアン・コンサヴェーション・コーポレーションの会長を務めている。コスタリカでウミガメの産卵地を運営している団体だ。最近ではセニョリータ・チリキとかスージー・スノーフレークなどと名付けたウミガメを衛星で追跡したり、カメの養子縁組制度を始めたりして、支援者を増やそうとしている。そのほかにクレイは、チリで行なわれているハーバード大学のプログラムに望遠鏡を寄贈したり、ふたつの高校にサイエンス・センターを建てたりもした。さまざまな組織の理事も務めている。有名なところではボストン美術館があり、同館のマヤの翡翠細工や陶器や埋葬壺の所蔵コレクションに、コロンブス到来以前の貴重な品々を加えている。ただし、この寄贈品は物議をかもした。あるボストン大学の考古学教授が、これらの遺物は墓から盗み出されて違法に輸入された可能性があると警告したのだ。クレイ本人を違法行為で追及しようとする者もいないが、この名投資家は墓荒らしに一杯くわされたのかもしれない。[3]

彼はもちろん、母校のことも忘れていない。ハーバード大学のランドン・T・クレイ教授職は、ひとつならずふたつある。数学と理論科学を専門とするジャフィの職と、科学考古学を専門とする職だ。また、同大学の運営母体が新しい教職員を雇うときの足しにできるようにと、潤沢な基金を設立した。クレイは基本的に科学好きで、科学こそが人類向上の原動力だと信じている。特に思い入れが強いのが数学だ。彼は英語学で学士号を取得したのだが、在学中に解析学の講義をいくつか受けている。数学が知的刺激に満ちた学問だとそのとき知って以来、彼は今でも数学に魅了されつづけている。

一方、ハーバード大学のさまざまな委員会での経験から、数学科の価値が大学当局から低く見られていることも知っていた。ユタ大学の数学者ジム・カールスン——二〇〇三年にジャフィの辞任を受けてクレイ数学研究所の所長に指名された——は、これはなにもハーバード大学に特異な現象ではないと指摘する。数学は生物学や物理学などと同じレベルの支援を受けていない。全米のどの大学でも、数学者はほかの理学系学科の同僚より授業の負担が重い。予算の違いがもろに反映されている、とカールスンは言う。

そこでクレイは、数々の慈善活動に加えて、数学科への大盤振る舞いに踏み切った。冷戦が終結し、ソ連の数学者たちが自由に海外を訪れることができるようになったとき、同科が客員を招聘（しょうへい）したり共同研究プロジェクトを立ち上げたりするための基金として四〇〇万ドルを拠出（きょしゅつ）した。

さて、恒例の昼食の席で、クレイはソフトウェア専門の基金を創設する話を持ち出した。それに対し、数学の研究所設立のアイデアを温めていたジャフィは、そうした基金はソフトウェア関連の大企業との競争になるのであまり意味がなく、数学専門の基金を設立するほうが、財政的にもインパクトの点でもはるかに効果が高い、と応じた。数カ月後、クレイは決断した。ハーバード大学とは独立した数学研究所を設立し、ジャフィを科学諮問委員会の委員長に据えることにしたのだ。一九九八年九月二五日、クレイ数学研究所（CMI）がデラウェア州の非営利団体として設立された。同所は次のような事柄をその使命として掲げている。「クレイ数学研究所の主たる目標および目的は、数学にかんする知識の向上と普及に努めること、数学上の新発見を数学者をはじめとする科学者に周知すること、才能ある学生が数学の道へ進むのを奨励すること、および数学研究の偉業を称揚することである。クレイ数学研究所は、数学的思考の美、力、および普遍性を深く追求するものである」

《米国数学会ニューズレター》誌に掲載されたインタビューで、ジャフィはこう付け加えている。「われわれは、数学以外に携わる方々にこの分野の重要性がもっと評価されるようになることを願っています」。CMIの理事会の最初のメンバーは、ランドン・T・クレイと妻のラヴィーニア、そしてジャフィだった。その後すぐに、フィン・M・W・キャスパースン、ウィリアム・R・ハースト三世、デイヴィッド・B・ストーンの三人が加わった。この三人も大富豪であり、アメリカ実業界の著名人である。

ジャフィは、CMIの科学諮問委員会に三人の傑出した数学者を招いた。その三人とは、一九八二年にウィリアム・サーストンや丘成桐（ヤウ・シン・トウン）とともにフィールズ賞を受賞したフランスの数学者アラン・コンヌ、数理物理学にかんする業績で知られているアメリカ人エドワード・ウィッテン（一九九〇年にフィールズ賞受賞）、そして、フェルマーの最終定理を証明しながら、一九九八年の国際数学者会議のときに四一歳だったというだけでフィールズ賞を逃した、イギリスのアンドリュー・ワイルズだ。

半年後、法務手続きが完了し、事務処理が片付いたのを受けて、設立を祝うイベントが開催され、大がかりな数学会議がMITで開かれた。以来、CMIは、数学者の支援、研究プロジェクトへの資金援助、サマープログラムの運営、研究成果の公表という形で使命を全うしている。

だが、世間で最もよく知られているCMIのプログラムと言えば、ミレニアム賞だ。これがジャフィのアイデアの第二段階である。数学の研究所という構想を初めてまとめてクレイに宛てた文書の中で、ジャフィはすでにこのアイデアを持ち出している。「千年紀（ミレニアム）に絡（から）めて、長年解決を見ていない少数の数学上の問題の解決に対して、金銭を報酬とする賞を創設することをお勧めする」。ヒルベルトが二〇世紀に向けて二三の問題を示してからちょうど一〇〇年ということで、タイミングは申し分なかった。

ジャフィは最初、五〇人に一〇〇〇ドルずつ用意して五〇問を公募し、そこから大賞用として一〇問前後を選ぶつもりでいた。だがすぐに、このやり方では手続きが煩雑すぎることがわかり、科学諮問委員会でまず一〇問前後を選ぶことにした。ジャフィ、コンヌ、ウィッテン、ワイルズの四名が、信頼できる同僚にこっそり相談するなどして、候補として適していそうな問題を選ぶことになった。懸賞問題は、難しくて、重要で、時の試練を経ている必要があった。また、数学界の中で駆け引きが生じるのを防ぐため、そして委員に影響力を行使しようとするかもしれない数学界の重鎮を遠ざけるため、この選定作業は極秘裡に行なわれた。

四人の委員がたたき台となるリストを持ち寄った。リーマン予想とポアンカレ予想はだれのリストにもあり、ただちにミレニアム問題に適しているということになった。それから数カ月のあいだ、ほかの問題がリストに追加され、あるものは議論の末に削除され、また別の問題が追加された。一九九九年の末、委員は七問からなるリストについて合意し、問題選定を終了することにした。ジャフィは、ほかの委員会が作ったら違ったリストになったかもしれないと認めつつも、選定の過程は「数学にまつわる興奮を少しでも伝えようとする誠実な試み」だったと語っている。選ばれた問題は、バーチ＝スウィナートン＝ダイアー予想、ホッジ予想、ナビエ＝ストークス方程式、P対NP問題、ヤン＝ミルズ理論と質量ギャップ仮説、リーマン仮説［訳注：リーマン「仮説」は「予想」と呼ばれることも多いが、ここはCMIの原表記hypothesisに合わせている」、そしてもちろんポアンカレ予想である。

科学諮問委員会は、専門家に各問題の解説を依頼した。ポアンカレ予想を担当したのは、七次元球面にかんする仕事で一九六二年にフィールズ賞を受賞したニューヨーク州立大学ストーニーブルック校のジョン・ミルナーだった。ちなみに、ミレニアム賞問題の公式解説書が二〇〇六年に出版されたが、ミルナーの章は修正して新たな進展を反映する必要が生じた。修正が必要になったのはこの章だけで、ほかの六問をめぐる状況は変わっていない。

ちなみに一九九八年には、スティーヴ・スメールが二一世紀に向けた一八の問題を提唱している。そこには、ヒルベルトの問題にも含まれていた未解決問題や、ポアンカレ予想などミレニアム問題と重なる問題も含まれている[4]。だが、スメールのリストには懐の温かい後ろ盾がなかったので、ミレニアム問題ほどは注目を集めなかった。

科学諮問委員会の次の課題は、問題の線引きだった。ミレニアム問題として、ポアンカレ予想を掲げるべきだろうか、あるいはそれをもっと一般化した幾何化予想にすべきだろうか、というようなことだ。これについては、問題は最もシンプルな形で表現するということになり、このトポロジーの難問の場合は、個別的なほうが採用された。このとき、ペレルマンが両方を一度に解決する道のりの折り返し地点を過ぎていたことなど、委員会のメンバーは知る由もなかった。

次に、賞金を決める必要があった。大金にするということは決まっていた。おりしもイギリスでは、出版社のフェイバー&フェイバー社が、アポストロス・ドキアディス著『ペトロス伯父と「ゴールドバッハの予想」』の宣伝のため、ゴルトバッハ予想の証明または反例に一〇〇万ドルの賞金を懸けたことを発表していた。したがってCMIも奮発を余儀なくされたのだ。一方、ゴルトバッハ予想は一七四二年からこの世に存在しているのに、フェイバー&フェイバーが二年という非現実的な期限を設定していたこと──これにより、期間内に証明または反例が見つかってしまうという起こりそうにない事態に対して、ロイズから保険契約を取りつけていた──は、問題にされなかった。クレイの懸賞に期限は定められず、賞金はいつか必ず支払われることになっていた。[5]

ジャフィは当初、賞金の基金を創設し、基金額を少しずつでも毎年積み立てていくことを考えていた。そうすれば、たとえば六〇年以上たって解決された問題の賞金はかなりの額になる。だが、フェイバー&フェイバーの懸賞を見て、七問すべてに一〇〇万ドルを出すことを提案した。七〇〇万ドルという賞金総額は注目を集めるはずだし、賞金を一度に全問分支払うような事態にはならないくらい、また、長いこと支払うこともなさそうなくらいに、どの問題も難しいはずだった。これがクレイ夫妻に承諾され、ミレニアム賞誕生の運びとなった。

残念ながら、インフレ調整はない。しかし場合によっては、それが問題になることもあるだろう。リーマン予想やホッジ予想が一体いつ解決されるというのだ？　何百年とは言わないまでも、何十年とかかるかもしれない。一九〇六年、ドイツ人数学者パウル・ヴォルフスケールは、フェルマーの最終定理を証明または反証した者に一〇万マルクの賞金を用意した。当時としては破格の額で、現在の価値に直すと二〇〇万ドルほどに相当する。だが、アンドリュー・ワイルズがこの問題を解決したときには、インフレでかなり目減りしていた（なにしろ大戦が二度あり、そのあいだに超インフレの時期もあった）。一九九七年にヴォルフスケール賞が授与されたとき、その価値は七万五〇〇〇マルク、ドルに直すと五万ドルほどしかなかった。ワイルズにとっては大したことではなかったが、未来のミレニアム賞受賞者は少しがっかりするかもしれない。カールスンはドルの強さを信じており、二〇〇七年の初頭に「この賞の価値は下がらないと信じている」と話している。だが、クレイ基金の理事会によって内規がいつか変更される可能性については否定していない。

賞金額が決まり、懸賞の規定を決める段階に入った。科学諮問委員会は、証明の有効性をどのようにして判断しようというのか？　有名な「四色問題」の場合、一八七九年に一度、そして一八八〇年に再び、証明されたと判断されたが、一一年後にどちらの証明も間違っていたことが明らかになっている。アンドリュー・ワイルズも、自分のフェルマーの最終定理の証明は完全だと思っていたが、審査プロセスの最中にギャップが見つかっている。隠れた間違いが見つかるのには何年もかかる可能性があり、定理の証明が正しいかどうかは時のみぞ知るというところがあるのだ。またこの「時の試練」は、証明に穴があったときに、それをどこかのだれかがいつかは見つけることを前提としている。ただしこれは、それなりの期間にだれもどこにも穴を見つけられなかったら穴はない、という考え方でもある。

この方法は、その証明が一〇〇パーセント完全無欠で、水も漏らさぬ、絶対正しい厳密なものであると保証するものではない。無数の数学者によって見逃されていた小さな亀裂が将来見つからないとも限らない。それでも、現実的にはこれが絶対的な正しさに最も近い。このことから、諮問委員会は三段階の試練を課すことにした。まず、ミレニアム賞問題を解決するとして提案される証明は、権威ある数学誌に発表されなければならない。この段階で、明らかに間違っている論文は各誌の査読プロセスで排除される。次の段階は二年の待機期間だ。その目的は、一般の数学者が精査する時間をとることだ。この期間中に重大な反論が出なかったら、提案された証明は「一応の」証明と見なされる。

二年の待機期間が終わると、第三段階が始まる。科学諮問委員会が、該当問題のスペシャリストを招いて専門委員会を作る。招かれたスペシャリストたちは、あらゆる関連文献を精査してレポートを書く。科学諮問委員会は、このレポートに基づいてクレイ数学研究所の理事会に対する勧告を行ない、理事会が賞と賞金の授与にかんする最終決定を下す。

ミレニアム賞を告知するセレモニーは二〇〇〇年の夏に催された。この年がパリでダーフィト・ヒルベルトがあの有名な講演を行なってきっかり一〇〇周年であるからには、それにちなんで、場所は当然パリでなくてはならない。コレージュ・ド・フランスの大講堂は大入り満員になり、入れなかった大勢のために、進行の様子が近くの部屋に置かれたテレビモニターで中継された。七つのミレニアム問題を紹介する講演は、元王立協会会長のサー・マイケル・アティヤとテキサス大学のジョン・テイトが担当した。フランスの研究相が予定の時間になっても現れないというハプニングがあったが、スケジュールをその場で変更して切り抜けられた。

ミレニアム賞はフランス第一の新聞《ル・モンド》の一面を飾った。AP通信のレポートは全米の何百という新聞社に配信され、《ネイチャー》誌は論説を発表した。ミレニアム賞が発表されると大騒ぎになった。猫も杓子も一枚かんでやろうと動きだし、受賞する気満々の者たちが解答の送付先を一刻も早く知りたがった。そのうちにCMIのウェブサイトを運営するウェブサーバーがクラッシュしたので、同サイトをはるかに強力な米国数学会のサーバーにミラーリングしたが、そちらもアクセスのあまりの多さにクラッシュ寸前になった。だが、CMIのウェブサイトへのアクセスはしばらくして落ち着き、大事には至らなかった。

発表後の一年間、数学誌には箸にも棒にもかからない論文が雪崩を打って押し寄せた。

約束された賞金額に目がくらんだ素人が、有名学術誌に論文を送りつけはじめたのだ。問題の途方もない難しさを知らない素人たちは、ミレニアム問題のひとつを、時には七つをあまさず解いたと主張した。《数論ジャーナル》の編集者のひとりは《ボストングローブ》紙の記者に対し、トンデモ論文がこのごろではまともな論文を数で上回るようになっていて、「まるで雨後の筍(たけのこ)のように」増えたと嘆いている。この騒ぎもやがて収まった。

世間一般の数学への関心を高める手だてとして懸賞がふさわしい、とだれもが思っているわけではない。《米国数学会通信（ノーティシズ・オブ・ジ・アメリカン・マセマティカル・ソサエティ）》の二〇〇七年一月号で、サンクトペテルブルクのステクロフ数学研究所に属する著名なロシア人数学者、アナトーリー・ヴェルシクは、ポアンカレ予想の証明をめぐってあのような残念な騒ぎが起こったのは、ミレニアム賞によってもたらされた知名度によるところが大きいと述べている。ヴェルシクは、一連の騒動は懸賞が「数学を活性化する方法として邪道であり、受け入れがたいもの」であることの証明にほかならず、「数学を科学として普及させるどころか、世間を混乱させるだけである……数学にこうしたふしだらな好奇心が必要だろうか？」と問う。

さらに「真面目な研究課題を一〇〇万ドルの宝くじのようなものに変えてしまうのは、庶民の品のなさに迎合した権威主義的［原文ママ］なやり方」であり、その意味で、クレイ数学研究所は七つのミレニアム問題のどれについても研究を促進する役割など少しも果たしていないし、ポアンカレ予想に取り組んでいる者たちにすれば、一〇〇万ドルが懸かるはるか以前からこの問題に興味を抱いていたのだ、と難じている。

ヴェルシクの主張にも一理ある。だが、俗っぽい楽しみを否定する態度の下から、数学者がよく批判されるエリート意識的な物の見方が透けて見えている、とも言える。そもそも、ミレニアム賞の目的は研究資金を出すことではない。「アメリカ的な生き方を少しもおわかりでない」とジャフィはある機会にヴェルシクに言った。多額の金が懸かった賞の目的は、才能ある者の関心を特定の問題に向けさせることではなく、数学を庶民に普及させて、親が「自分の子が数学者になろうとするのを阻（はば）まないようにするため」だと説明した。だがヴェルシクは納得せず、「数学の庶民への普及は確かに必要ですが、今日の庶民文化の最も醜い面に訴えることはないでしょう」と応じた。ペレルマンの純粋な精神と響きあうようなこの発言は、彼やヴェルシクが育った環境であるソビエトという社会体制の、愚直なまでの見上げた理想主義を思い起こさせる。

批判的な意見をよそにミレニアム賞は存続しているので、ここからは細則を見ていこう。ミレニアム賞の公式告知に、次のような大事な規則がある。「検討対象となるには、提案された解決が、査読がある世界的な数学誌に発表されること、およびその後二年間で数学界全体から受け入れられることを要する」。注目すべきは、証明を「本人が発表すること」とはどこにも書いていないことだ。ここには、証明の発案者以外のだれかが発表しても、真の発案者が賞をもらえるという含意があある。実際ジャフィは、あるヒルベルトの問題にまつわる非常に有名なエピソードを意識していた。その問題はアンドリュー・グリースンが解決したのだが、本人はそれを発表しておらず、グリースンの講義に基づいてディーン・モントゴメリとレオ・ズィッペンが本を書いた。だが、この問題の解決者としての栄誉はグリースンに与えられている。

提案された証明が、ペレルマンの場合のように、学術誌に発表されていない場合はどうなるのだろうか？　あるいは、ミレニアム問題の証明が見つかったころに学術誌というものが存在しなくなっていたら？　グリゴーリー・ペレルマンが現れたとき、ポアンカレ予想は一〇〇歳だった。四色問題が証明されたのは二〇〇歳のときだし、フェルマー予想は三〇〇歳、ケプラー予想は四〇〇歳の時に解決された。一九九九年一二月、私はプリンストン高等研究所のロバート・マクファースンにこんなことを訊いた。これから眠りについて四千年紀の最初の年に目を覚ましたとしたら、同僚にどんなことを尋ねるか？　彼の答えはこうだ。「リーマン予想はもう証明されたかい？」。このように、ミレニアム問題のいくつかは、証明や反証に二二世紀や二三世紀あるいは三一世紀までかかるかもしれない。そのころには、今のような科学系定期刊行物がなくなっていないとも限らない。数世紀後に研究成果の公表手段として何が存続しているかはだれにもわからない。

諮問委員会は、こうした成り行きの可能性を考えて、公式規定に但し書きを加えた。

「査読がある世界的な数学誌」という部分のあとに「（または科学諮問委員会が適格と判断したその他の形式）」という文言を追加したのだ。これで、発表手段として権威ある学術誌以外の入口が用意された。

最後に、証明が表彰に値すると判断されたときに、賞金をどう分けるかという問題がある。規定によると「科学諮問委員会は、受賞対象の解法がそれ以前に発表された洞察に決定的に依存していないかどうかという点に特に留意する」とある。これは、諮問委員会が以前の業績も評価して、複数の解決者のあいだで賞金を分けるよう勧告する可能性があることを意味する。あるいはもしかすると、委員会は賛辞の中でそのことに触れるだけかもしれないし、まったく無視するかもしれない。

こうした疑問すべてが、ペレルマンとポアンカレ予想の事例に当てはまる。現時点では、ペレルマンが証明をどこかの学術誌に投稿するとは思えない。arXivは発表の「その他の形式」として認められるだろうか？　おそらく大丈夫だろう。曹（ツァオ）と朱（チュウ）による《エイジャン・ジャーナル・オブ・マセマティクス》への発表もこの要件を満たしているだろうか？　これも大丈夫だろう。ペレルマンによる二〇〇二年と二〇〇三年のarXivへの投稿を諮問委員会が有効な発表形式と認めるなら、二年の待機期間は間違いやギャップが見つかることなくとうに過ぎているので、CMIは所定の手続きをただちに開始できることになる。arXivへの投稿が、規定の有効な投稿形式に当たらなかったとしても、ツァオとチュウによる論文の発表や、いずれ刊行されるであろうモーガンとティエンの著書への掲載なら、おそらく要件を満たすことになるだろう。その場合、諮問委員会は少なくとも二〇〇八年六月まで待ってから手続きを開始することになる。一方、諮問委員会が自分の仕事は本人が発表しなければならないという解釈を採った場合、ポアンカレ予想の証明には賞が授与されないことになる。カールスンは、科学諮問委員会はマドリードで開かれたICMでの発表を二年の待機期間の開始日にすることになるだろうと考えている。ペレルマンは、こうした憶測を少しも気に留めていないようだ。

だが、これからしばらく、発表の問題は決着し、証明は有効だったとして話を進めよう。賞金の取り分について、どう定めたらいいだろうか？　前の章で、ある問題についてこれまでの貢献者すべてを表彰しようとした場合、さかのぼるとニュートンやライプニッツにまで行き着いてしまって現実的ではないと指摘した。ポアンカレ予想の証明の場合、ひとつはっきりしていることがある。ハミルトンによるリッチ・フローの導入が証明の鍵を握っていたのは明らかなのだ。これなしではペレルマンには何の拠り所もなかったに違いない。

このこと以外、となると、見方がむずかしくなってくる。そもそも、ポアンカレ予想の証明になんらかの役割を果たしたすべての数学者について、それぞれの貢献度を数値化できるだろうか？　実際問題として、おそらく次の事実に異論はないだろう。お膳立てとなる仕事の大部分をハミルトンがこなし、ひとつ残された最も困難な山をペレルマンが登り詰めた。だが、これがすべてではない。

この一世紀のあいだ、ポアンカレ予想の証明には、ポアンカレ本人と初期のトポロジストに始まり、この問題をトポロジーから多様体の問題に還元した数学者たちや、それを幾何学の問題へと移し替えた数学者たちまで、何百人という数学者がなんらかの形で貢献している。それから、微分方程式理論の枠組みを据えた解析学者たちは？　ハミルトンは、映画『ビューティフル・マインド』でも背景の黒板に描かれていた、ジョン・ナッシュが最初に用いたテクニックも使っている。

ペレルマンの参考文献リストに挙げられている多くの数学者、すなわちアルトシューラ、アンダースン、板東、バクリ、ツァオ、チーガー、周(チョウ)、コールディング、ドーカー、エッカー、ゲイジ、ガヴェヅキ、グレイスン、グロモフ、グロス、ヒルデブラント、フイスケン、アイヴィ、ロースン、李(リー)、モレー、ヴァルトハウゼンは？　熱伝導方程式や極小曲面理論を最初に研究した科学者による基礎的な成果は、あるいはそうした仕事のさらに基礎となった成果はどうなる？　ペレルマンは三次元ポアンカレ予想を超える、より大局的な図式を構築したわけだが、それに必要な仕事をした数学者たちはどうだろう？

モーガンとティエンはほかにも貢献者を挙げている。その中には、詳細を完成させる仕事をした多くの者や検証プロセスに携わった者、その仕事が他人の仕事に応用された者が含まれている。ブラーゴ、ミニコッツィ、グリーン、ヘンペル、ヨスト、ラドゥイジェンスカヤ、タム、サックス、施、塩谷、ソロンニコフ、スターリングス、伍、ウラリツェヴァ、ウーレンベック、山口などが挙げられているが、これとて氷山の一角のようなものにすぎない。

そしてもうひとつ、CMIの所長も科学諮問委員会もほかのだれも考えもしなかった問題がある。受賞者が賞金を欲しがらなかったらどうするか？　この物質主義で、金と成功が物を言う世界でそんなことになるとはだれも思わないだろう。だが、そうなるという可能性は紛れもなくある。フィールズ賞を辞退したペレルマンは、ミレニアム賞も固辞しかねない。

今のところ、クレイ数学研究所の理事会が一〇〇万ドルの授与を決定した場合にどうなるかは、だれが何を言っても憶測でしかない。《ニューヨーカー》誌によるインタビューでは、ペレルマンはどっちつかずの返答しかしていない。彼をよく知る人はたいてい、フィールズ賞のときと変わらず、金のことは気にしていないと思っている。億万長者になるのを怖がっているのだと言う評論家もいる。ペレルマンがバークレーでドル札を何枚かしか持っていなかったのに襲われたという話を覚えているだろうか？　ロシアで何千ルーブルも持ち歩いたらどれほど危険な目に遭うことか。理由はともかく、ペレルマンはまたしてもわれわれをやきもきさせているのである。ペレルマンの人となりを知らなければ、彼はメディア慣れした凄腕のスポークスマン扱いされているところだ。一〇〇万ドルの受賞はクールだ。だが、一〇〇万ドルを拒むほうがもっとクールだろう。

マドリードのICMでインタビューを受けたカールスンは、次のように語っている。

「フィールズ賞委員会はペレルマンの業績に対して授与を決め、ペレルマンがとりうる行動を考えて決定を変えるようなことはしませんでした。クレイ数学研究所がミレニアム賞をペレルマンに授与すると決定した場合、同じ考え方で話を進めることになると思います※」

＊

これをもって、この物語の終わりとしたい。ひとつの時代の終わりだとも言える。才能あふれる数学者が示した空間の性質にかんする予想が証明され、残された疑問はただひとつ、一〇〇万ドルの賞金がいつ授与されるか……人智の追求においてはまったく些細な問題だ。

だが、数学という営みに終わりはない。ある問題の解決に成功すると、数多くの新しい問題への扉が開かれる。数学に向き合う者はたやすく、自分の小ささを思い知らされる。未解決の問題はそれこそいくらでもあるのだ。この壮大な知的探求の灯を、これからも燃やしつづけていこうではないか。

［※訳注：二〇一〇年三月一八日、クレイ数学研究所はポアンカレ予想の解決に対してペレルマンの単独受賞を発表したが、同年七月一日、ペレルマンはハミルトンの功績が十分評価されていないなどの不公平さを挙げて受賞を拒否したと伝えられている］

謝辞

本書のために情報を提供してくれた方々、原稿の一部に目を通し、ありがたくも改善のためのアドバイスを寄せ、数学上の、あるいは歴史上の誤りを正してくれた方々は以下の通りである。コリン・アダムス、マイケル・アンダーソン、ジム・アーサー、マイケル・バー、ローラン・バルトルディ、ギルバート・バウムスラグ、マールテン・ベルクフェルト、ジョーン・バーマン、クリスティアン・ブレッター、ユーリー・ブラゴ、ブライアン・コンリー、アポストロス・ドキアディス、ベノ・エックマン、グレッグ・イーガン、エマヌエル・ファージョウン、ステファン・フレデンハーゲン、アナンダスワルプ・ガッデ、ミーシャ・グロモフ、ブルーノ・ハイブレ、モリス・ハーシュ、ゲルハルト・ヒスケン、トム・イルマネン、アリン・ジャクソン、ウィリアム・ジャコ、アーサー・ジャフィ、ジャン＝ミシェル・カントール、古関春隆（こせきはるたか）、クレイグ・ロートン、バーニー・マスキット、ジョン・マクリアリー、バド・ミシュラ、ジョン・モーガン、村杉邦男、エリ・パッソー、デュシャン・レポフシュ、ヨアヴ・リーク、デール・ロルフセン、ハイアム・ルービンシュタイン、ピーター・シェーレン、ズリル・セラ、ビン・ダ・シルバ、ロバート・シンクレア、スジ・シン、アレックス・ソイファー、ジョン・スターリングス、ジム・スタシェフ、トマス・シックスタン、田剛、アナトーリー・ヴェルシク、ジェフリー・ウィークス、ギスバート・ヴュストルツ、丘成桐、吉岡巌、アフラ・ゾモロディアン。

ニューヨーク市立大学リーマン・カレッジおよび大学院センターのクリスティーナ・ソルマーニには深甚なる感謝を捧げたい。同氏には原稿の改訂された二ヴァージョンに目を通し、数学上の詳細にわたる無数の修整・改善案を寄せるという骨折りをいただいた。数えきれないメールのやりとりのなかで、氏は倦むことなく、ベッチ数、リッチ・フロー、葉巻型特異点その他の、ポアンカレ予想の証明には欠かせない概念や手法について説明をしてくれた。特に記すが、12章で用いたヒュドラの比喩は氏の想によるものである。しかし、ポアンカレ予想証明というドラマの登場人物の人物造型や、ペレルマンの成果の検証過程で繰り広げられた（というか、今も進行中の）人間ドラマにかんする記述について、ソルマーニ氏がなんら責任をもたないのは言うまでもない。誤りがあれば、すべては私の責任である。

そして、私のエージェントである、ニューイングランド・パブリッシング・アソシエイツのエド・クナップマンにはその絶えざる励ましに、ダットン社のスティーヴン・モロウには細心にわたる編集作業に対して、それぞれ感謝したい。妻のフォルチュネと、子どもたちのサリト、ノーム、ノガは辛抱強く、軽いポアンカレ熱に罹（かか）った私によくつきあってくれた。本当にありがとう。

監修者あとがき

本書、『ポアンカレ予想』は、二〇世紀のトポロジーの歴史を垣間見るのには良い本ではないかと思います。ポアンカレ予想を中心に現代幾何学がどのように発展をしてきたか、またその発展のために、いかに多くの数学者が寄与したかが解ります。ポアンカレ予想が一人の数学者によって解かれたのではなく、数々の幾何学的なアイデアとポアンカレ予想の解決への戦略のために多くの数学者が英知を絞り、先人たちのアイデアと戦略の上に、つぎつぎと新しいアイデアと新たな戦略を巡らして、失敗を幾度となく重ねながらも、少しずつ、しかし確実に現代数学を高めていったことが、この本から窺えると思います。ポアンカレ予想という難問を打ち砕く作業は、一〇〇年という年月を経て、世代を超えて受け継がれて成された「数学者連合」の偉業でした。

早川書房の伊藤浩さんより、翻訳の際の数学的な部分の監修を依頼され、気楽にお受けしたのですが、数学的な対象を原著者が読者に解説するとき、その対象に対して持っている原著者のイメージを損なわないように、文章を修正することの難しさを知らされました。正確さを追求し過ぎるあまり、あまり手を加えると、かえって数学者特有の難解な文章になってしまい、折角(せっかく)の原著者の易しい表現を損なってしまうといけないので、原文を極力変えないように修正を試みました。

この本の中には、数学的な専門用語が多数現れます。原著者は読者の目線に立って、それぞれの専門用語の解説を試みておりますが、中には理解が難しいものもあります。特に、四次元以上の高次元の話題の部分は理解が難しいものと思われますが、読者の方々が、それぞれの見方で、想像を巡らして、解釈をされてみるのも一興(いっきょう)かと思います。そうすることにより、この本の中の数学の話題に、より興味を持たれるようになるのではないでしょうか。そこを入り口にして、現代幾何学を始められる切掛けになれば幸いに思います。

——. "The generalized Poincaré Conjecture." *Bulletin of the AMS* 67 (1961): 270.

——. "A survey of some recent developments in differential topology." *Bulletin of the AMS* 69 (1963): 131-45.

——. "The story of the higher dimensional Poincaré Conjecture (What actually happened on the beaches of Rio)." *The Mathematical Intelligencer* 12 (1990).

——. "Finding a horseshoe on the beaches of Rio." *The Mathematical Intelligencer* 20 (1998).

Stallings, John. "Polyhedral Homotopy-Spheres." *Bulletin of the AMS* 66 (1960): 485-88.

——. "The piecewise-linear structure of Euclidean space." *Proceedings of the Cambridge Philosophical Society (Mathematics and Physical Sciences)* 58 (1962): 481-88.

——. "How not to prove the Poincaré Conjecture." Unpublished.

Strzelecki, Pawel. "The Poincaré Conjecture?" *American Mathematical Monthly* 113 (2006).

Taubes, Gary. "What Happens When Hubris Meets Nemesis." *Discover*, 1987.

Thickstun, T. L. "Open acyclic 3-manifolds, a loop theorem and the Poincaré Conjecture." *Bulletin of the AMS*, n.s., 4 (1981): 192-94.

Vershik, Anatoly. "What is good for mathematics? Thoughts on the Clay Millennium Prizes." *Notices of the AMS* 54 (2007): 45-47.

Wallace, Andrew H. "Modifications and cobounding manifolds." *Canadian Journal of Mathematics* 12 (1960): 503-10.

——. "Modifications and cobounding manifolds II." *Journal of Mathematics and Mechanics* 10 (1961): 773-809.

Whitehead, J. H. C. "Certain theorems about three-dimensional manifolds (I)." *Quarterly Journal of Mathematics* 5 (1934): 308-20.

——. "Three-dimensional manifolds (Corrigendum)." *Quarterly Journal of Mathematics* 6 (1935).

Yamasuge, Hiroshi. "On Poincaré Conjecture for M^5." *Journal of Mathematics, Osaka City University* 12 (1961).

Zeeman, E. Christopher. "Unknotting spheres in five dimensions." *Bulletin of the AMS* 66 (1960): 198.

Poincaré, Henri. "Analysis situs." *Journal de l'École Polytechnique* 1 (1895): 1-121.（邦訳は『トポロジー』〔齋藤利弥訳、朝倉書店、1996〕に収録）

——. "Sur les nombres de Betti." *Comptes Rendus de l'Académie des Sciences* 128 (1899): 629-30.

——. "Complément à l'analysis situs," *Rendiconti del Circolo Matematico di Palermo* 13 (1899): 285-343.（邦訳は『トポロジー』〔齋藤利弥訳、朝倉書店、1996〕に収録）

——. "Second complément a l'analysis situs," *Proceedings of the London Mathematical Society* 32 (1900): 277-308.（邦訳は『トポロジー』〔齋藤利弥訳、朝倉書店、1996〕に収録）

——. "Sur l'analysis situs." *Comptes Rendus de l'Académie des Sciences* 133 (1901): 707-9.

——. "Sur certaines surfaces algébriques; troisième complément à l'analysis situs." *Bulletin de la Société Mathématique de France* 30 (1902): 49-70.

——. "Les cycle des surfaces algébriques; quatrième complément à l'analysis situs." *Journal de Mathématique* 8 (1902): 169-214.

——. "Cinquième complément à l'analysis situs." *Rendiconti del Circolo Matematico di Palermo* 18 (1904): 375-407.（邦訳は『トポロジー』〔齋藤利弥訳、朝倉書店、1996〕に収録）

——. "Sur un théorème de Géométrie." *Rendiconti del Circolo Matematico di Palermo* 18 (1904): 45-110.

Repovs, Dusan. "The recognition problem for topological manifolds: A survey." *Kodai Mathematical Journal* 17 (1994): 538-48.

Roy, Maurice, and René Dugas. "Henri Poincaré, ingénieur des mines." *Annales des Mines* (1954).

Scott, Peter. "The geometries of 3-manifolds." *Bulletin of the London Mathematical Society* 15 (1983): 401-87.

Shalen, Peter B. "A 'piecewise-linear' method for triangulating 3-manifolds." *Advances in Mathematics* 52 (1984): 34-80.

Smale, Steve. "Generalized Poincaré Conjecture in Dimensions Greater Than Four." *Annals of Mathematics* 74 (1961): 391-406.

96-114.

Morgan, John. "Recent progress on the Poincaré Conjecture and the classification of 3-manifolds." *Bulletin of the AMS* 42 (2004): 57-78.

Morgan, John W., and Gang Tian. "Ricci flow and the Poincaré Conjecture." arXiv: math.DG/0607607 (2006).

Munkholm, Ellen S., and Hans J. Munkholm. "Poul Heegaard." In *History of Topology*, ed. I. M. James. North Holland, 1999.

Nasar, Sylvia, and David Gruber. "Manifold Destiny." *The New Yorker*, August 28, 2006, 44-57.

Newman, M. H. A. "John Henry Constantine Whitehead, 1904-1960." *Biographical Memoirs of Fellows of the Royal Society* 7 (1961): 349-63.

Novikov, S. "Henri Poincaré and the XXth Century Topology." In *Proceedings of the Symposium Henri Poincaré*. Brussels: International Solvay Institute for Physics and Chemistry, 2004.

O'Connor, John, and Edmund Robertson. "MacTutor History of Mathematics." http://www-history.mcs.st-andrews.ac.uk/history/index.html.

Papakyriakopoulos, Christos D. "A reduction of the Poincaré Conjecture to other conjectures. II." *Bulletin of the AMS* 69 (1963): 399-401.

Papastavridis, Stavros G. "Christos Papakyriakopoulos: His Life and Work." Ethniko Metsovio Polytexneio, 2000.

Perelman, Grisha. "The entropy formula for the Ricci flow and its geometric applications." arXiv: math.DG/0211159 (2002).

——. "Ricci flow with surgery on three-manifolds." arXiv: math.DG/0303109 (2003).

——. "Finite extinction times for the solution to the Ricci flows on certain three-manifolds." arXiv: math.DG/0307245 (2003).

Poénaru, V. "A program for the Poincaré Conjecture and some of its ramifications." In *Topics in Low-Dimensional Topology (In Honor of Steve Armentrout)*, ed. A. Banyaga, H. Movahedi-Lankarani, and R. Wells, 65-88. World Scientific Publishing,1999.

Jackson, Allyn. "The Clay Mathematics Institute." *Notices of the AMS* 46 (2006): 888-89.

——. "Conjectures no more?" *Notices of the AMS* 53 (2006): 897-901.

Jakobsche, W. "The Bing-Borsuk conjecture is stronger than the Poincaré Conjecture." *Fundamenta Mathematicae* 106 (1980): 127-34.

James, I. M. "Portrait of Alexander (1888-1971)." *Bulletin of the AMS* 38 (2001): 123-29.

Kelley, Paul. "Report of the memorial resolution committee for RH Bing." *Documents and Minutes of the General Faculty*, University of Texas at Austin, undated.

Kirby, R. C., and M. G. Scharlemann. "Eight faces of the Poincaré homology 3-sphere." In J. C. Cantrell, ed., *Geometric Topology, Proceedings of the 1977 Georgia Topology Conference*, 113-46. Academic Press, 1979.

Kleiner, Bruce, and John Lott. "Notes on Perelman's Papers." arXiv: math.DG/0605667 (2006).

Koseki, Keniti. "Bemerkungen zu meiner Arbeit 'Poincarésche Vermutung.'" *Mathematical Journal of Okayama University* 8 (1958): 1-106.

——. "Bemerkungen zu meiner Arbeit 'Poincarésche Vermutung.'" *Mathematical Journal of Okayama University* 9 (1960): 165-72.

Maskit, Bernard. "On a conjecture concerning planar coverings of surfaces." *Bulletin of the AMS* 69 (1963): 396.

Mawhin, Jean. "Henri Poincaré: A life in the service of science." *Notices of the AMS* 52 (2005): 1036-44.

Milnor, John W. "The Work of J. H. C. Whitehead." In *J. H. C. Whitehead, Collected Works*, vol. 1. New York: Pergamon Press, 1962.

——. "The Poincaré Conjecture 99 years later: A progress report." Unpublished preprint.

Moise, Edwin E. "Affine structures in 3-manifolds. V. The triangulation theorem and Hauptvermutung." *Annals of Mathematics* 56 (1952):

Burde, Gerhard, Wolfgang Schwarz, and Jürgen Wolfart. "Max Dehn und das mathematische Seminar." Frankfurt am Main, 2002.

Cao, Huai-Dong, and Xi-Ping Zhu. "A complete proof of the Poincaré and geometrization conjectures — Application of the Hamilton-Perelman theory of the Ricci flow." *Asian Journal of Mathematics* 10 (2006): 165-492.

——. "Erratum to 'A complete proof of the Poincaré and geometrization conjectures — Application of the Hamilton-Perelman theory of the Ricci flow.'" *Asian Journal of Mathematics* 10 (2006): 663-64.

Ciesielski, Krzysztof, and Zdzisław Pogoda. "Interview with Ian Stewart." *EMS Newsletter* (2005): 26-33.

Colding, Toby, and Bill Minicozzi. "Estimates for the extinction time for the Ricci flow on certain 3-manifolds and a question of Perelman." *Journal of the AMS* 18 (2005): 561-69.

Darboux, Gaston. "Éloge historique d'Henri Poincaré." *Mémoires de l'Académie des Sciences* 52 (1913) .

Dawson, John W., Jr. "Max Dehn, Kurt Gödel and the Trans-Siberian Escape Route." *Notices of the AMS* 49, no. 9 (2002): 1068-75.

Dehn, Max, and Poul Heegaard. "Analysis situs." In *Enzyklopädie der mathematischen Wissenschaften*, vol. 3, ed. W. F. Meyer and H. Mohrmann. Leipzig: B. G. Teubner, 1923.

Ewing, J. H., W. H. Gustafson, Paul R. Halmos, et al. "American mathematics from 1940 to the day before yesterday." *American Mathematical Monthly* 83 (1976): 503-16.

Freedman, Michael Hartley. "The topology of four-dimensional manifolds." *Journal of Differential Geometry* 17 (1982): 357-453.

Gilman, D., and Dale Rolfsen. "The Zeeman conjecture for standard spines equivalent to the Poincaré Conjecture." *Topology* 22 (1983): 315-23.

Heegaard, Poul. "Sur l'analysis situs." *Bulletin de la Société Mathématique Française* 44 (1916): 161-242.

Hilton, Peter J. "Memorial tribute to J. H. C. Whitehead." *L'enseignement mathématique* 7 (1961): 107-24.

Springer Verlag, 2001.
Segal, Sanford. *Mathematicians under the Nazis*. Princeton: Princeton University Press, 2003.
Smale, Steve. *The Smale Collection: Beauty in Natural Crystals*. East Hampton, CT: Lithographie LLC, 2006.
Szpiro, George G. *Kepler's Conjecture: How some of the greatest minds in history helped solve one of the oldest math problems in the world*. New York: John Wiley, 2003.（『ケプラー予想――四百年の難問が解けるまで』青木薫訳、新潮社、2005）
――. *The Secret Life of Numbers: 50 Easy Pieces on How Mathematicians Work and Think*. Washington, D.C.: Joseph Henry Press, 2006.（『数をめぐる 50 のミステリー――数学夜話』寺嶋英志訳、青土社、2007）
Topping, Peter. "Lectures on the Ricci Flow." Unpublished.
Wapner, Leonard. *The Pea and the Sun*. Wellesley, MA: A. K. Peters Ltd., 2005.（『バナッハ＝タルスキの逆説――豆と太陽は同じ大きさ？』佐藤宏樹・佐藤かおり訳、青土社、2009）

◎論文、雑誌記事

Anderson, Michael T. "Geometrization of 3-manifolds via the Ricci flow." *Notices of the AMS* 51 (2004): 184-93.
Bessières, L. "Poincaré Conjecture and Ricci flow: An outline of the work of R. Hamilton and G. Perelman." *EMS Newsletter* (2006): 11-22.
Bing, RH. "Some aspects of the topology of 3-manifolds related to the Poincaré Conjecture." In T. L. Saaty, ed., *Lectures on Modern Mathematics*, 2:93-127. New York: Wiley, 1963-65.
――. "The Kline sphere characterization problem." *Bulletin of the AMS* 52 (1946): 644-53.
――. "Necessary and sufficient conditions that a 3-manifold be S^n." *Annals of Mathematics* 68 (1958): 17-37.
――. "An alternative proof that 3-manifolds can be triangulated." *Annals of Mathematics* 69 (1959): 37-65.

1964.
Devlin, Keith. *The Millennium Problems*. New York: Basic Books, 2002. (『興奮する数学』山下純一訳、岩波書店、2004)
Dieudonné, Jean. *History of Algebraic and Differential Topology*, 1900-1960. Basel: Birkhäuser, 1989.
Doxiadis, Apostolos. *Uncle Petros & Goldbach's Conjecture*. New York: Bloomsbury, 2001. (『ペトロス伯父と「ゴールドバッハの予想」』酒井武志訳、早川書房、2001)
Fort, M. K. *Topology of 3-Manifolds and Related Topics, Proceedings of the University of Georgia Institute*. New Jersey: Prentice-Hall, 1962.
Gardner, Martin. *The Sixth Book of Mathematical Games from Scientific American*. Chicago: University of Chicago Press, 1984.
Halmos, Paul R. *I Want to Be a Mathematician*. Berlin: Springer, 1985.
Harel, David. *Computers, Ltd.: What They Really Can't Do*. Oxford: Oxford University Press, 2003.
Hatcher, Allen. *Algebraic Topology*. Cambridge: Cambridge University Press, 2002.
Hirsch, M. W., J. E. Marsden, and M. Shub, eds. *From Topology to Computation: Proceedings of the Smalefest*. Berlin: Springer Verlag, 1993.
James, I. M., ed. *History of Topology*. North Holland, 1999.
Le Livre du Centenaire de la Naissance de Henri Poincaré. Paris: Gauthier-Villars, 1955.
Picard, Émile. *L'Oeuvre d'Henri Poincaré*. Paris: Extrait de la Revue Scientifique, 1913.
Poincaré, Henri. *Sur le problème des trois corps et les équations de la dynamique*. Mémoire couronné de prix de sa Majesté le Roi Oscar II, 1889.
Pont, Jean-Claude. *La Topologie Algébrique des origins à Poincaré*. Paris: Presse Universitaire de France, 1974.
Scholz, Erhard. *Geschichte des Mannigfaltigkeitsbegriffes von Riemann bis Poincaré*. Basel: Birkhäuser, 1999.
Scriba, Christoph J., and Peter Schreiber. *5000 Jahre Geometrie*. Berlin:

参考文献

この文献目録には、ポアンカレ予想にかんする書籍、論文、雑誌記事などの一部を紹介した。通常の「参考文献」のダイジェストをつくったつもりはないが、網羅的なものでもないことはお断りしておく。本書中で扱われた事柄の歴史的な、あるいは数学的な側面をより深く知りたいと思った読者に、いわばとっかかりとして利用していただければ幸甚である。紹介した文献のなかには、専門家を対象にした専門度の高いものも少なくない。

◎書　籍

Baltzer, R., F. Klein, and W. Schiebner, eds. *August Möbius, Gesammelte Werke.* Leipzig, 1885-87.

Banyaga, A., H. Movahedi-Lankarani, and R. Wells, eds. *Topics in Low-Dimensional Topology (In Honor of Steve Armentrout)*. World Scientific Publishing, 1999.

Barrow-Green, June. *Poincaré and the Three-Body Problem*. American Mathematical Society, 1996.

Bell, E. T. *Men of Mathematics*. New York: Simon & Schuster, 1937.（『数学をつくった人びと』田中勇・銀林浩訳、ハヤカワ・ノンフィクション文庫、2003）

Carlson, James, Arthur Jaffe, and Andrew Wiles, eds. *The Millennium Prize Problems*. Providence, RI: American Mathematical Society, 2006.

Chasles, M. *Aperçu Historique sur l'Origine et le Développement des Méthodes en Géométrie*. Paris: Gauthier-Villars, 1889.

Chow, Bennett, and Dan Knopf. *The Ricci Flow: An Introduction*. Providence, RI: American Mathematical Society, 2004.

D'Adhemar, Vicomte Robert. *Henri Poincaré*. Paris: A. Hermann & fils, 1912.

Denjoy, Arnaud. *Hommes, Formes et le Nombre*. Paris: Albert Blanchard,

14章

1　父は、息子が賞の一部を獲得したことを許そうとしなかった。詳しくは拙著『数をめぐる50のミステリー』の4章を参照されたい。

2　ソフィー・ジェルマンは授賞式に出席しなかった。科学界が自分にそれ相応の敬意を示していないと思っていたからである。

3　殊勝なことをおっしゃる向きには、混沌としたカイロ博物館をご見学いただき、大英博物館には古代エジプトの遺品がもっときちんと展示されていなかったか、と自問されることをお勧めしたい。「墓荒らし」がいなかったら、多くの遺品が建材として使われてしまっていたかもしれない。

4　ミレニアム問題に挙げられていないもののひとつが、「人工知能と人間の理性の限界とは？」である。

5　ゴルトバッハ予想とは、「4以上のすべての偶数は2つの素数の和で表される」というものである（例：8 = 5 + 3）。

9 278ページのオクセンヒェルムの事件を思い出されたい。
10 アンダーソンがその研究でとったアプローチは、すべての多様体にはそれぞれ特別な「最良の形状（best shape)」というものがあるという、サーストンによって概略が構想されたアプローチだった。球面の「最良の形状」は楕円体ではなく円形である。この「最良の形状」は、全スカラー曲率――これはリッチ曲率の平均値にあたる――を調べ、臨界点を求めれば得られる。この臨界点は、微積分学を履修した人にとっては、微積分が無限次元空間で行なわれることを除けば、微積分において求める臨界点と同じものである。曲面の特徴付けおよび曲面の平均曲率との関連（いわゆるオイラーの公式）において非常に有効であったオイラー標数によって、このアプローチは導かれた（5章参照)。

13章

1 クライナーは現在イェール大学に在籍している。
2 これによく似た事件としては、この数年前に中国生まれの数学教授項武義（シャン・ウー・イー）が《インターナショナル・ジャーナル・オブ・マセマティクス》誌に、ケプラー予想にかんする100ページの欠陥のある論文を急いで通させた事件がある。同誌の編集委員たちとシャンはともにバークレーの数学科に在籍する友人同士で、この誤りのある証明の審査にはわずか4カ月しかかけられていなかったのだ。この事件の詳しい話は拙著『ケプラー予想』を参照されたい。
3 アメリカ合衆国は国内総生産の約2パーセントを研究に使っている。
4 これは、「私に遠くが見えないとしたら、それは巨人たちが私の肩の上に立っているからである」というギャグを生んだ。
5 私は曹懐東（ツアオ・フアイ・トン）の意見を聞こうと、彼に連絡をとってみたが、あいにく返事はもらえなかった。丘成桐（ヤウ・シン・トウン）は、私の追加情報のリクエストに応えて6ページの詳細な電子メールを送ってくれた。その中で彼は、自分には同意しかねることについて詳しく述べている。あいにく彼は、私が手紙を引用することを認めてくれなかったので、残念ながらこの本にはヤウの見解が完全には反映されていないかもしれない。それでも私は、出来事を見たとおり正確に説明するよう努めた。

章参照）が、いかなる3次元多様体も三角形分割することができ、なめらかな多様体と同相であると証明している。この証明がなければ、ハミルトンの手法でポアンカレ予想を証明することは無理だっただろう。

22　同様に、部分的に丸まった紙（3次元空間に浮かんだ2次元物体）を2つの1次元物体の積、すなわち、放物線と線分の積と考えてみよう。放物線を線分に沿って移動する代わりに360度回転すると衛星放送のアンテナに似た物体が得られる。これも3次元空間に浮かんだ2次元物体だ。また、この物体は無限個の葉巻を線分に沿って貼り付けた束と見なすこともできる。

12章

1　実際に、生成しうる特異点をすべて分類すれば——円筒以外に——サーキット、キャップおよびホーンが含まれる。下位分類はここでは扱わない。

2　「自明な基本群を備えた3次元閉多様体が3次元球面に違いない」というのがポアンカレ予想だったことを思い出されたい。

3　放物型リスケーリングは、音速以下の気流の研究から推計学的な確率に関する研究まで、じつにさまざまな分野で使用される。

4　これは、男性のシンボルを議論する文脈における言葉である。

5　これとは別のアプローチ、いわゆる太 - 瘦分解が、幾何化予想の証明に結びつく。

6　極小曲面とは、専門的には、「与えられた閉曲線を境界とする面積最小の曲面」のことを言う。

7　じつを言えば、実際に有限なのは皮膚の面積ではなく、極小曲面、あるいは石鹸の膜と関係のある、有限だが複雑な成り立ちの曲面の面積である。

8　この面積の推定には多様体が単連結であることが求められるため、この方法では幾何化予想ではなくポアンカレ予想だけが証明されていることに注意していただきたい。コールディングとミニコッツィは、この問題解決手法に代わりうる証明を発表している。彼らの証明は、多様体の幅（width）なるものに基づき、やはり極小曲面理論を用いている。

の１球面束は球面になってしまう！　これは納得していただくしかない。
10　2006年8月22日発行の《ニューヨーカー》誌。
11　この年フィールズ賞を手にした3人めがアラン・コンヌだった。
12　アルベルト・アインシュタインは、テンソルとリッチ曲率を使って時空の歪みを記述する方程式を生み出した。こうして一般相対性理論で重力を記述するのに使われるアインシュタイン方程式が世に出ることになった。
13　もちろん、アインシュタインはテンソル解析をただの道具として使うのではなく、深く理解したいと望んでいた。
14　一方で、ウォッカや熱いお茶がない場合は、体が冷えていく。まず、指が、腕が、そしてしまいには……。いや、人体からの熱放出に関わる熱力学については、ジャック・ロンドンの短篇「焚き火」を読んでいただくとしよう。
15　ここで「接する」という意味で用いられている osculate は kiss という意味のラテン語を語源とし、tangent（「触れる」という意味のラテン語を語源とする）よりはロマンティックな連想を伴う語である。
16　曲線がy方向に走っていると仮定したうえでの話である。
17　説明を簡単にするため、本書ではあたかも曲率を外から観察したように書いてきた。しかしリッチ曲率は、実際は多様体の内側から測定したものである。
18　正しくは、距離の変化率の尺度である。
19　これは熱が拡散して、物体全体が均一な温度となる過程に似ている。しかし熱が拡散する場合には、熱い部分が冷えていく一方で冷たい部分が暖まっていくが、リッチ・フローではこれと反対のことが起きる。つまり、比較的平らな部分はゆっくり丸まり、曲がった部分はもっときつく曲がる。
20　多様体の凹凸をならす代わりに、スケール自体を調整することもできる。微分幾何学では、これは同じことを意味する。距離を短くすることもできるし、スケールを大きくすることもできるのだ。
21　ハミルトンの証明の核心は、なめらかな多様体すべてについてリッチ・フローが存在すると示すことだった。したがって、多様体はなめらかでなければならなかった。幸いなことにビングとモイーズ（8

造」と題するものだった。1球面束（S^1-bundle）とは、無限個の円を円筒状（円を線分に沿って貼り付けたもの）あるいはトーラス状（円を環状に貼り付けたもの）に貼り付けた多様体のことだ。葉層構造とは多様体を薄く層状に切ることを意味する。各層は葉と呼ばれ、本のページのようにめくることができる。5章で述べたオイラー標数をご記憶だろうか。これは頂点の数と面の数を加え、辺の数を引いて得られる数だ。サーストンのよく知られた業績の1つに、オイラー標数がゼロの多様体はすべて余次元1の葉層構造を持つという証明がある。この数を使えば、いかなる次元の多様体も無限個のシートに薄切りにできると示せることに数学界は驚愕した。

3　5章で、いわゆる素な結び目がきわめて複雑な結び目の構成要素になることも指摘した。

4　しかし、「個々の多様体の素多様体への分解は一意的である」とジョン・ミルナーが証明したのは、ようやく1962年になってからのことだった。1998年に、ジャコとルービンシュタインが、多様体を構成する素多様体を特定するアルゴリズムを構築した。

5　1という数は素数とは見なされないことを思い出してほしい。同様にこの場合の球面も素多様体とは見なされない。

6　この手術の手法を「連結和をとる」と呼ぶ。

7　3次元双曲空間内を飛んでみたい方は、ジェフ・ウィークスの〈カーブド・スペース（Curved Spaces）〉［訳注：多重連結空間内を飛ぶ模擬体験のできるフライト・シミュレータ・ソフト］を試されるといいだろう。ウィークスは大学に属さない数学者で、マッカーサー賞、通称「天才賞」を授与されている。彼の学位論文の指導教官はサーストンだった。

8　最初の2つの形も、サーストンの学位論文に出てくる1球面束のように束と見なすことができる。1球面束とは無限個の円を線分に沿って貼り付けたものであると本書では定義した。同様に無限個の球面を線分に沿って貼り付ければ球面束、無限個の双曲面を線分に沿って貼り付ければ双曲面束が得られる。無限個のユークリッド平面を線分に沿って貼り付けることも可能だ。しかしこれはユークリッド3次元空間になるだけで、既出の構造と重複する。

9　ニルは大きくねじれたトーラス上の1球面束で、ソルは大きくねじれた円上のトーラス束だ。おかしなことに、大きくねじれた球面上

7 原爆は彼の命を60パーセントの確率で救った、と言いたくなる人もいるかもしれない。
8 8章を参照。
9 この雑誌はのちに《インディアナ大学数学雑誌(インディアナ・ユニバーシティ・マセマティクス・ジャーナル)》となった。「改変とコバウンディングな多様体(I)」はその1年前に《カナディアン・ジャーナル・オブ・マセマティクス》に発表されていた。
10 コンピュータ・サイエンスにおける計算複雑性にかんする難問で、ここでは深く追求しない。David Harel, "Computers, Ltd.: What They Really Can't Do" などを参照されたい。
11 フリードマンの分類は、単連結でない4次元多様体を含むものではない。また、彼の研究によって同相写像の分類はなされたが、微分同相写像の分類(単なるひとつながりの物体ではなく、なめらかな物体の)はいまだなされていない。

10章

1 量販チェーンの〈フライズ・エレクトロニクス〉のオーナーによって創設、維持されているこの研究所は、同社のスタンフォード大学近くの店舗のすぐ隣にひっそりと建っていた。不案内な私は、店内や周辺をうろうろと探しまわった。店はコンピュータおたくなら喉から手が出そうな品物満載で、ポテトチップスやチョコバーまで揃っていた。やっとのことで、私は米国数学研究所(ＡＩＭ)に通ずる扉を店舗の隣に発見した。ＡＩＭにはアーメントラウトの原稿の複写を提供していただいた。ここに感謝の意を表する。
2 正確には「コンパクトな等質ＡＮＲ空間」である。ＡＮＲは「絶対近傍レトラクト」の意。
3 「収縮」と「縮約」については8章ですでに述べた。
4 拙著『数をめぐる50のミステリー』の8章を参照されたい。

11章

1 サーストンは幾何解析が専門なので、なめらかで角(かど)のない多様体しか研究の対象にしたことがなかった。
2 彼の博士号学位論文は「3次元多様体としての1球面束(そく)の葉層構

7　ここで言う「組み合わせトポロジー的なアプローチ」とは、四面体を貼り合わせて得られる、考えられるかぎりの組み合わせを調査すること。

8　ハーケンは、ひもが区分的線形（ＰＬ）であること、すなわち大工道具の折尺のように、角々をなしてつながった線分の集合から成っていると仮定しなければならなかった。彼の証明には、パパによるデーンの補題の証明が使われていた。

9　ケプラー予想もブルートフォース手法によって証明されている（拙著『ケプラー予想』を参照されたい）。

9章

1　1994年に〈幾何学センター〉（旧ミネソタ大学付属）が製作したビデオ『アウトサイド・イン』は、球面裏返しのアニメーション映画で、鉄道のレールなどを使ってこの問題を説明している。

2　かつてガウスは、自分の最高の数学研究はベッドのなかでやったと言った。最近の例で言えば、先日ギリシャの小さな島の空港で、フィールズ賞受賞者であるケンブリッジ大学のティム・ガウアーズを見かけた。彼の乗る予定だったイギリス行きの飛行機は、もう2時間ばかり遅れていた。ほとんどの乗客がいらいらと動きまわっているかたわらで、ガウアーズだけはまったく意に介していないようだった。彼は黙ってメモ帳を取り出し、蒸し暑い出発ロビーの真ん中で数学の問題に取り組みはじめた。

3　訴えは和解で決着した。

4　残念ながら、250ドルで売り出された革装のこの本は、現在はもう入手不可能となっている。

5　アイレンバーグはあまりにも有名だったので、ソビエト連邦からの手紙は宛先を「数学、ＵＳＡ」と書くだけで、アメリカの郵便公社が彼の家に配達してくれた。ちなみに、スメールが鉱物を趣味で集めていたように、アイレンバーグはアジアの彫刻を収集していた。彼は何十年もかけて、世界でもかなり貴重なアジアの小型彫刻のコレクションを築き、一流の権威として知られるようになった。その500万ドル相当のコレクションは、メトロポリタン美術館に遺贈されている。

6　現在、この研究会議は半年ごとに開催されている。

る。たとえば、正十二面体の中心を起点として、表面の五角形のどれかの中心へと伸び、そこで貼りつけられて、さらに反対側の表面の五角形まで行ってから中心へ戻ってくるようなループだ。よって、この空間の基本群は自明ではない。

18 ポアンカレによる原文は「Est-il possible que le groupe fondamental de V se réduise à la substitution identique, et pourtant V ne soit pas simplement connexe?」（V は「多様体」の意味）で、文字どおりに訳すと「V の基本群が単位元に還元され［つまりその群は自明］、にもかかわらずVが単連結ではないということがありうるだろうか」となる。この言い回しは誤解を招きかねない。「自明な基本群」と「単連結」は今日同じ意味で使われているからだ。このため、このままでは現代の読者にかなり怪しく聞こえる。ジョン・ミルナーは、ポアンカレ予想にかんする現状をまとめた 2003 年の論文の脚注で、次のように明快に説明している。「ポアンカレによる用語の使い方は、〝単連結〟を『自明な基本群を持つ空間』という意味で使う現代の読者を惑わしかねない。ここでの〝単連結〟とは、『考えうる最もシンプルなモデルである 3 次元球面と同相』という意味である」

19 57M40: "Characterizations of E^3 and S^3 (Poincaré conjecture)".

8 章

1 ジョージ・オーウェルの『動物農場』に出てくる「マナー農場」のモデルだった可能性もあるそうだが、おそらく違うだろう。

2 2007 年の場合、6 号分の定期購読料が 1665 ドルだった。

3 カラテオドリは 1938 年までミュンヘン大学の教授を務め、第二次世界大戦中もずっとドイツに残って研究していた。このため、ナチスやナチ支持者とのあいだに密約があったのではないかと疑われた。

4 これらの定理の 1 つは、ヘンリー・ホワイトヘッドによって多少強化されている。

5 マスキットの反例とパパの返答は 1963 年 1 月 29 日に《米国数学会会報》に伝えられた。

6 ナチ政権下のドイツを逃れてきたマグヌスは、まさしく博士製造機で、ニューヨーク大学とポリテクニック大学にいた 4 半世紀のあいだに年間平均 3 名の博士号取得者を育てた。

考えていたのがこの主張からわかる。
5　1993年にようやく、プリンストン大学のアンドリュー・ワイルズが、3以上のnについて式$x^n + y^n = z^n$に解がないことを証明した。
6　円板がボールをスライスしたものであるように、ボールは3次元ボールを境界とする4次元物体をスライスしたものである。
7　このことは、プラトンが有名な「洞窟の寓話」ですでに指摘している。
8　R. C. Kirby and M. G. Scharlemann. 書誌情報は423ページからのの「参考文献」を参照。
9　これは、プラトン立体とも呼ばれる5つの正多面体のひとつで、ほかには立方体、正四面体（すべての面が正三角形の角錐）、正八面体（ふたつのピラミッドの底を貼り合わせた形）、正二十面体（正三角形が20面）がある。
10　ポアンカレのホモロジー球面をイメージするいまひとつの方法は、それが商空間（等化空間）SO(3)/I だと考えることだ。ここで、I は正二十面体の対称群である。これは、ポアンカレのホモロジー球面が、ひとつの二十面体の可能なすべての配置から成る空間だということを意味する。
11　ラテン語の quod erat demonstrandum の略。「証明終わり」の意味で使われる。原義は「これが証明されるべきことであった」。
12　この話は高次元でのポアンカレ予想で重要となる。
13　ここには、ひものあいだの空間も含まれる。むしろ、背負い袋にキャノピーがくっついているようすを思い浮かべたほうがいいかもしれない。
14　現実のパラシュートでは絶対に試さないように。ふたつのパラシュートが重なると、片方がしぼんでしまう。
15　専門的に言うと、同相な空間どうしで基本群は同型である。
16　群が同じである必要はないが、同型でなければならない。
17　ポアンカレのホモロジー球面にベッチ数を使って特定できる穴はないが、この球面が高度に非自明な基本群を持つことをポアンカレは証明している。前にも説明したように、この空間は正十二面体の向かい合う表面どうしを少しねじって貼り合わせたものだ。そのため、この空間には、伸ばしたり1点に縮めたりできない変わったループがあを別の専門用語で表現すると「コンパクトで境界がない」となる。

5 1次元である円の場合、構成要素は1つなので $b_0 = 1$、穴はひとつなので $b_1 = 1$ である。したがって、$b_0 = b_1$ となり、双対定理が予想するとおりだ。2次元である球面の場合、構成要素は1つで $b_0 = 1$、穴はないので $b_1 = 0$、中に空洞があるので $b_2 = 1$ となり、$b_0 = b_2$ である。同じように、ベーグルは、構成要素は1つで $b_0 = 1$、穴はふたつ（真ん中にあいているものと、中をトンネルのように貫いているもの）で $b_1 = 2$、中の空洞が1つで $b_2 = 1$ となり、予期されるとおり $b_0 = b_2$ となる。

6 70年近く前に同じく北欧出身の数学者、ニルス・ヘンリック・アーベルが経験したこととまったく同じだ。

7 双対定理の修正版は、現在では「ポアンカレ双対定理」と呼ばれており、数学者は今でもよく使っている。

8 この節の原題は "Das Anschauungssubstrat". ドイツ語の Anschauung は正確には翻訳できない。「視覚的な面で直観に訴える」とか「わかりやすい」というような意味である。

9 この「直観的なわかりやすさ」は、のちにナチにより、いわく抽象的な「ユダヤ人数学」に対する「ドイツ人数学」の特徴として大いに好まれた。言うまでもなく、フェリックス・クラインはのちのナチスによる常軌を逸した行為とは何の関係もない。

10 四色問題は1976年にコンピュータの助けを大々的に借りてようやく解決された。

11 本来、まだ定理になっていないのだから「予想」と言うべきところである。

7章

1 「トポロジー的に等しい」を、専門用語では「同相」、「位相同型」、「ホメオモルフィック」などと言う。

2 すなわち、物体がねじられたり縮められたりしても、式の解は変わらない。

3 残念ながら、逆は成り立たない。同じホモロジー群を持つ物体どうしでも、トポロジー的に異なる場合がある。

4 同じホモロジー群を持つ物体どうしでも一般的にはトポロジー的に異なるかもしれないのに、ポアンカレはそれを例外的なケースだと

10　R. Baltzer, F. Klein, and W. Schiebner (eds.), ***August Möbius, Gesammelte Werke*** (Leipzig: 1885-87).
11　実際にはもっとあるが、残りはすべてゼロである。
12　専門用語では「円環（アニュラス）」という。
13　「ホンフリー」の綴りは HOMFLY で、発見者たち、すなわち、Hoste, Ocneanu, Millett, Freyd, Lickorish, Yetter の頭文字をとったものである。
14　トポロジーの歴史にかんするこの駆け足の説明には、重要な役割を果たした何人かが登場していない。そのうちのふたりをここで紹介させていただきたい。ベルンハルト・リーマン（1826 ～ 1866）は、ベッチが 1858 年にゲッティンゲンに出向いたときに知り合った数学者のひとりだ。ガウスの教え子の中でだれよりも優秀だった彼は、リーマン予想が未解決なこともあって、数学者以外にもいまだにひときわ有名である。カミーユ・ジョルダン（1838 ～ 1922）は、「円などの閉じた曲線は、ひとつの平面を厳密にふたつの領域、すなわち内側と外側に分割する」という先駆的な定理を証明した。人を小馬鹿にしたようなこの定理を「先駆的」と形容したが、それほど皮肉ではない。ジョルダンの貢献は、一見明らかな結果に対しても厳密な証明が必要なことを示した点にある。

6章

1　ポアンカレは、ベッチ数が同じでトポロジー的に異なるふたつの 4 次元空間領域を作った。
2　このコメントは、イスラエル最高裁の判事がとりわけ長い意見を述べる前に行なう謝罪の言葉、「簡潔にまとめるための時間がなかったのです」を連想させる。
3　原文は Les figures suppléent d'abord à l'infirmité de notre ésprit en appelant nos sens à son secours. ここでポアンカレが言っているのは、複素変数をふたつ持つ関数を 4 次元空間でイメージする必要性のことである。
4　*k* の値はゼロから *n* までの値をとる。多様体はまた、「向き付け可能」である必要がある。これは、メビウスの帯のような多様体が排除されることを意味する。それから、次の行の「閉多様体」の「閉」

束しないなら、証明したことにはならない。
7　再帰定理と、エントロピーは常に増加するとする熱力学第二法則とは相容れなさそうに見える。だが、きわめて長い時間が経過するころには外部環境も変化していること、したがってまったくの閉鎖系ではありえないことを考えれば、この2つは両立すると言えよう。
8　エミールの息子ピエール・ブートルーも有名な数学者になった。パリの高等師範学校(エコール・ノルマル)で教育を受け、プリンストン大学で教鞭をとった——大学院の数学科の主任教授にまでなった——が、フランスに戻って第1次大戦で勇敢に戦った。1922年に42歳で亡くなっている。

5章

1　エーラーがオイラーと手紙のやりとりをしたとき、エーラーはダンツィヒ市長だったとしている資料が多いが、これは間違っている。エーラーは市長を3度務めているが（1741～1742年、1745～1746年、1750～1751年）、どれもこの話の時期とは重ならない。
2　ゴルトバッハ予想（「4以上の大きいあらゆる偶数は2つの素数の和として表せる」）で有名なあのゴルトバッハである。
3　式で書くと、$v-e+f=2$。ここで、v、e、fはそれぞれ頂点の数、辺の数、および面の数。
4　つまり、$v-e+f$は4。
5　リュイリエによって項が追加された式は$v-e+f=2+2p$のようになる。ここで、pは多面体に含まれている空洞の数。
6　完全な式は$v-e+f=2-2g+2p+c$で、gはトンネルの数、cは出っ張りやくぼみやトンネルの入口がある面の数である。穴や出っ張りや空洞がない場合、リュイリエの式は多面体に対するオイラーの式になる。トンネル数を表すgはgenus（ジーナス）の頭文字で、「種数(しゅすう)」や「示性数」などと呼ばれている。
7　その中にはガウスの義理の息子ゲオルク・エーヴァルトやグリム兄弟もいた。
8　ガウスは、のちにきわめて重要な分野となる非ユークリッド幾何学についても何も書いていない。
9　メビウスの帯は、細長い帯状の紙を1回だけひねって両端を糊付けすると簡単にできる。

幾何学者は ball（ボール）の意味でも sphere と言うことが多い。トポロジー学者はこの混用を不愉快に思っている。

3章

1　ポアンカレは当時、ノーベル物理学賞の未受賞者のなかで、候補になった回数が最も多い科学者だった。

2　高等鉱業学校（エコール・デ・ミーヌ）の今日（こんにち）のカリキュラムには、経済やマネジメントに関する科目も多数含まれている。修了生は公務員になるばかりではなく、民間企業にも活躍の場を広げている。

3　高等理工科学校（エコール・ポリテクニーク）の卒業生は、ポリテクニシャンまたはアンシャン・エレーヴ・ド・レコール・ポリテクニーク（「高等理工科学校（エコール・ポリテクニーク）の元学生」の意）と呼ばれる。

4　ポアンカレの最終成績は、最高点が 2100 点のところ、1672 点だった。これはフランスの学生として並外れた成績である（最終成績では、小数点以下の端数は丸められた）。

4章

1　「三女」はジャンヌ（1887 年生まれ）、イヴォンヌ（1889 年生まれ）、アンリエット（1891 年生まれ）、「一男」はレオン（1893 年生まれ）。

2　ケプラーとブラーエについて詳しくは、拙著『ケプラー予想』を参照されたい。

3　13 件めの応募が王のもとに直接送られてきたが、締め切りを半年過ぎていて受理されなかった。だが、それで何よりだった。というのも、著者のイギリスはクラッパムのサイラス・レッグは、名うての食わせ者だったからだ。

4　実際の応募タイトルは『三体問題と力学の方程式について』だったが、すっきりした短いタイトルこそハリウッド流だ。

5　論文の著者の名前は公にはこの瞬間まで秘密のはずだったが、審査員団は受賞者の身元を最初から知っていた。それまでの数年間、ポアンカレとミッタク＝レフラーとのあいだには活発な手紙のやりとりがあったからだ。

6　系が現実に安定だったとしても、ギルデンが使っていた級数が収

原　注

2章

1　トーラス（輪環面）という数学の概念を説明するのに、本書ではドーナツではなくベーグルという言葉を使う。イギリスでドーナツとは、中にゼリーを詰めたボール状のお菓子のことだからだ。

2　ポアンカレ予想の歴史をひもとくにあたり、ひとつ約束をする。ポアンカレと同時代に活躍したドイツ人数学者ダーフィト・ヒルベルト（1862～1943）は、数学上の発見を「道を歩いていて最初に出会った人」にわかるように説明できなくてはいけないと説いた。その精神にのっとり、本書では数式を使わないことをお約束しよう。ただ、数学の素養がある読者には、数学的表記を使って事実を説明したほうがわかりやすいとも思う。それこそ数学的表記が発展してきた理由なのだから。そこで、この注は例外とさせていただきたい（もう1カ所の例外が5章にある）。ボール全体は式 $x^2 + y^2 + z^2 \leqq 1$ によって、ボールの表面は式 $x^2 + y^2 + z^2 = 1$ によって、それぞれ記述される。

3　困ったことに、「海抜」と言っただけではまだあいまいだ。2003年にドイツとスイスがライン川に共同で一本の橋を架けたとき、両端の高さに54センチメートルの差が生じてしまった。海抜の基準が、ドイツ側は北海、スイス側は地中海だったのである。

4　トポロジーとはまったく関係ないが、1つのボールを同じ体積の2つのボールにするにはどうしたらよいか、という数学上の面白い問題がある。ボールを巧妙に分割して並べ替えると実現できるのだが、これはバナッハ＝タルスキーのパラドックスとして知られている。このパラドックスについて詳しくは、レーナード・ワプナー『バナッハ＝タルスキの逆説——豆と太陽は同じ大きさ？』（佐藤宏樹・佐藤かおり訳、青土社）を参照されたい。

5　奇妙なことだが、8次元と24次元の場合の答えはわかっている。詳しくは、拙書『ケプラー予想——四百年の難問が解けるまで』（青木薫訳、新潮社）を参照されたい。ここで注意——ケプラー予想は3次元での sphere（球面）の最密充填問題として知られている。だが、

〔ま〕

〔や〕

〔ら〕

〔な〕

〔は〕

〔さ〕

〔か〕

事項索引

〔欧文〕

〔あ〕

〔わ〕

〔な〕

〔は〕

〔さ〕

〔た〕

人名索引

◎著者紹介

ジョージ・G・スピーロ　George G. Szpiro

スタンフォード大学でＭＢＡを取得、ヘブライ大学で数理経済学の学位を取得。現在はスイス系日刊紙の特派員をつとめる科学ジャーナリストにして数学者。著書に『ケプラー予想』『数をめぐる50のミステリー』『数と正義のパラドクス』ほか。

◎監修者略歴

永瀬輝男（ながせ・てるお）

1947年生。1972年東京大学大学院理学研究科数学専攻修了。1978年イリノイ大学よりPh.Dを取得。専攻はトポロジー。現在東海大学理学部数学科教授。

志摩亜希子（しま・あきこ）

1998年東京大学大学院数理科学研究科数理科学専攻博士後期課程修了。専攻はトポロジー。現在東海大学理学部数学科准教授。

◎訳者略歴

鍛原多惠子（かじはら・たえこ）

翻訳家。米国フロリダ州ニューカレッジ卒業（哲学・人類学専攻）。訳書にアッカーマン『かぜの科学』、リドレー『繁栄』（共訳、以上2点早川書房刊）、ポリトコフスカヤ『ロシアン・ダイアリー』ほか多数。

坂井星之（さかい・せいじ）

翻訳家。1948年生。名古屋大学農学部卒業。訳書にウィリアムズ『進化の使者』（ハヤカワ文庫刊）、ベイリー『永劫回帰』、ビショフ『ナイトワールド』ほか多数。

塩原通緒（しおばら・みちお）

翻訳家。立教大学文学部英米文学科卒業。訳書にイアコボーニ『ミラーニューロンの発見』、ブラファー・ハーディー『マザー・ネイチャー』（ともに早川書房刊）、ウォー『ウィトゲンシュタイン家の人びと』ほか多数。

松井信彦（まつい・のぶひこ）

翻訳家。1962年生。慶應義塾大学大学院理工学研究科電気工学専攻前期博士課程（修士課程）修了。訳書にスタイン『不可能、不確定、不完全』、オレル『明日をどこまで計算できるか？』、バーガー＆スターバード『カオスとアクシデントを操る数学』（すべて共訳、早川書房刊）がある。

本書は二〇〇七年十二月に小社より刊行した
単行本を文庫化したものです。

数学は科学の女王にして奴隷（全2巻）

I　天才数学者はいかに考えたか
II　科学の下働きもまた楽しからずや

E・T・ベル
河野繁雄訳

「科学の女王」と称揚される数学は、先端科学の解決手段として利用される「奴隷」でもある。名数学史『数学をつくった人びと』の著者が、数学上重要なアイデアの面白さと、それが科学にどう応用されたかについて、その発明者たちのエピソードを交えつつ綴ったもうひとつの数学史。

解説　I巻・中村義作　II巻・吉永良正

ハヤカワ・ノンフィクション文庫
《数理を愉しむ》シリーズ

天才数学者たちが挑んだ最大の難問
――フェルマーの最終定理が解けるまで

アミール・D・アクゼル
吉永良正訳

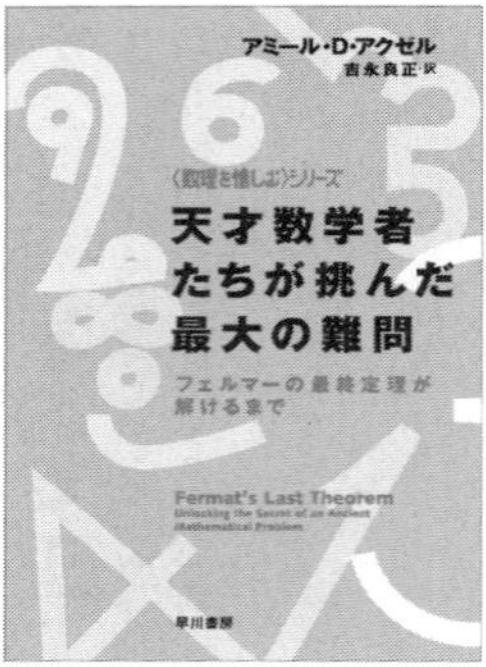

問題の意味なら中学生にものみこめる「フェルマーの最終定理」。それが証明されるには三〇〇年が必要だった。史上最大の難題の解決に寄与した日本人数学者を含む天才たちの歴史的エピソードを豊富に盛りこみ、さまざまな領域が交錯する現代数学の魅力的な側面を垣間見せる一冊。

物理学者はマルがお好き

——牛を球とみなして始める物理学的発想法

ローレンス・M・クラウス
青木 薫訳

常識の遥か高みをいく、ファンタスティックな現象が目白押しの物理学の超絶理論。しかし、それを唱えるにいたった物理学者たちの考えは、ジョークの種になるほどシンプルないくつかの原則に導かれていたのだった。天才物理学者が備えている物理マインドの秘密を愉しみながら共有できる科学読本。

解説・佐藤文隆

ハヤカワ・ノンフィクション文庫
《数理を愉しむ》シリーズ

〈数理を愉しむ〉シリーズ

歴史は「べき乗則」で動く
――種の絶滅から戦争までを読み解く複雑系科学
マーク・ブキャナン／水谷淳訳

混沌たる世界を読み解く複雑系物理の基本を判りやすく解説！（『歴史の方程式』改題）

量子コンピュータとは何か
ジョージ・ジョンソン／水谷淳訳

実現まであと一歩？　話題の次世代コンピュータの原理と驚異を平易に語る最良の入門書

リスク・リテラシーが身につく統計的思考法
――初歩からベイズ推定まで
ゲルト・ギーゲレンツァー／吉田利子訳

あなたの受けた検査や診断はどこまで正しいか？　数字に騙されないための統計学入門。

カオスの紡ぐ夢の中で
金子邦彦

第一人者が難解な複雑系研究の神髄をエッセイと小説の形式で説く名作。解説・円城塔。

運は数学にまかせなさい
――確率・統計に学ぶ処世術
ジェフリー・S・ローゼンタール／柴田裕之訳／中村義作監修

宝くじを買うべきでない理由から迷惑メール対策まで、賢く生きるための確率統計の勘所

ハヤカワ文庫

HM=Hayakawa Mystery
SF=Science Fiction
JA=Japanese Author
NV=Novel
NF=Nonfiction
FT=Fantasy

〈数理を愉しむ〉シリーズ

ポアンカレ予想

世紀の謎を掛けた数学者、解き明かした数学者

〈NF373〉

二〇一一年四月十五日　発行
二〇一三年十月二十五日　三刷

（定価はカバーに表示してあります）

著者　ジョージ・G・スピーロ
監修者　永瀬輝男　志摩亜希子
訳者　鍛原多惠子　坂井星之　塩原通緒　松井信彦
発行者　早川浩
発行所　株式会社 早川書房
郵便番号　一〇一 - 〇〇四六
東京都千代田区神田多町二ノ二
電話　〇三 - 三二五二 - 三一一一（大代表）
振替　〇〇一六〇 - 三 - 四七七九九
http://www.hayakawa-online.co.jp

乱丁・落丁本は小社制作部宛お送り下さい。
送料小社負担にてお取りかえいたします。

印刷・三松堂株式会社　製本・株式会社明光社
Printed and bound in Japan
ISBN978-4-15-050373-4 C0141

本書は活字が大きく読みやすい〈トールサイズ〉です。